普通高等教育“十一五”国家级规划教材
浙江省“十一五”重点教材建设项目

成衣工艺学

主　编　邹奉元
副主编　季晓芬　张　颖

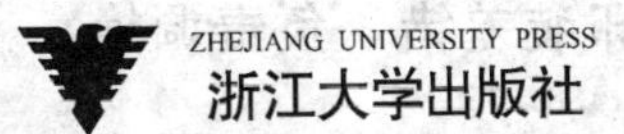

内容简介

成衣工艺学是服装设计与工程专业的一门主干课程。本课程的目的是让学生熟悉服装工业化生产的整个过程，掌握批量服装生产的基本理论和工艺技术，培养学生分析和解决服装生产实际过程中的问题与能力。

本书从成衣工艺学的基本概念出发，紧密结合国内外先进成衣工艺技术的发展动态，理论与实践相结合，系统地介绍了现代服装工业化生产的理论和工艺技术。本书内容包括生产准备工程、裁剪工程、粘合工艺、缝制工程、熨烫定型工艺、成衣后整理工艺、包装、储运及成衣标志、特殊材料及特殊工艺、实验等。内容覆盖面广，重点突出，针对性强，传统与新工艺兼顾。全书图文并茂，让读者一目了然。本书可用作高等院校服装专业的教材，也可以作为服装从业人员的参考资料。

图书在版编目（CIP）数据

成衣工艺学／邹奉元主编．—杭州：浙江大学出版社，2011．5

ISBN 978-7-308-08656-1

Ⅰ．①成… Ⅱ．①邹… Ⅲ．①服装缝制—服装工艺—高等学校—教材 Ⅳ．①TS941．63

中国版本图书馆 CIP 数据核字（2011）第 076638 号

成衣工艺学

邹奉元 主编 季晓芬 张 颖 副主编

责任编辑 樊晓燕
封面设计 俞亚彤
出版发行 浙江大学出版社
（杭州市天目山路 148 号 邮政编码 310007）
（网址：http://www.zjupress.com）
排　　版 杭州中大图文设计有限公司
印　　刷 杭州杭新印务有限公司
开　　本 787mm×1092mm 1/16
印　　张 15.5
字　　数 377 千
版 印 次 2011 年 5 月第 1 版 2011 年 5 月第 1 次印刷
书　　号 ISBN 978-7-308-08656-1
定　　价 29.00 元

前　言

从最初一针一线的手工作业到工业缝纫机的普及；从手工的纸样制作到应用服装 CAD 实现无纸化生产；从拥挤混乱的低效率服装生产到现代化高效率的流水线作业，服装产业正处在不断的进步之中。成衣工艺作为服装设计转变为产品的重要环节，在服装生产过程中发挥着举足轻重的作用。随着服装工业化批量生产与大批量定制的发展，服装业对成衣工艺提出了更高的要求。

成衣工艺学是服装设计与工程专业的一门主干课程。本课程的目的是让学生熟悉服装工业化生产的整个过程，掌握批量服装生产的基本理论和工艺技术，培养学生分析和解决服装生产实际过程中的问题与能力。本课程首次开设于 1990 年。由于服装产业自 20 世纪 90 年代以来发展迅猛，成衣的加工设备、加工方法以及人们对服装的审美情趣都发生了巨大的变化，而当时由于教学经费和教学环境的原因，课程内容相对于快速发展的服装产业明显滞后。此课程突破性的发展始于 1997 年。那年我们开展了“成衣生产理论与实践”的教改课题研究，对教学内容、教学形式和教学手段都做了改革和创新，收效显著。在此课题的基础上，1999 年，我们申请到“浙江省服装技术检测及实习基地”项目，2000 年申请到中央与地方共建项目“服装设计与工程学科教学与科研设备”，这两个项目的落实和研究，使得本课程的硬件和软件得以有效配备，使得课程的理论教学与实验环节有机结合并走在了行业发展的前沿，2001 年获得国家级教学成果二等奖。

本课程 2003 年获准为浙江省省级精品课程，2007 年获准为国家精品课程，课程网址为 http://210.32.24.128/ec3.0/C10/zfy/index.asp。2006 年《成衣工艺学》获准为国家“十一五”规划教材。

本书从成衣工艺学的基本概念出发，紧密结合国内外先进成衣工艺技术的发展动态，理论与实践相结合，系统地介绍了现代服装工业化生产的理论和工艺技术。本书内容包括生产准备工程、裁剪工程、粘合工艺、缝制工程、熨烫定型工艺、成衣后整理工艺、包装、储运及成衣标志、特殊材料及特殊工艺、实验等。内容覆盖面广，重点突出，针对性强，传统与新工艺兼顾，全书图文并茂，让读者一目了然。本书可用作高等院校服装专业的教材，也可以作为服装从业人员的参考资料。

本书主编邹奉元教授一直从事服装设计与工程的教学和研究工作，1992 年在深圳华丝企业股份有限公司设计中心从事技术工作，1994 年 11 月至 1995 年 10 月赴香港成振（制衣）集团进修服装技术，1996 年 12 月至 1999 年 12 月兼任中国杉杉集团技术总监。现为浙江理工大学服装学院教授，浙江省教学名师，浙江省有突出贡献中青年科技人员，国家实验教学示范中心——服装实验教学中心主任，国家特色专业“服装设计与工程”负责人，浙江省重点学科“服装设计与工程”带头人，浙江省重点专业“服装设计与工程”负责人。主要担任“成衣工艺学”、“服装工业样板”等课程的教学，研究方向为服装结构设计与理论、服装舒适性、人体工程与数字服装、智能服装等。本书的参编人员也都具有非常丰富的服装实践与教学经验。

本教材由浙江理工大学邹奉元教授主编，负责全书的统稿和修改。浙江理工大学的季晓芬和张颖任副主编。全书共九章：第一章的第一节、第二节、第四节由邹奉元编写，第三节由季晓芬编写；第二章由张颖编写；第三章由邹奉元编写；第四章由汪建英编写；第五章由蔡丽玲编写；第六章由阎玉秀编写；第七章由王利君编写；第八章由陈敏之编写；第九章由何瑛编写；第十章由丁笑君编写。在本书的策划和编写过程中，编著者参考和引用了国内外的大量文献资料，谨此一并表示感谢。

由于编辑时间仓促，加上水平有限，书中难免会有错误和不足之处，敬请同行专家和广大读者批评指正。

编　者

2011 年 6 月

目　录

第一章　绪　论

[本章提要]

在工业化批量服装生产中，为了提高产品质量及成衣的一致性，服装生产分为许多道工序，而且分工明确，相应地在工业化生产方式中，也就出现了专门的服装设计师、样板师、裁剪工、整烫工、锁钉工、包装工等，即同一件服装的制作完成，要经过多种不同的工序，由许多人来共同完成。

目前工业化批量服装生产大都采用流水作业的方式，实行裁剪、缝制、整烫、包装的专业化和机械化及自动化，而服装加工工艺技术直接影响着产品的档次与质量。

[学习重点]

1. 成衣工艺的基本概念
2. 成衣生产一般流程
3. 成衣工艺发展趋势与展望

[本章结构]

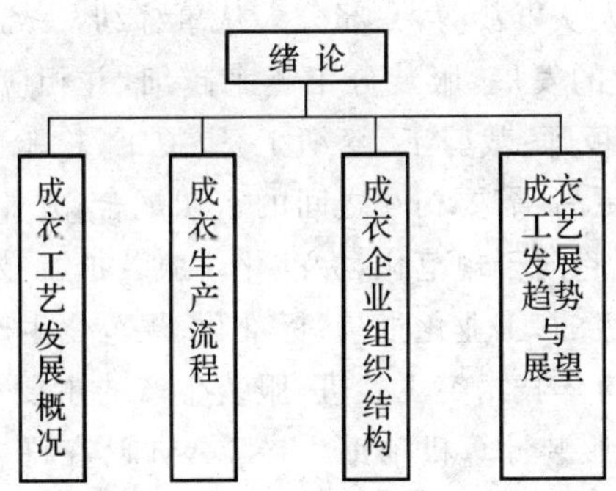

第一节　成衣工艺发展概况

一、基本概念

1. 单件服装

单件服装是指根据某人的尺寸而制作成的衣服，它的特点是做工精细，服装款式可以选择，也可以自己确定，但是价格比较贵，通常只能生产一件或者几件。

2. 成衣(Apparel;Ready Made Garments)

成衣是指预先制作好的衣服,通常指工业化、批量生产的服装。相比单件服装而言,成衣尺寸是系列尺寸,可以简化制作程序,提高效率;成衣也可以进行批量生产,但是批量款式一定,并对批量生产的加工工艺技术即服装生产各道工序的工艺技术有一定的要求;成衣价格相对比较合理。

3. 成衣工艺

成衣工艺指的是预先做好衣服的生产工艺,即工厂批量生产服装的工艺。

4. 成衣工艺学

成衣工艺学是研究服装工业化生产的基本流程和基本工艺技术的一门课程。

二、成衣工艺发展概况

成衣工艺作为服装生产的技术手段,经历了从低级阶段向高级阶段发展的过程。

(一)成衣产业的发展

在缝纫技术、成衣工艺从低阶段向高阶段发展的同时,成衣产业也由手工作业逐步向成批生产和专业化生产发展。

家庭作坊生产方式是指靠个人的双手量体裁衣缝制衣服。19 世纪初,英国商人将缝制成形的裤子和衬衫出售给港口船员,这可以称为早期的服装交易。1880 年,确立了男式标准尺寸规格的成衣。成衣业的发展为当时的妇女提供了大量的就业机会,但当时条件下成衣生产仍是家庭作坊式生产。

20 世纪 40 年代,成衣产业正式形成。由于各类电动缝纫机的采用,服装加工能力大大提高,小作坊式生产渐渐不能适应服装加工任务不断扩大的需要,从而形成了有专门分工的工业化生产方式:一部分人从事裁剪,一部分人从事缝纫,一部分人从事整烫。这就是服装工业的雏形。随着服装业的发展,服装分工越来越细,并相应出现了与工业化生产相对应的专门的服装设计师、样板师、裁剪工、缝纫工、熨烫工、检验工、包装工等。不同于单件制作,服装加工技术的要求更高,需要相互之间的密切配合,并相应地出现了设计、制板、裁剪、缝纫等加工工序,工作更趋向于规范化、标准化。服装加工技术由原来的简单的单件制作发展到了今天复杂的、高级的、工业化批量、标准化、规范化生产。

第二次世界大战以后,科学技术突飞猛进,服装生产的主要设备也发生了巨大的进步,服装计算机辅助设计 CAD、服装计算机辅助生产 CAM 已在许多企业中应用,智能化的服装生产线也将诞生,这些技术的发展将彻底改变服装成衣产业的劳动密集型的状况。

成衣技术的发展必然导致劳动生产率的提高。世界各国服装产业越来越向着成衣化发展。如美国的成衣化服装占服装市场消费的 99%(定做服装不到 1%,但定做价格是成衣的 4 倍)。我国的成衣化在 20 世纪 80 年代迅速发展,目前已经成为世界上服装生产与出口最多的国家。

(二)服装设备的发展

服装加工工具的进步对成衣工艺的发展起着至关重要的作用,或者说真正的成衣生产是伴随着缝纫机的诞生而开始的。

服装设备经历了不同的历史时期，走过了由低级向高级发展的阶段，但是归纳起来大致可划分为以下四个阶段：

1. 原始阶段

远古时期，人类的祖先在与大自然的搏斗中，为了保护自己的身体，逐渐学会利用动物的筋、骨制成的线和针，将兽皮、树叶等材料缝合成件，包裹身体，这便是人类最早的服装。

2. 古代阶段

大约在14世纪，随着服装加工工具的进步，人类发明了铜针，但此时的成衣工艺仍是手工制作，直至18世纪。图1-1所示为古代的纺纱、织布设备。

图1-1 古代的纺纱、织布设备

3. 近代阶段

18世纪末19世纪初，英国人托马斯·赛特(Thomas Saint)发明了世界上第一台手摇单针单线链式缝纫机，之前人们是用双手一针针缝制衣服。19世纪30年代，法国人巴特勒米·西蒙纳制造了第一架有实用价值的链式线迹缝纫机。1850年，美国人艾萨特·梅里特·胜家(Isace. M. Singer)设计了转速达600 r/min的全金属锁式线迹缝纫机。1890年，电动机驱动缝纫机开始应用，成衣生产便由此进入了一个崭新的阶段，进入到实际应用阶段(开始有缝纫工厂出现，但主要用于少数人量身定做)。1900年，服装制作由手工进化到机械操作，缝纫工厂大量增加，成衣一词开始出现。图1-2所示为20世纪初使用的缝纫、熨烫设备。

图1-2 20世纪初使用的缝纫、熨烫设备

4. 现代成衣工艺阶段

从20世纪40年代起，包缝机、三针机、滚领机、绷缝机、锁眼机相继问世。缝纫机性能逐步完善，转速由300 r/min逐步提高到3000 r/min，甚至更高。到1965年，美国胜家公司发明了自动切线装置的缝纫机，缝纫效率提高了20%。20世纪80年代初，日本、德国、美国等分别发明制造了数控工业缝纫机，使缝纫工序进入程序化、标准化、自动化和专业化的阶

段。各国发明制造了不同功能的缝纫机械，至今常见的加工设备和工具多达4000余种，主要有平缝机、链缝机、绷缝机、包缝机、绣花机、锁眼机、钉扣机、打结机等缝纫机械，并有打褶机、拔裆机、粘衬机及成品熨烫机械，还有手动或自动的拉布机、自动裁剪机以及电动直剪、电动圆剪、带状电剪、模板冲压机等各种裁剪机械。此外，为了提高生产效率和成品质量，还发明制造出许多缝纫附件，如包边夹具(蝴蝶)等，应用于生产中。

现代化成衣生产设备的应用使得成衣加工的效率大幅度提高：自动化裁剪设备(见图1-3)的应用使服装产量及其质量大大提高；自动化缝制设备(见图1-4)的应用使技术性操作变为熟练性操作，功效成倍提高，质量可靠，例如一般的平缝机需要约1分钟40秒来开袋操作(见图1-5)，开袋机可一次完成，只需约25秒；服装智能吊挂生产系统(见图1-6)的应用，可以有效地降低浮余率及返修率，控制生产平衡，缩短生产周期，避免工人身心疲惫，从而使得流水线安排灵活可变，产量管理可靠便捷。图1-7、1-8所示分别为烫模的熨烫机、立体人形架熨烫机，图1-9所示为立体真空包装、吊挂储运设备。

图1-3 自动化裁剪设备

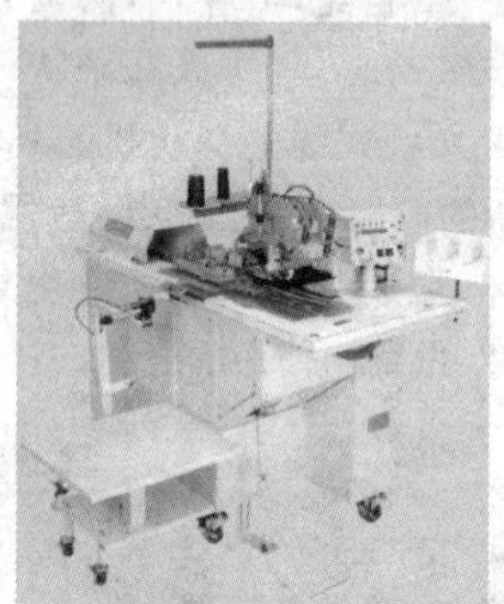

图1-4 自动化缝制设备

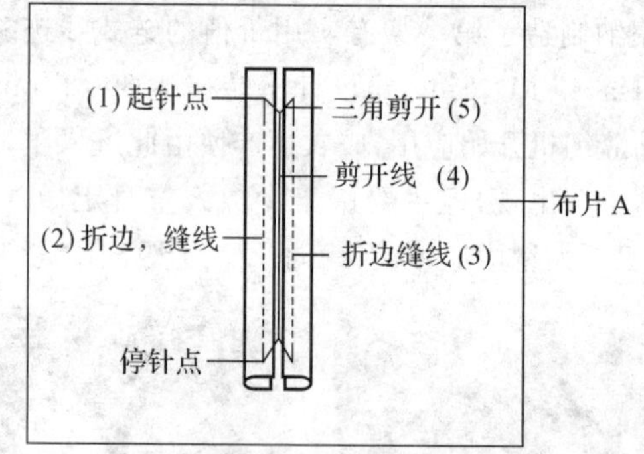

图1-5 开袋示意图

图1-6 服装智能吊挂生产系统

图 1-7 烫模的熨烫机

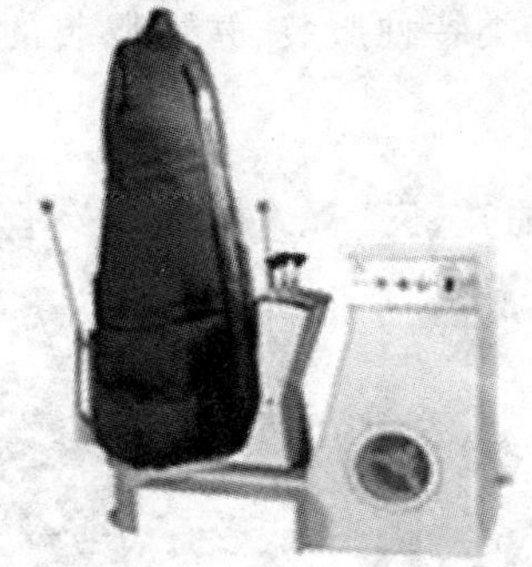

图 1-8 立体人形架熨烫机

图 1-9 立体真空包装、吊挂储运设备

新型服装设备的应用、功能服装的发展以及服装加工新技术的出现(如新型的无线缝纫技术)等,对服装加工工艺都有着直接的影响。

(三)服装材料、品种、款式的发展

服装材料的不断更新和发展也推动成衣工艺不断地发展。近年来,功能性服装材料及其服装有了很大的发展,如发明研制了具有防油污、抗静电、防辐射、保暖、保健、变色、夜光、香味、免烫等功能的服装材料,与成衣工艺(成衣印染和成衣后整理等)的发展相辅相成。

1. 服装材料的发展推动着成衣工艺的发展

服装材料种类繁多(见图 1-10),如天然纤维、人造纤维及混纺交织的织物等。新风格的织物形式和新涂料的产生,推动着各种成衣加工工艺的发展,如出现了各种湿热塑形工艺、粘接缝合工艺。

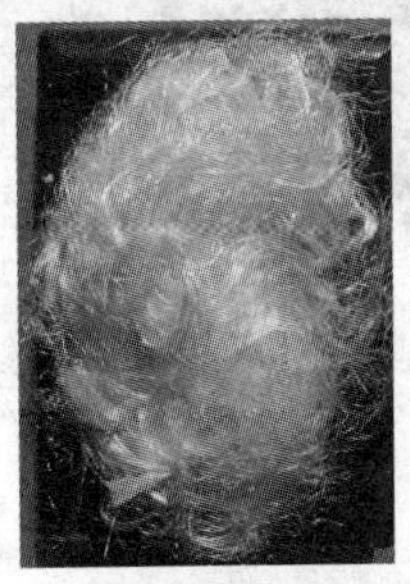

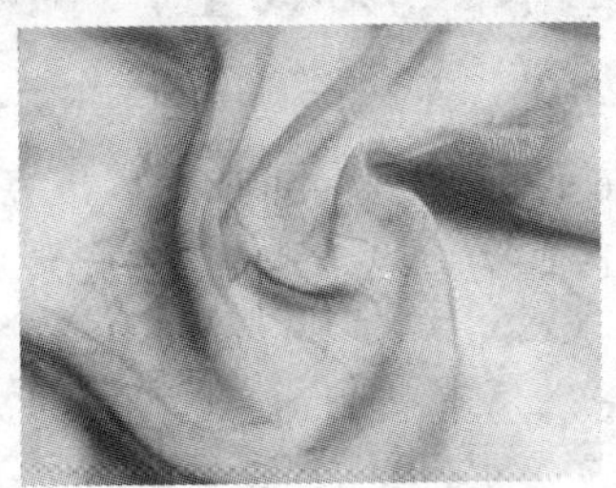

图 1-10 服装材料种类

2.服装品种推动成衣工艺的发展

服装品种如航空服、潜水服、各类特种服装、智能服装的发展推动成衣工艺的发展，图 1-11所示为不同品种的服装。

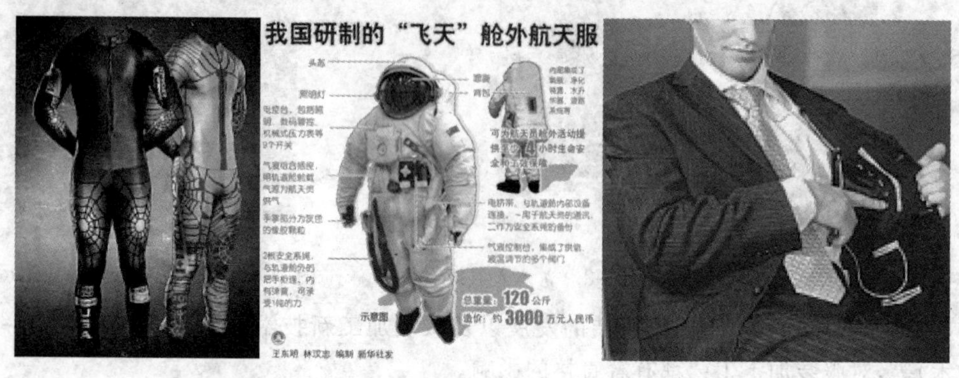

图 1-11　服装品种

3.服装款式的流行趋势多样化发展推动成衣工艺的发展

如图 1-12 所示，服装款式的流行趋势不断推动着成衣工艺的发展。

图 1-12　服装款式的多样化

第二节　成衣生产流程

成衣生产包括商品规划、成衣设计、生产计划、生产准备、裁剪工程、缝制工程、整理包装、仓储及流通、销售等环节，图 1-13 为成衣生产流程图。

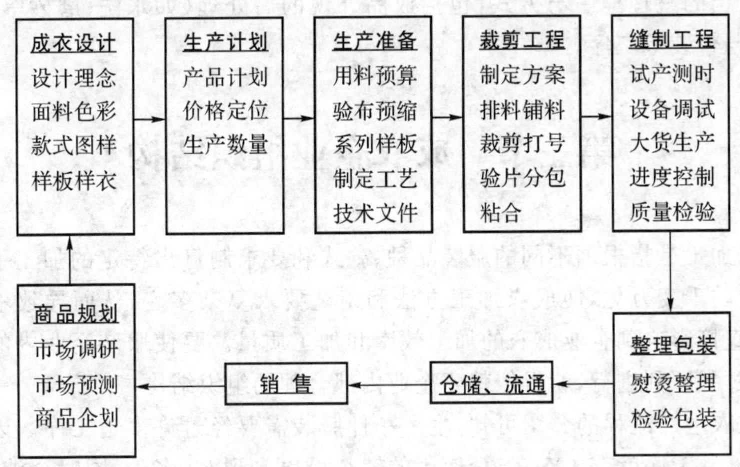

图 1-13　成衣生产流程图

不同的成衣加工在管理上会有不同，但总体来讲都要经过准备、裁剪、缝制以及整理四大部分，如图 1-14 所示，其中粘合工程可根据成衣制作的需要进行操作。

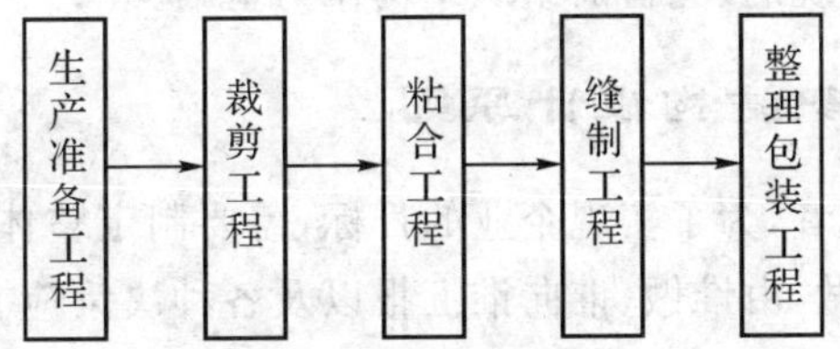

图 1-14　成衣生产五大工程

1. 准备工程

准备工程包括工业样板的制定面料、辅料、缝线等原料的准备及制订出正确的生产工艺文件。

2. 裁剪工程

裁剪工程通常是在裁剪车间进行的，主要是把面料、里料、衬料以及其他材料按划样要求剪切成衣片。一般要经过验布、排料、铺料、裁剪、验片、打号、粘合等工序，其重点工序是排料、铺料和裁剪三道工序。

3. 缝制工程

缝制工程就是选择适当的缝制工艺、适当的缝制设备和组织程序进行单件或批量服装加工的生产过程。在缝制工程中，缝制技术、技巧的掌握程度对服装的成品质量至关重要，而缝制技巧掌握的基础是缝制工程中对不同纱向的使用。

目前，在服装制作领域应用最多的就是梭织类服装材料，而梭织类服装材料的性质之一，就是其结构是由经纬组织所组成的。通常在行业中，将整匹衣料中的长度方向称做经向，将宽度方向称做纬向，经纬方向之间称为斜向，45°斜称为正斜。不同的方向有不同的性能，除造型外，在服装的加工性能上也是如此。

4. 整理包装工程

整理工程是服装成衣生产的最后加工阶段。它是指根据单件或批量订单所加工服装外观要求确定出的整理程序与方式，包括成品外观的后处理（如水洗、磨砂等）、后整理、整烫加工、折叠与包装等工序。

第三节 成衣企业组织结构

成衣工艺加工是指根据不同的服装品种、款式和要求制订出特定的加工手段和生产工序。服装款式的千变万化，使成衣加工方法和工艺要求复杂多变，从而导致不同组织形式的出现，这将直接影响到企业成衣的加工效率和加工质量。要使服装企业内的成员进行有效工作，生产过程顺利进行，就得依赖于企业内部合理的组织结构。

从上节成衣生产流程的介绍可知，生产一件服装需要经过许多道工序。以一件长袖女衬衫为例，单缝制工序就有100多道，使用的辅料可以多到30多种，同时会涉及许多人员。以一家月产量10万件的衬衫厂为例，有职能部门人员25名，一线管理人员16名，一线操作人员280名，后勤人员15名，而且每月有可能会有十几个甚至几十个制单。这么多的工作和这么多的人，谁来吩咐每个人应该做什么？谁来保证每个工作岗位上有材料可以做？这就需要服装企业有一个系统的、完善的组织结构作为基础。

一、成衣企业组织结构设计原则

作为成衣企业的管理者，为了实现企业的目标，需要制定整体战略和计划，决定企业要完成的任务是什么、怎么做、由谁做、谁向谁汇报以及各种决策应在哪一级上制定。这就是设计组织结构的职能。

成衣企业组织结构的设计是以企业目标为依据，对企业各项工作加以分解和组合，进而设计不同职能部门、机构、职位，明确其工作内容、责任、权限及其相互协作关系，规定其任职资格、规章制度和工作顺序等一系列活动的说明。

组织结构的基本要素是服装企业在进行组织设计时必须考虑的因素，企业可根据自身规模、生产和产品特点、管理能力等诸多实际情况加以取舍，在尊重基本组织原则的基础上进行本企业组织结构的设计。

1. 专业化原则

专业化是指将管理组织的业务适当地予以划分，并在尽可能的范围内由专职人员担任。首先明确职位的责任、职务和权限，其次选择担任该职务合适的人选。在经验式管理的中小服装企业中，通常存在着因人设事、因职找事的现象，从而造成管理成员不胜任工作的弊端。

2. 职权和责任对等原则

服装企业应做到权责对等、责权一致、职权与职责对称，避免有责无权、有权无责和责权不等的现象。还应注意适当授权，即企业管理者应把自己的部分职权授予下属，使下属拥有一定的自主权和决策权。适度授权将有利于发挥基层管理人员的才干，调动其工作积极性，及时地处理日常事务，做出有利于企业的决策。

3. 岗位分解合理原则

岗位分解是通过组织结构设计使企业各职能部门的责、权、利相互匹配，形成最佳的业务组合和协作模式。同时将企业主要职能部门的工作内容进行分解，企业各部门的岗位或职能的划分更为科学和合理。服装生产企业按照服装业务管理流程划分为：面辅料准备裁(床)剪、车缝、后整理三大部门和环节。

4.有效的管理层次与管理幅度原则

管理幅度是一个主管人员直接有效管辖的下属人员的数目，是一种水平分工形式。管理层次是组织的纵向等级数，是最高主管到基层主管之间的职位等级。管理层次越高管理幅度应当越小，如上层管理幅度以 4～8 人为宜，下层管理幅度以 8～15 人为宜。

5.管理层次分工明确原则

服装企业的管理层可分为三层：高层管理、中层管理和基层管理。三个层次之间是上下级关系、管理和被管理的关系。三个层次各有分工，越是高层管理，其要处理的问题越是抽象、不确定和具有创新性；越是基层管理，问题越具体、确定和具有可操作性。

二、成衣企业组织结构

从目前服装企业的组织结构来看，服装企业由于其规模、产品、经营范围等不同，企业的组织结构也有所不同。但不同服装企业的组织结构之间都有管理学中组织结构的共同之处。

管理学中将组织结构分为机械式组织和有机式组织两大类。我们看到许多大的服装企业多采用机械式结构，或者说机械式成分较大。在所有条件相同的情况下，组织采用的越是常规化，组织结构也越是机械式的。所以男衬衫厂、男西服厂等款式单一的服装厂一般都是机械式结构。相反，技术越是非常规，结构也越是有机。在现实情况中，很少有纯粹的机械式或有机式组织，企业必须根据自己的加工工艺和生产要求进行合理的组织设计。

(一)机械式组织

最多见的机械式组织结构有两种。一是通过将相似或相关职业专长的专业人员组织在一起建立的职能型结构；二是以自我包容的自治单位来组织的分部型结构，而自治单位内部往往又采用职能型结构。

1.职能型结构

职能型结构(见图 1-15)可以从专业化的分工中取得效率。同类专业人员组织在一起，能产生规模经济和学习效应，对加工工艺及生产可以做到精益求精，同时可以减少资源如人员、设备等的重复配置。其缺点就是各职能部门常常会为追求职能目标而看不到生产过程当中全局的最佳利益；另外，它不能为未来的高层经理提供训练的机会。职能经理很难走上高层经理职位，因为他们过于关注组织的一个狭窄的局面，而对其他职能的接触非常有限。

2.分部型结构

分部型组织结构(见图 1-16)比较适合规模较大的、有多个产品线的企业。每个单位或事业部一般是独立的，由分部负责人对全面绩效负责，并拥有充分的战略和运营决策权力。分布型结构的优点是强调结构，分部负责人对一种产品或服务负全部责任。这样使得总部人员摆脱了日常运营具体事物的负担，能专注于整个公司的整体发展战略和规划。所以，不仅仅是杉杉集团、雅戈尔集团、中国达利凯地集团这些服装企业，就连许多国际大公司如

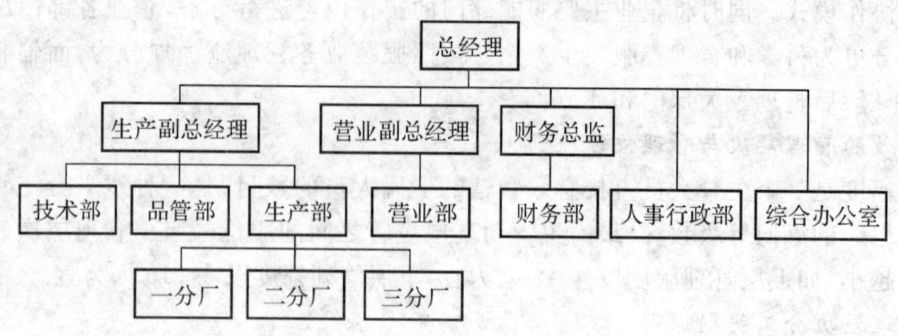

图 1-15　某服装厂的职能型结构

通用汽车公司、施乐公司、柏林顿工业公司等都是采用这种组织结构。另外，这种结构也是培养高层管理人员的有力手段，每个分部经理在运营其分部过程中，获得了全面管理的经验。分部型结构的主要缺陷是活动和资源的重复配置。例如，中国达利凯地集团，每个分部都有营业部、财务部、综合办公室等，使得组织整体的成本上升。

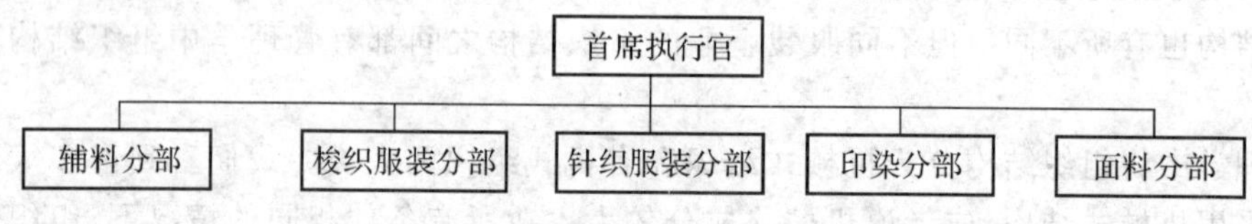

图 1-16　中国达利凯地集团的分部型结构

(二)有机式组织

有机式组织结构较多见的有简单型、矩阵型、网络性和任务小组及委员会结构等。

1. 简单结构

许多成衣生产企业在刚刚开始发展时多数采用的是简单结构(见图 1-17)。设计师兼做老板管理企业，雇用一个做技术的负责打样、推档甚至裁剪，通常会雇用一个亲属做会计，兼做出纳、仓储记录、进出货记录、工资核算，还有一些行政事务，雇用几个车工做缝纫，雇用一个大烫，雇用一个做包装的兼做搬运。销售一般委托一些小的服装店帮助代销，通常由老板自己出面打交道。老板主持一切，做出所有的决定。

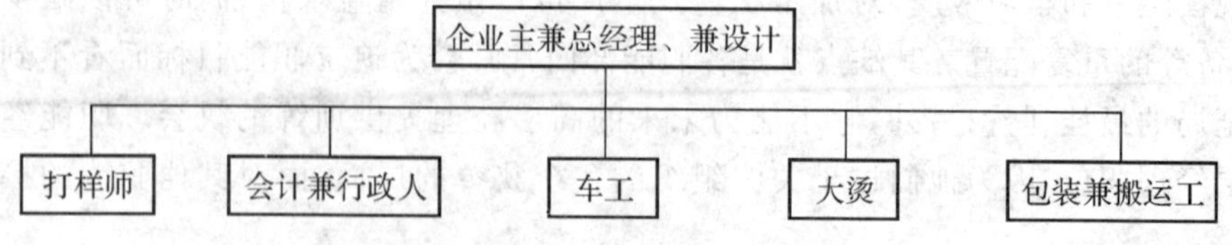

图 1-17　杭州某女装企业刚起步时的简单组织结构

简单结构的组织，低复杂性、低正规化和职权集中在一个人手中，是一种扁平的组织结构，纵向层次很少，通常只有两三层，决策权集中在一个人手中。

2. 矩阵结构

矩阵结构(见图 1-18)是汲取了职能型结构的专业化优势和分部型结构对结果的关注，而避免了分部型结构资源的重复配置。但矩阵结构中有双重指挥链，因而它容易造成混乱，隐藏着权力斗争的倾向，给员工造成多头领导。曾有一大型服装厂采用过矩阵结构，后因造成复杂的人际关系而结束这种结构。但是如果组织的目标明确，组织各部门有良好的协作关系，组织文化是强调团队协作的，这样的企业是能成功运用此种结构的。如萧山汇丽集团的外贸生产部分就是这样的一种结构。这种结构适合有多客户或多产品线的企业。

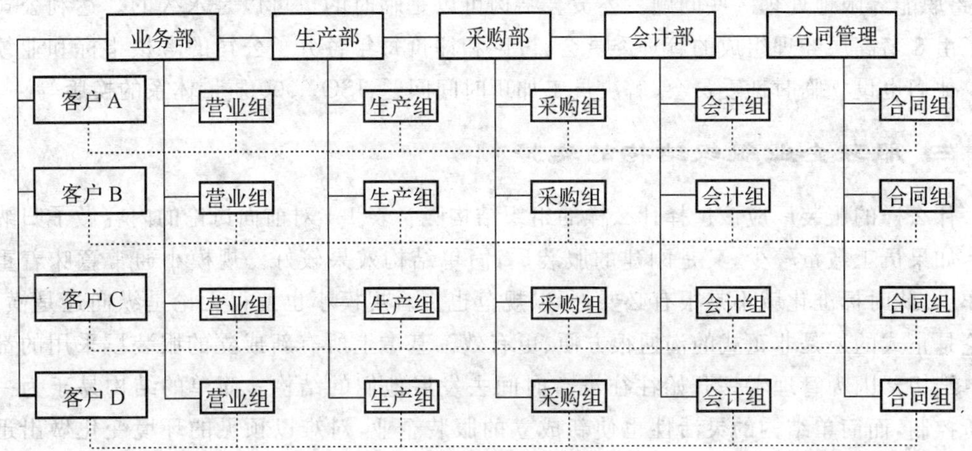

图 1-18　汇丽集团外贸生产部的矩阵组织

3. 网络结构

网络结构(见图 1-19)是目前正在流行的一种新形式的组织设计。信息技术的广泛应用、经济全球化的推进，使得网络结构被越来越多的组织采用。

20 世纪 80 年代，美国服装业面临大萧条，他们通过全球范围打通服装供应链，将生产、运输、广告甚至销售环节外包，而聚焦于自身的核心业务：设计和策划。通过合同与制造商、代理销售商建立一种战略合作关系。

将非核心优势的职能外包，已是发达国家服装界广泛采用的竞争策略。随着我国经济的发展，在东部沿海地区，许多服装生产企业采用了这种竞争策略，建立了网络结构。

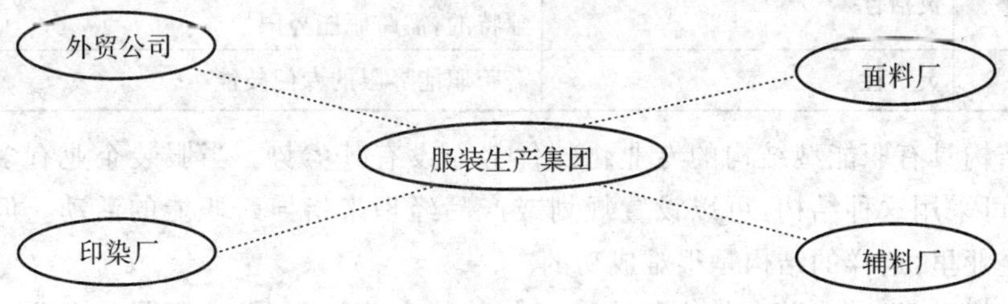

图 1-19　某一大型服装生产集团的网络结构

网络组织结构比较适合服装企业，因其灵活性能使企业做出迅速反应。另外，由于服装业是劳动密集型行业，服装的价格越来越低，需要更低廉的劳动力和原材料价格，网络结构使得组织能获取最低成本的生产。但网络结构由于缺乏像传统组织所具有的那种紧密的控制力，所以供应商的产品质量难以预料。

4. 有机的附加结构

有的服装厂总体上采用的是机械式结构，但有时需要跨部门、跨职能的沟通。譬如，当要开发一个新产品或发展一个新客户时，企业可以考虑用临时性的任务小组形式。该小组是将一个有机式结构单位附加在机械式组织之上，来完成某一特定的、明确规定的复杂任务。任务完成后，小组成员解散或转换到另一任务小组，或者回到原职能部门。

另一种有机附加结构的形式是委员会结构，它将多个有经验和不同背景的人结合起来，跨职能界限地处理一些问题。委员会结构可以是临时的也可以是永久的。达利公司设立了由8名高层经理组成的管理委员会，讨论和评价每年各分子公司的考核指标和业绩评定。他们也设立临时性委员会，解决员工加班时间问题、ISO 9000质量体系的换版等。

三、服装企业组织结构的选择

什么样的服装厂应该选择什么样的组织结构呢？表1-1对前面讨论的内容做了归纳。

如果员工数量较少，又是刚建的服装厂，简单结构效果较好。规模小通常意味着重复工作少，此时标准化就不是很有必要，所以规范也少。规模小也使得无论是纵向还是横向，无论是正式的还是非正式的沟通很方便、更有效。基本上所有新成立的服装厂采用的都是简单结构。因为管理者一开始往往没有时间去发展他们的结构。简单的结构易于为一个人所控制，而简单结构的灵活性也使新成立的服装企业，对难以预见的环境变化做出迅速反应。

表1-1 服装厂组织结构选择

结构选择	优　点	适用对象
职能型	专业化的经济性	产品品种比较单一，客户差异少
分部型	对结果的责任	大型服装企业；或多个产品线或多个市场
简单型	快速、灵活、经济	小型服装厂；服装厂起步阶段
矩阵型	专业化的经济和对结果的责任	有多个产品线或有多个差异大的大客户
网络型	快速、灵活、经济	发展初期；有许多可靠的供应商；需要低廉的劳动力和生产要素
任务小组	灵活性	有些重要的具有特定期限和工作绩效标准或者任务是独特的，需跨职能界限协作
委员会	灵活性	需跨职能界限的专门技能

矩阵结构具有职能型结构的专业化的优势而没有其劣势。当服装企业有多个规划或产品线时，可采用这种结构，可以设置规划或产品经理来指导跨职能的活动。但在一个官僚文化的企业里，这样的结构是很难成功的。

网络结构是IT技术革命的产物。通过与其他企业的联系，一家服装企业可以从事服装生产制造而不必有自己的工厂。网络结构对于刚建的服装企业是一种特别有效的手段，它可以使风险大大降低。因为它需要的固定资本很少，这样降低了对组织财力的要求。但要取得成功，管理者必须能够发展和维持与供应商的关系。如果所外包的一家公司不能履行合同，这一网络结构的服装企业可能就是失败者了。

任务小组和委员会结构是机械式结构的附加手段。任务小组是一种临时性的设计，它是针对特定时段里独特的或不多见的任务。如果任务是常见的，那机械式结构可以取得更高效率。

第四节 成衣工艺发展趋势与展望

随着电脑技术、网络技术和通信技术的发展，Internet 技术、PDM 技术、ERP 技术、网络数据库技术、电子商务等技术在服装企业中的应用也越来越广泛，这使得服装工业向着智能化、信息化、自动化和数字化的方向发展。

一、智能化

智能化就是把计算机科学领域中富有智能化的学科和技术，如机器学习、知识工程、推理机制、联想启发以及专家系统等技术应用到服装生产中。例如：应用智能化样板系统，可以根据用户的款式，在智能化系统中找出与之最接近的各种部件，如衣领、衣身、衣袖等，并把与之相对应的样板调出样板库。该样板可以根据用户输入的尺寸进行自动修改。智能化样板系统不仅仅指样板的生成，还包括样板的工业化处理，如放码、由面布样板自动生成里布样板、由领里自动生成领面等等。所有这些都必须以服装专业知识和实践经验为基础。利用计算机建立功能强大的专家知识数据库，让计算机具备服装行业的知识与经验，可以使服装 CAD/CAM 系统发挥出更有意义的“自动化设计”、“专家顾问”等作用。

二、信息化

信息化就是利用网络技术，建立企业内部的信息系统，进入国内外的公共信息网络，使企业既能及时掌握内部的各种信息，又能通过信息网络宣传自己并进行商品交易。这样既有利于企业的决策，又有利于提高企业的知名度和经济效益。在现代服装工业中，服装流行周期短，服装款式和色彩变化很快。因此，正确的信息应涉及面料的成分、组织结构、流行色彩以及服装设计、服装制造、批发和零售等各个方面。随着服装工业各个领域的迅速发展，计算机辅助数据处理系统已应用于辅助生产。在生产线的不同环节安装操作方便的终端，生产管理部门便可随时收集数据，这样大大提高了生产管理的能力和效率，使生产内部问题能尽快得到反馈，并能正确答复客户提出的有关生产过程和交货期的问题，非常适合服装生产交货期短、多品种、小批量以及与销售相衔接的要求。

三、自动化

由于消费者追求个性和服装流行周期短的原因，21 世纪的服装工业迫切需要将传统的生产方式加以改造，以便能生产出高附加值的产品。在这种环境下，服装企业应该根据消费者的需求来生产高附加值的产品。服装工业是劳动力密集型产业，同时对操作技能的要求也很高。由于有许多简单重复性的工作，因此，为了保证有充分技能的劳动力来从事生产，确保产品质量的稳定，服装产业就需要把自动化运用到生产、管理等各个环节中来。日本、美国和欧洲一些国家正在研究服装的自动化生产。日本率先开展了研究和开发能进行小批量、多品种生产的自动化生产系统的工作，并取得了一定的成果；美国已制造出自动缝纫生产线样品。目前已有企业利用条形码来实现服装生产过程管理自动化，如采用单体跟踪技术（每个产品中的条码识别符），可以对产品在制造过程各个作业环节进行质量控制，追究具体作业人员的责任。

四、数字化

数字化与信息化浪潮的冲击，使得各行各业都面临着新的生存环境与新的发展契机，服装企业也不例外。数字化服装是以数字化信息为基础，以计算机技术和网络技术为依托，通过对服装设计、加工、管理、展示、销售等环节中信息的收集、整合、存储、传输和应用，最终实现服装企业资源的最优化配置。数字化将渗透到服装从面料到销售的各个领域之中。例如，如何用数字化技术来"度身定做"，即 MTM(Made to Measure)，正是目前服装界致力于应用到服装设计和展示中的数字技术。

[思考题]

1. 试述成衣生产的发展历程，并作简要说明。
2. 试述成衣生产的一般流程。
3. 成衣企业组织结构设置有哪些形式？

第二章　生产准备工程

[本章提要]

生产准备工程是成衣生产流程的起点，是做好整个成衣生产工作的基础，关系到成衣生产的裁剪、缝制、整烫等一系列后续工作能否顺畅地进行。

生产准备工程的主要任务是为成衣生产提供物质和技术上的保证，包括服装材料准备及生产技术准备两大方面。服装材料的准备指成衣大批量生产之前准备好所需的各种原材料，包含材料的选择、材料的检验与测试、材料的预缩与整理、材料耗用预算等各项工作。生产技术准备指成衣产品在投入生产前所进行的各种技术性准备工作，包括款式设计、结构设计、工艺设计、样品试制、生产技术文件的制订等，以使生产过程更加科学合理、产品质量得到保证，从而使经济效益达到最佳。

[学习重点]

1. 服装材料检验与测试的目的及其方法
2. 材料耗用预算的注意事项
3. 样衣试制的流程及方法
4. 生产技术文件如工序流程图、工艺单等文件的制定

[本章结构]

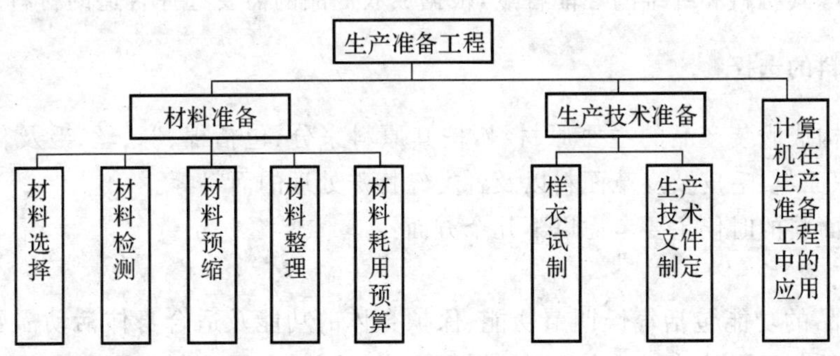

第一节　材料的分析及选用

服装原材料是成衣生产所需要的最基本的要素，是关系到能否保证正常生产和产品质量的关键。在进行成衣生产之前，服装企业首先应根据产品的需要选择合适的服装原辅材料。

一、材料准备原则

成衣是由服装原材料经过裁剪、缝制、整烫等一系列操作生产出来供消费者选购的服装产品，因此在进行成衣生产之前，既要考虑目标消费者的需求、使用场合、时尚潮流等因素，又要考虑企业的经济性、生产工艺的可行性等因素，选择并准备好合适的原辅材料。

成衣生产所涉及的材料种类繁多，准备材料时应遵循以下几个原则：

(1)成衣材料的选择从体现成衣品质和性能方面讲，选用的材料要体现服装外观的审美性，并考虑穿着的舒适性、耐用性、穿用方便和易保管性、安全性、经济性等因素。

(2)根据本企业的生产能力进行材料的准备，要考虑设计、生产工艺以及设备情况等具体要求。

(3)对于自主设计生产的服装，应根据设计的定位来选择材料，考虑产品的特点和要求、产品销售的对象、地区特点、企业的生产能力、利润等来确定。

(4)来料来样加工的产品，必须严格按照客户的要求在正式投产前将材料准备好，经客户确认后才能投入生产。

(5)进料注意生产节奏、市场动向，掌握适时适量，快销快进，有利资金流动。

(6)严格核对原辅料，如货号、色号、规格等，并做材料样卡。

(7)原料的存放需按照原料的特性进行，如避免重压、保持通风等。

二、材料的选择

产品涉及材料种类很多，从构成产品的结构上可以分成面料、里料和辅料三大类，在选择时应该考虑其材料和纤维的性能特点，根据成衣产品的需要选择合适的材料。

(一)面料的选择

面料是构成服装产品的主要原材料，按其原料来分，包括棉、麻、丝、毛及化纤面料，各类混纺、交织面料、毛皮及皮革面料以及各类经特殊处理的面料等。

在选择面料的时候主要考虑以下几个方面：

1. 功能

服装产品的功能包括气候调节功能、保护身体的功能及适合身体活动需要的功能等。不同的产品具备不同的功能。在选料时需要考虑该面料是否适合产品的功能要求。

如夏季面料要求隔热防暑，面料要求透气性好、轻薄柔软等；冬季面料要求保暖性好，面料紧密厚实、不透风，易于活动；内衣面料要求吸湿性好、柔软、透气；工作服要求结实、牢固、符合工作环境的要求，如硫酸厂的工作服选毛料、电厂的工作服要求防静电的材料等。需要有警示功能的马路工作人员穿着的工作服，如马路清洁工的制服则会选择反光面料。

2.色泽

材料的色泽及图案、花纹等要求要和设计的要求或客户的要求相一致，对于有拼接的服装除要求色彩和谐外，特别要注意防止串色，因此要注意色牢度，包括熨烫与水洗色牢度。

3.工艺

不同的服装产品有不同的工艺要求，所选择的材料要符合该产品的工艺，如有熨烫工艺的服装产品，就要考虑材料的耐热性、热缩性等。

4.质感

不同的服装材料质感各不相同，在选择材料时需要考虑厚、薄、光泽度、材质手感等方面是否符合产品的要求，多种面料组合的款式，其材料质感是否相互协调等。

5.价格

根据产品的定位、企业的利润要求等选择合适成本的材料。

6.地域

不同地区的生活习俗、气候环境不同，根据产品销售地区的具体要求选择合适的材料。

(二)里料的选择

里料是服装的夹里用料，是在面料里面起衬垫、保护等作用的材料。包括里布、拖布、填充料等。

1.里布(里子)

里布主要起保护服装面料，改善穿着性能和保护服装外观造型的作用。主要有涤纶塔夫绸、尼龙绸、绒布、各类棉布与涤棉布等。

在选择里布时主要考虑以下几点：

(1)里布的性能应与面料性能相匹配，如缩水率、耐热性能、耐洗涤、强度、厚薄、重量等。若缩水率有差异，根据缩水率的大小可把里子留出一定虚边，以防缩水。

(2)色牢度要好，以防搭色，通常选择与面料相协调的颜色，且一般不应深于面料。

(3)采用轻软、耐磨、表面光滑的织物，以减少层间的摩擦阻力，易于穿脱。

(4)里料的透气性、吸湿性要好，特别是不透气的面料更要注意，如人造革等。

(5)对于有填充物的服装，选择里布时应注意防止填充物外钻。

2.托布

托布一般放在面料与填充物之间，起定位、保护作用。托布应选择质地柔软、不影响服装外观的材料。

3.填充料

填充料也叫填料，指面料与里料之间起填充作用的材料，主要是增强服装的保暖性，也可作为衬里来增加绣花或绢花的立体感。

填充料可分为絮类填料和线类填料等种类。絮类填料是指未经过纺织的散状纤维和羽绒等絮片状材料，没有一定的形状，使用时要有夹里，并且要求面、里料有一定的防穿透性能，如高密度或经过涂层的防羽绒布。线类填料是指由纤维经特定的纺织工艺(如针刺等)制成絮片的材料，有固定的形状，可以根据需要裁剪使用。

常用的填充材料包括羽绒、丝绵、棉花、驼绒、腈纶棉等。在选择填料时，首先应根据产品的用途来选择。如冬季滑雪登山用的运动服，可采用蓬松、柔软、回弹性好、比重轻、保暖性强的羽绒材料。考虑到产品的成本,从经济的角度出发,冬季的棉服可采用棉花作为填充料。考虑到产品的使用性方面,如需拆洗的服装可选择可翻拆重复使用的丝绵,而不需拆洗的服装可选用松软、保暖性好、能拍松后使用、不需翻拆的驼毛、驼羊毛或驼涤毛做填充料。

(三)辅料的选择

辅料是指除面料、里料以外的所有辅助材料,包括衬料、拉链、纽扣、缝纫线、花边、商标、垫肩、装饰材料、包装材料等。选择辅料时,必须根据面料特性、款式要求以及加工工艺等方面来考虑。

1.根据面料的性能进行选择

面料的性能包括面料的材料特性、组织结构、工艺处理情况等。服装面料的材料种类繁多,包括天然纤维、合成纤维、再生纤维、天然裘皮、人造皮革、合成皮革等材料。面料的组织结构也有很多种,不同的材料及组织结构所构成的面料性能如缩水率、热缩率、耐热度、强度、手感、质感等也各不相同,而面料的工艺处理也会对面料的上述性能产生很大的影响。因此,在选择辅料时要首先分析面料的材质,根据其特性考虑与之相匹配的辅料,尤其对于衬料、缝纫线等对服装造型、形态的稳定性具有较大影响的辅料。

2.根据服装的款式要求及功能进行选择

当今,辅料在服装的款式及造型设计中起着越来越重要的作用,如可以采用衬料来增加廓型局部的挺度和丰满度。不同的部位对衬料的要求也各不相同,如挺胸衬常采用全毛黑炭衬或马尾衬来增加胸部的丰满度,保暖衬常用无纺布类的薄型毛毡,如腈纶棉等。腰部以下的下脚衬常用棉衬或粘合衬,用于增加胸衬的挺度和稳定性。挂面衬、领衬等常用棉衬或化纤粘合衬,西服领衬常用领底呢辅以粘合衬来保证挺括。

一些辅料的设计性运用往往给服装带来特别的装饰效果,如特殊设计的纽扣、拉链头、挂钟等,常常起到画龙点睛的作用,在选择这类辅料时,既要注意其颜色、形状的协调性和适应性,也要注意它们的缩率、色牢度、耐热度等特性与面料相一致。

对于运动服、工作服等功能性服装,人们穿着时常常进行大量的劳动及大幅度的运动,应选择柔软、透气、吸湿性良好的材料,选择强度较高,牢固的缝纫线,其开口处最好选用拉链类的附件,便于穿脱,且防止运动和工作时钩拉脱。

3.根据制作工艺条件进行选择

如需要高温定型、高温熨烫的服装,衬料等辅料应具有相应的耐热性。

三、材料的配用原则

服装使用的材料种类繁多,一件服装产品常常需要多种材料,在选择服装材料时需要考虑各材料之间的配伍性,保证服装的造型和款式。面辅料应用时应注意以下几个问题:

1.伸缩率合理配伍

服装使用的材料伸缩率要基本一致。对可水洗的服装,还要考虑水洗后的伸缩率。对一些缩率较大的面料应先预缩,防止由于伸缩率不一致造成起紧、起壳、起链型等现象。

2.耐热度合理配伍

里料、辅料的耐热度不得低于面料,防止熨烫时衬、线等辅料变质甚至熔化、发黏。如棉布面料缝制时只用棉线,而不用的确良或腈纶线,其主要原因是耐热程度不一致,会引起烫后开缝。一般讲，呢毛料用丝线，化纤料用的确良或腈纶线。

3. 质感合理配伍

原辅料的厚薄、质地、风格要相适应。如丝绸或其他薄料不可用质地粗糙、很硬的衬料，应与丝绸柔软、轻薄、飘逸的质感相符合。针织物最好用针织衬布。

4. 坚牢度合理配伍

服装的使用寿命受面料、里料、辅料的坚牢度共同制约，如果里料、辅料的坚牢度低于面料，就无法起到保护面料的作用。即使面料的牢度较好，也会降低服装的使用寿命。因此在选择材料时应尽可能使它们的坚牢度相接近，从而使服装产品的质量及经济性达到最理想的状态。

5. 颜色合理配伍

里料、辅料的颜色要与面料相协调，除款式设计的特殊要求外，应尽量一致。对于有搭色的款式要特别注意使用材料的色牢度，防止串色。

6. 金属配件合理配伍

服装上会使用很多不同材料制成的金属配饰。要注意这些配件的材质和金属表面处理是否符合要求，如表面是否粗糙有毛刺，因为这对于高档娇贵的面料容易造成勾丝，影响质量。此外要注意是否会生锈、氧化变质等。

7. 价格和档次相配

在选择服装材料时，根据产品的定位合理选择符合其定位的价格和档次的面辅材料。

第二节　材料的检验与测试

一、检验与测试的目的

把好服装材料的质量关是控制成品质量重要的一环。通过对成衣原材料的检验和测试可以有效地保证材料的质量，掌握材料的理化性能，从而在生产中采取有效的工艺及技术措施，提高成衣产品的质量，提高正品率。

二、材料检验

服装原材料进厂后要进行数量清点以及外观和内在质量的检验，符合生产要求的才能投产使用。

（一）规格、数量的复核

原辅料的复核是原辅料进厂要做的第一项工作。企业应对面料、里料及粘合材料等纺织品材料进行复核，主要包括以下几点内容：

1. 核对出厂标签

核对材料出厂标签上的品名、品号、规格、色泽、数量及两头印章、标记。

2. 复核织物的匹长

织物的长度一般用匹长来度量，即指一匹织物长度方向两端最外边完整的纬纱之间的距离。匹长通常用米(m)为单位,(国际上也有用码(yd)来度量的,1码=0.914米)。

一般地,筒卷包装的材料长度在验布机上复核。折叠包装的材料,先是抽样量取折叠长度(一般是一米),再清点层数,将折叠长度乘以层数,即可复核材料的匹长是否符合要求。

3.复核织物的幅宽

织物的宽度用织物幅宽来度量,即织物横向两边最外缘之间的距离。织物的幅宽通常用厘米表示(国际上也有用英寸(in)来度量的,1 in=2.54 cm)。

校对门幅时,需按照门幅的误差分门别类进行处理。如果门幅差距在0.5 cm以上,要在材料上标明,校点后单独放置。如果差距在1 cm以上,同时窄宽长度比在2∶1或3∶1以上的,可裁断后按实际门幅计算,并注明幅宽和长度,以便合理使用。

表2-1所示为织物的匹长和幅宽的一般情况。

表2-1　织物的匹长和幅宽的一般情况

织物类型	匹长(m)	幅宽(cm)
棉织物	30～60	80～120,127～168
精纺毛织物	50～70	144,149
粗纺毛织物	30～40	143,145,150
长毛绒、驼绒	25～35	124,137
丝织物	20～50	70～140
麻类夏布	16～35	40～75

4.按重量进行复核

对于某些材料如丝绸、针织类面料等常按重量进行复核。

织物的重量一般用单位长度重量或单位面积重量来度量,以每米克重(g/m)或每平方米克重(g/m^2)为计量单位。织物的重量不仅影响到服装材料的加工性能及成本核算,而且是正确选择服装材料,满足和达到服装服用性能和造型要求的重要参考指标。

通常依据织物的重量将其分为轻薄型、中厚型和厚重型三大类,例如以平方米克重计量:195 g/m^2以下的织物属轻薄型织物,195～315 g/m^2的织物属中厚型织物,315 g/m^2以上属厚重型织物。

5.复核其他辅料

对进厂的其他辅料也要进行复核检验。主要是复核辅料的品名、色泽、规格、数量等与实际是否相符,对于如纽扣、裤钩等量大物小的辅料可以按包装计算并抽检进行复核。

(二)病疵检验

面料在织造和染整加工过程中,不可避免地会产生各种疵点(如织造疵点、染整疵点、印花疵点等),经砂洗的面料还应注意是否存在砂道、死褶印、披裂等砂洗疵点。这些具有疵点的面料会造成服装的降等,影响服装品质。尤其是批量生产的服装,需要多层铺料裁剪,混入有疵点的面料会造成大量的服装次品。因此在裁剪前必须对面料进行检查,在有疵点的地方做上明显的记号,以便在辅料划样时合理使用。

1. 疵点的检验

疵点的检验可在专用的验布机上进行，也可在铺料的同时进行验布。根据面料的包装形式，疵点的检验方式可分两种：

(1)验布机上进行检验。采用标准光源，试样速度和视觉位置均有统一规定，可用于检验高档、圆筒卷装包装材料和双幅材料。

(2)台板检验。折叠形包装常采用台板检验。检验时将织物平放在检验台上，在标准光源下，或设在朝北的窗口(光线均匀柔和)，在柔和稳定的光线下逐页进行检验。简单易行，较适用于中小成衣企业。

对于面料疵点的检验方法及允许的疵点范围，国家有明确的技术标准。如 2009 年新发布的国家标准 GBT 17759—2009 本色布布面疵点检验方法，GBT 17760—2009 印染布布面疵点检验方法。表 2-2 所示为织物疵点分类。

表 2-2 织物疵点分类

<table>
<tr><th colspan="3">疵点分类</th><th>疵点名称</th></tr>
<tr><td rowspan="10">机织物疵点</td><td colspan="2">由纱疵形成的织物疵点</td><td>粗节、偏细纱、扭结纱、裂纱、毛纱、亮丝、结头不良、污渍纱、杂物织入、膨体变形不良、布面条干不匀</td></tr>
<tr><td colspan="2">经向疵点</td><td>直条痕、粗经、松经、紧经、吊经、缺经、断疵、经缩、双经、筘痕、筘路、穿错、错经、针路、布辊皱</td></tr>
<tr><td colspan="2">纬向疵点</td><td>纬档、开关档、粗纬、松纬、紧纬、弓纬、断纬、拖纬、稀纬、纬缩、双纬、脱纬、缺纬、纬向梭纹、亮纬、错纬、拆痕、厚段、薄段、厚薄段、云织、百脚</td></tr>
<tr><td colspan="2">边部疵点</td><td>松边、紧边、破边、豁边、烂边、毛边、锯齿边、荷叶边、毛圈边、卷边、边撑起毛、边撑疵、凹边、左右宽狭边</td></tr>
<tr><td colspan="2">整修疵点</td><td>整修不良、织补痕、洗痕、钳损、补洞痕</td></tr>
<tr><td rowspan="3">染色、印花、整理疵点</td><td>染色疵点</td><td>渗色、色污经纱、折邹色条、染料迹、铜翳、晕疵、纱头印痕、斑纹外观、水渍、水损迹、染色斑点、经向条花、夹花、布端色差、布边色差、左中右色差、头尾连续色差、翻边、经向条痕、雨状条影</td></tr>
<tr><td>印花疵点</td><td>印染污斑、脱浆、拖浆、刮刀条花、色档、深色档、对花不准、未上色折痕、嵌花筒、溅浆、渗化、第三色、衬布印</td></tr>
<tr><td>整理疵点</td><td>毛毯痕、防缩印、失光、擦伤痕、起毛、压痕、绳状擦伤痕、分条痕、针洞眼、深针痕、步铗痕、预缩布面粗糙、鸡爪印、纬斜、不合色样</td></tr>
<tr><td colspan="2">一般疵点</td><td>跳纱、跳花、蛛网、星跳、纬移、缝头压痕、钩丝、轧皱、轧梭痕、磨损痕、起球、纤维球、花纹错色、色纤维织入、异纤维织入、破洞、挫纬、撕破、雾状斑、污迹、缩拢、不良气味、多粒结织物、错织纹、毛圈突出、毛圈混色、缺毛圈、平布起毛圈、起绒不匀、起皱不足、起绒过度、直剪印、倒绒、绒不齐、毛刀、皱档、稀弄、局部纬密不匀、水纹印、裙子皱、折痕、死折痕</td></tr>
<tr><td colspan="3" style="display:none"></td></tr>
<tr><td rowspan="3">针织物疵点</td><td colspan="2">纱线疵点</td><td>亮丝、毛丝、粗纱、细纱、大肚纱、污渍纱</td></tr>
<tr><td colspan="2">编织疵点</td><td>横路、缺纱、停车痕、错纱、紧稀路针、纬编双面断纱、花针、纹路歪斜、翻纱、衬垫纱错位、漏针、组织错乱、跳纱、破洞、抽丝、纱拉紧、毛圈漏针、钩丝、纱线扭结、三角眼、修疤、修痕、换线疵、毛圈不齐、油针、错花纹、断经、错穿、凹凸不匀</td></tr>
<tr><td colspan="2">染色、印花或整理疵点</td><td>色点、纵向色差、横向色差、色花、沾污、渗花、干版露底、套版不正、重色横档、缺花、印花搭色、无色折痕、起绒过度、起绒不足、起绒不匀、褶印、起球、折痕、荷叶边、纬斜、极光、卷边、脱边、坏边、乱纹花、抽丝眼</td></tr>
</table>

2. 色差检验

色差即面料的颜色色泽差异。由于织物的纤维组成不同，染色时采用的染料种类及工艺设备不同，加上染色加工中有不同的要求和特点，产生色差的原因及表现就不一样。一般地，面料色差可分为四种情况。

(1)匹色差：同色号中各匹料之间的色差。

(2)段色差：同匹料前、中、后各段的色差。

(3)边色差：同匹原料左、中、右(布幅两边与中间)之间色差。

(4)正反面色差：素色料正、反面的色差。

进行色差检验时，将织物的左右两边进行颜色对比，同时与门幅中间的颜色进行对比，每隔 10 m 进行一次；每匹布的头、尾、中三段也需进行色差比较。此外，面料色差检验时，针对不合色样的情况，还需检验样本与产品的色差，成交小样与产品的色差。

在色差检验时，一般采用目测评定方法，按照《染色牢度褪色样卡》对照评定等级。有时也使用测色仪器进行颜色测量，评定其等级。但如果仪器测定与目光测定有差异时，以目测为主。由于检验人员的目光和目测条件不一致，判断结果常发生差异，为此检验人员之间必须经常进行统一目光，要求目测条件标准化。

色差按国家等级标准评定分为五级：

5 级：几乎看不出有颜色的差别　　可用于 1 号部位

4 级：仔细看才能发觉有颜色差异　　可用于 2 号部位

3 级：明显的颜色差别　　可用于 3 号部位或 4 号部位

2 级：严重的、十分明显的颜色差别　　基本上不能做服装面料

1 级：色差最严重，作为工业用布

服装的色差主要有：一件服装内部位与部位之间的色差，同一部位上下、左右之间的色差；一套服装内件与件之间的色差；一批货中箱与箱色差，件与件色差。服装的色差问题主要是由于面料的色差而产生的。如果服装对色差的质量要求较高，则应更换面料或在排料时采取相应的技术措施。

3. 纬斜与弓纬检验

梭织物在织造、印染、整理过程中常常受到拉力作用，若拉力不均匀，便会引起面料沿纬度纱方向发生歪斜或形成一个或多个弧形的歪曲状态，即纬斜或弓纬现象。如果是条格面料，纬斜严重还会造成面料的条格扭曲，影响服装外观。

典型的纬斜情况如图 2-1 所示。在整个织物宽度方向上描出一根纬纱或针织横列的标志，如图 2-1 中的 AC(DC)。典型的弓纬情况如图 2-2 所示。在整个织物宽度方向上描出一根纬纱或针织横列的标志。

纬斜或弓纬率的计算公式为：$S=d/W\times100\%$

其中：S——纬斜率或弓纬率，单位：%；

d——纬纱或针织横列于直尺间最大垂直距离，单位：毫米(mm)；

W——织物幅宽或制品测量部位宽度，单位：毫米(mm)。

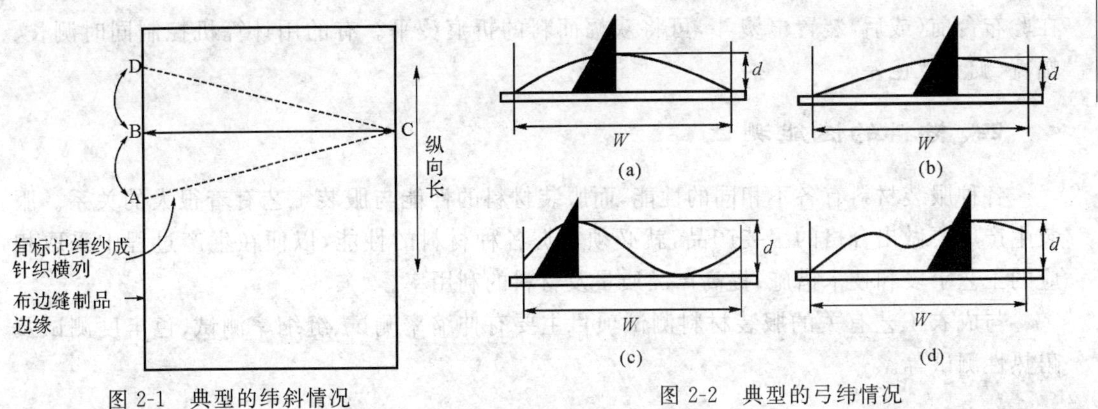

图 2-1　典型的纬斜情况

图 2-2　典型的弓纬情况

色织格料(不包括印花面料)纬纱纱面允许倾斜的程度,即纬斜率不得超过 3%,如果超过就要换片或者是整纬处理(应在未开裁前整纬)。纬斜会给服装成品的质量造成影响,如对不准条格、烫迹线歪斜、止口不顺直等。

三、验布机简介

验布机是服装行业生产前对棉、毛、麻、丝绸、化纤等特大幅面、双幅和单幅布进行检测的专用设备。

1. 验布机的作业方法

验布机提供验布的硬件环境,连续分段展开面料,提供充足光源。操作人员靠目力观察来发现面疵点和色差。验布机自动完成记长和卷装整理工作。

验布机的基本结构如图 2-3 所示。面料放置于放布盆内,经松紧调节装置通过验布台。

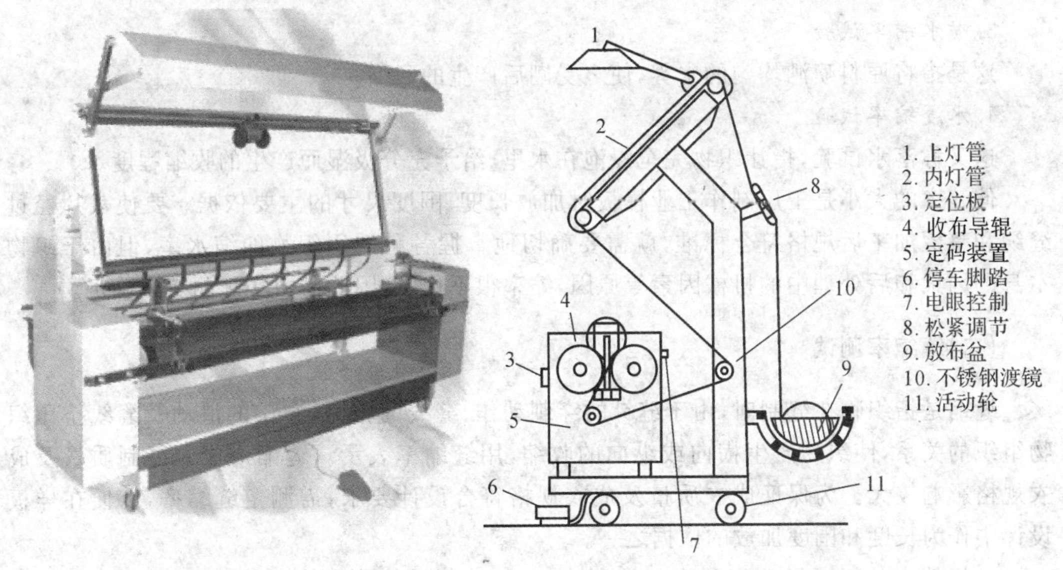

图 2-3　验布机

验布台的采光通常使用灯光照明,以保证准确的检验工艺。经检验后的面料,由导辊卷成布卷,以便下道工序使用。定码装置通过摩擦带动记长轮转动进行记长。有些验布机在验布台前(或后)装置电熨斗,可将双幅面料的折痕烫平。有的用计算机控制同时测长、幅宽、疵点及色差。

四、材料的性能测试

各种服装材料有各不相同的性能,而服装材料的性能与服装工艺有着很大的关系。服装生产厂要做出合格的服装产品,就必须掌握各种材料的性能,以便在生产过程中采取相应的工艺手段和技术措施,提高产品质量及材料的利用率。

与成衣工艺有关的服装材料测试项目主要有伸缩率测试、缝缩率测试、色牢度测试及耐热性测试等。

(一)伸缩率测试

织物在受到湿、热等外部因素的作用后,纤维的平衡状态将会发生转变,在这个过程中发生伸缩变化,其变化的程度就是伸缩率。

$$伸缩率=\frac{试验前试样长度(或宽度)-试验后试样长度(或宽度)}{试验前试样长度(或宽度)}\times 100\%$$

根据产生伸缩的原因不同,伸缩率测试主要包括:

1.自然缩率试验

先将原料包拆散,取出整匹原料,检查原料长度和门幅宽度,并做好原始记录,然后将整匹原料拆散抖松,静放24h后再进行复测,计算出缩率。

2.干烫缩率试验

这是指用熨烫的方法,使织物受温度作用以后而产生收缩。多用于丝织及涤纶、涤棉织物之类。

3.喷水缩率试验

这是指将原料喷洒均匀的水雾,使之受潮后产生的回缩。

4.水浸缩率试验

这又称落水试验,指让织物完全浸泡在水里,给予充分吸湿而产生的收缩程度。

伸缩率的大小是工厂制作工业样板时加放长度、围度尺寸的主要依据。要使裁片经过缝纫和整烫加工后规格符合标准,就需要确切地掌握各种需用织物的缩水率,但由于织物本身的因素和后处理中的机械因素等原因,缩率很不稳定,因此需由实际测定来确定。

(二)缝缩率测试

缝缩是指织物在缝制时,由于缝针的穿刺动作、缝线的张力、布层的滑动及缝线挤压织物组织的关系,使织物产生横向或纵向的收缩,用缝缩率表示。缝缩对成衣缝制质量及成衣规格影响较大。为保证成衣质量及成衣规格符合设计要求,需测定缝缩率,以便在样板设计中作为长度和围度加放的依据之一。

如棉茄克的里子需要跟弹力絮缝制在一起,缝制后的缩率较大,因此在里子的样板设计时要根据弹力絮的厚薄及缝制条件适当地加以放大,才能使面里料较好地缝合,达到预定的规格设计要求。

缝缩率的测试方法如下：

1. 采样

取经纬向试样，长 50 cm，宽 5 cm，作上记号，如图 2-4 所示。

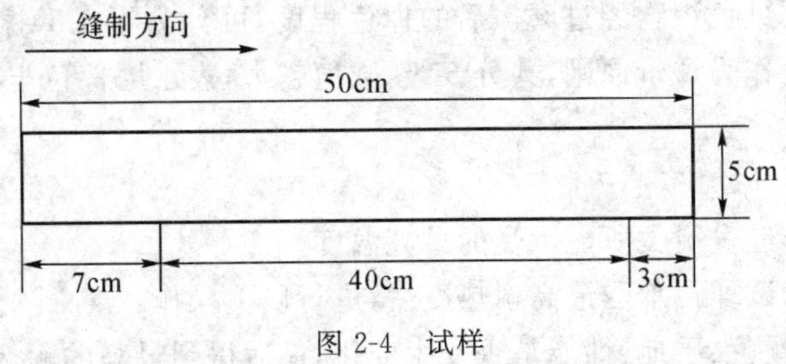

图 2-4 试样

2. 缝制条件

将同向的两块试样重叠，按规定的缝制要求（即缝针、缝线的规格、针迹密度和底面线的张力大小）在不用手送料的情况下，缝合试样中间的直线。

3. 测量和计算

测定缝制后两记号 A、B 间的长度（一般是下层布料的缝缩较大，故以下层衣料作为评定对象），取三块试样的平均值，计算缝缩率。

（三）色牢度测试

色牢度又称染色牢度、染色坚牢度，是指纺织品在使用过程中受到光照、洗涤、熨烫、汗渍、摩擦和化学药剂等各种外界作用后的染色牢固程度。根据试样的变色和未染色贴衬织物的沾色来评定牢度等级。纺织品色牢度测试是纺织品测试中一项常规检测项目。

色牢度差的产品会伤害人体的健康安全。这种产品在穿着过程中碰到雨水、汗水就会造成面料上的颜料脱落褪色，其中染料的分子和重金属离子等都有可能通过皮肤被人体吸收而危害人体皮肤的健康。

另外，色牢度差还容易发生沾色情况，在穿着和洗涤时染脏其他衣物。

因织物在加工和使用过程中所受的条件差别很大，要求各不相同，故现行的试验方法大部分都是按作用的环境及条件进行模拟试验或综合试验。综观国际标准组织（ISO）、美国染色家和化学家协会（AATCC）、日本（JIS）、英国（BS）等诸多标准，最常用的有耐洗、耐光、耐摩擦、耐汗渍、耐熨烫、耐气候等项。

在实际工作中主要是根据产品的最终用途及产品标准来确定检测项目。如毛纺织产品标准中规定必须检测耐日晒色牢度，针织内衣当然要测耐汗渍牢度，而户外用纺织品（如遮阳伞、灯箱布、蓬盖材料）则当然要检测其耐气候色牢度。

在成衣生产中最常用的是水洗和熨烫两种方法检验织物脱色或变色的程度，此外，摩擦色牢度测试也较为常用。

1. 熨烫色牢度

这是指将试样熨烫，待冷却后观察其染色牢度。

2. 水洗色牢度

试样经过洗涤后，观察其变化程度，分清水洗和皂洗两种。通常采用灰色分级样卡作为评定标准，即依靠原样和试样褪色后的色差来进行评判。洗涤色牢度分为 5 个等级，5 级最好,1级最差。洗涤色牢度差的织物宜干洗,如若进行湿洗,则需加倍注意洗涤条件,如洗涤温度不能过高、时间不能过长等。

3.磨擦色牢度

磨擦色牢度是指染色织物经过磨擦后的掉色程度,可分为干态磨擦和湿态磨擦。磨擦牢度以白布沾色程度作为评价原则,共分5级,数值越大,表示磨擦色牢度越好。

(四)耐热度试验

耐热度是指试样经过熨烫所能承受的最高温度。

耐热度试验是指试样在承受最高耐热度后,进行以下操作:

(1)观察其原料颜色、质地、性能是否发生变化,最后得到最高的耐热温度。

(2)观察颜色:让试样与原样作对比,看是否有变黄和变色情况。

(3)观察质地:看是否有硬化、熔化、皱缩、变质、手感等质的变化。

(4)观察性能:不降低原料的各种物理、化学性能,如强度、牢度等。

经过缩率、色牢度、耐热度试验后,将有关的测试数据作好记录,整理成文,并通知有关技术、生产等整理部门,以便按原料性能制订相适应的工艺操作规程。

第三节　材料预缩和整理

为了保证成衣产品的形态稳定性、穿着性能等加工质量,需要在投产前对服装材料,主要是面料、里料、衬布等进行预缩和整理。

一、材料的预缩

面料在织造与染整加工过程中,由于承受较大的经纬向张力,导致织物内部存在内应力,加上纤维本身的湿热性能,面料在成衣前后经熨烫、洗涤会产生一定的变形,影响服装成品的形态稳定性及穿着性能,因此在裁剪前要消除面料的内应力,即要进行预缩。

一般情况下,多数服装企业不会因工艺上的"预缩"要求而去购置预缩机,而只需要对面料供应商提出诸如缩水率等方面的整理要求就行了,预缩工艺由面料供应商去完成。但当有较高成衣质量指标要求的时候;当产品经常采用的面料(如弹性较好的织物、容易产生形变的面料等)对尺寸规格稳定性(收缩和伸张)比较严格的时候;在款式和面料变化多、批量少的场合,有面料升档和提高服装产品附加值的时候,对服装厂(特别是西服厂)来说,还是需要购置预缩机,在裁剪加工前对面料进行"预缩"处理的。

根据纺织材料的研究,面料的收缩效应主要可分三类:纤维弹性恢复的自然收缩、纤维亲水性的吸湿溶胀收缩和纤维化学结构上的热收缩。

(一)预缩机理及方式

根据材料收缩机理的不同,主要包含有以下几种预缩方式:

1.自然预缩

面料在加工过程中不断地承受张力,纱线和纤维产生了积累的伸长形变。张力越大,积累的应力形变就越多。张力消失后，积累形变中的弹性变形将会释放，使面料的长度尺寸变小，产生自然收缩。自然收缩也是预缩的一种方法。

在裁剪前，将织物拆包、抖散，在无堆压和张力的情况下，停放一段时间，一般放置24小时以上，使织物自然回缩。生产中，有些面料（如弹性较好的面料）铺料后通常需要放置一段时间（一般为24小时）再进行裁剪，目的是给面料足够的时间进行自然收缩。

此外，一些辅料如各类橡紧带材料，也需抖散，自然放置24小时以上才能使用。

2. 湿预缩

有亲水性质的纤维吸水后会产生异向膨胀作用，其主要原因是织物吸水性收缩。亲水性纤维的吸湿性越好，织成材料的缩水率也越大，表2-3为几种纤维吸湿溶胀后的变化。

表2-3 几种纤维吸湿溶胀后的变化

品种	直径增加率％	长度增加率％	品种	直径增加率％	长度增加率％
棉	20.0～23.0	1.0～2.0	粘胶纤维	25.0～35.0	2.0～5.0
蚕丝	16.3～18.7	1.3～1.6	锦纶	1.9～2.6	2.7～6.9
羊毛	14.8～17.0	1.0～2.0			

纤维吸水后膨胀变粗，纱线直径也变粗增大，干燥后，纤维和纱线又基本上恢复到原来的粗细。这种“一张一弛”的结果，使面料中积累的伸长形变（又称残余变形）得到了充分地释放。

利用织物吸水性收缩的特性，可以采用以下的预缩工艺：

(1)对机织棉麻布、棉麻化纤布等面料，一般是直接用清水浸泡，然后摊平晾干。

(2)毛呢料：a. 精纺面料采用喷水烫干，熨烫温度为160℃；

b. 粗纺可用湿布覆盖在上面略微烫干，熨烫温度为180℃。

(3)一些缩率较大的辅料，如纱带、彩带、嵌条、花边等，也需同样进行缩水处理。

3. 干热预缩

某些织物如合成纤维（涤纶等）在加工和使用过程中会发生热收缩，主要原因是当纤维的温度超过玻璃化温度后其内部超分子的取向结构和结晶结构发生了变化，宏观上表现为纤维长度的收缩，直接反应在面料上就是织物长度和幅宽的变化。因此，可通过加热的方式进行预缩：

①直接加热、预缩：应用电熨斗、呢绒整理机等对布面直接接触加热。

②利用加热空气和辐射热进行加热预缩：如利用烘房、烘箱、烘筒的热风或红外线辐射热。

4. 汽蒸预缩

这是一种湿热预缩的方法，一般可采用将准备预缩的材料在无张力的松弛状态下放入内通49～98 kPa(0.5～1 kgf/cm^2)的蒸汽压力的烘房内，让织物在湿热作用下自然回缩，然后晾干或烘干处理。

(二)预缩机预缩

大的服装厂有的用预缩机对面料进行处理。它是在一定的温度、湿度和压力下，借助面料本身的弹性收缩变形以及织物和纤维的渗透与溶胀原理，消除面料的潜在收缩，完成预缩工作。预缩机可供纯棉、化纤、混纺面料、毛呢类面料预缩用，经预缩后的面料缩水率得到了降低，一般要求收缩效应达到经纬向缩水率都低于3%，且手感柔软。

1.湿热预缩机

主要对棉、麻、蚕丝及粘胶等纤维素纤维的面料进行预缩，这类面料吸湿性大，纤维易发生溶胀使纤维长度缩短，进而影响以其为原料的面料及混纺织物的尺寸稳定性。湿热预缩机的基本流程是喷湿—挤压—烘干，根据包覆材料的不同，可以分为橡胶毯预缩机和呢毯预缩机两种。

2.汽蒸预缩机

在服装厂里经常使用的预缩机是汽蒸预缩机。汽蒸式预缩机的工作特点是在不加压和不拉伸面料的状态下进行预缩。汽蒸预缩机也称预缩定型机。它分两种类型：适宜毛织物的连续型汽蒸预缩机、适宜合成纤维面料物的热定型预缩机。其他面料在汽蒸式预缩机上也可获得一定的预缩效果。

二、材料的整理

材料在检验后会发现许多疵点和缺陷，如果能通过整理工序给予修正和补救，对提高成衣质量，提高材料的利用率，降低成本是大有裨益的。

(一)织补

面料存在的各种疵点可以采用织补的方法，对面料的缺经断纬按织物组织结构给予修正。无法织补的疵点可采用调片和绣花、贴花等方法给予补救。

(二)整纬

对于纬斜超过国家技术规定的面料，需要进行整纬。如果不及时纠正纬斜，在成衣后会使衣服变形，尤其是横条或格子型的花布和色织布，变形更为明显，这将严重影响产品质量。

整纬包括两种方式：

(1)手工整纬。单件服装生产一般采用手工拉的方式矫正。

(2)用整纬装置进行矫正，一般适用于大批量生产进行矫正。

整纬器是纠正纬斜的通用装置，其工作原理是通过整纬机构的机械作用，调整织物各经纱间的相对运行速度，使纬纱弯斜的相应部分“超前”或“滞后”，从而恢复纬纱与经纱在全幅内垂直相交的状态。直线型纬斜可用直辊式整纬器纠正，弧形纬斜则可用弯辊式整纬器纠正，混合型纬斜可用混合式或其他类型整纬器纠正。

(三)裘、革的整理

坤宽定形是裘皮和皮革的整理措施，如果遇到皮板硝粉过多而太硬，可用藤棍轻轻抽打，能使皮子柔软些。

通过这些整理措施，将会大大提高服装质量和材料的利用率，并降低成本，这对中小型服装企业也是尤为重要的。

第四节　材料的耗用预算

在材料的准备工作中，根据对成衣产品的分析，选择出合适的材料品种和规格后，还需对材料的耗用进行预算，为成衣批量化生产采购做好准备。在考虑材料的用量时，与单件服装产品的制作不同，成衣大批量生产，一件衣服除了额定用料外，还需考虑其他因素的影响，做出合理的用量预算。

一、料耗用量的构成

(一)产品用料消耗

产品用料消耗是指成衣产品净使用的面里料和辅料，可以根据排料长度确定面料、里料及衬布等的额定用量。

(二)原材料损耗

材料的损耗主要由以下几部分构成：

(1)自然回缩的损耗

各种面料在织造与印染过程中，由于机械作用使经纬向受到较大的张力而伸长，因此在织物内部就造成一种潜在的收缩力，随时间延长，织物逐渐收缩，张力减小，这种现象就是自然回缩，即服装材料中的缓弹性变形。自然回缩的大小与织造、印染的时间有关，刚印染好的面料，则回缩较大。在计算耗用时，需在额定用量上予以加放，其他损耗如缝纫损耗、工艺回缩、缝制回缩及熨烫回缩，均应在样板设计时加以考虑，无需计算。

(2)缩水损耗

织物浸在水中后，经纬向出现收缩的现象叫缩水。一般地讲，凡是吸湿性好的材料缩水率都大，如棉、麻、丝类织品，如果缩水率较大，须在裁剪前进行预缩处理，则这种损耗应该在标准用料基础上再加放。如果是成衣砂洗工艺、成衣水洗等则无需加放，因为样板用料已加上。

(3)织疵的损耗

面里料在加工过程中，不可避免地会产生各种疵点(织造疵点、染整疵点、印花疵点)，而带疵点的面里料会造成成品服装的疵点。因此等级越低的料子，疵点越多，损耗也就越大。

(4)段耗

铺料过程中断料所产生，用段耗率表示：

$$段耗率=段耗/投料长度\times 100\%$$

一般地，段耗包括以下几部分：

①机头布：面料两端有印章、字或病疵导致的损耗。

②余料：辅料剩下来不够排料长度又不能裁制单件产品的余料。

③断料时落料不齐而使用量增加的部分。

④材料残疵由于无法借裁的断料损耗。

⑤铺料时，有时为了节约面料、提高效率会进行两匹面料借裁重叠的部分。

在计算段耗时，主要考虑前三个因素。

(5)次品损耗

次品损耗包括在各道工序中出现次品造成的面料损耗，这同工厂的技术素质、管理等因素有关。

(6)特殊面料的正常损耗

面料由于布纹、图案、组织会对用量产生影响，如条格面料、灯芯绒之类具有倒顺毛或有倒顺花的面料所造成的损耗。要求对条对格的条格料，阴阳格料各应加一格与两格。如果样板排料时已考虑，则不用考虑此项。

(7)其他损耗

由于试样(样品)各种性能测试等所产生的损耗，如用量较少可不考虑，若数量较大需放进预算。

此外，由于原材料或成衣在生产、保管、运输等过程中管理不善等也可能会造成一些无法预计的损耗，在进行材料耗用预算时，也需作为考虑的因素。

二、缝纫线耗用量的计算

在生产准备的过程中，除了要对服装所使用的面料、里料等材料进行耗用计算外，还常常需要进行缝纫线耗用的计算，从而获得对产品的成本核算，有利于采购与备料，为成衣的按时交货、保证质量提供必要的条件。

计算用线量主要有“比率法”与“公式计算法”两种。

(一)用“比率法”估算用线量

在成衣生产中，由于所使用的面料(厚度、软硬等)、线迹(种类、密度等)、缝纫线(粗细、张力等)、机器压脚(压力大小)等因素都会影响缝纫线的用量，因此要十分精确地计算出用线量并不容易，通常都采用比率法对用线量进行估算。

所谓“比率法”，就是根据缝线消耗比来进行缝制用线量的估算。

所谓缝线消耗比，通常用 E 表示，即在各种条件下，缝一定长度的布料时，缝纫线的消耗量(长度，m)与车缝布料长度(m)的比值，$E=\frac{L}{C}$。

有了 E 值，即可计算缝线用量：

$$L=C\cdot E$$

式中：L——用线量(m)；C——车缝长度(m)；E——缝线消耗比。

在这里，首先要通过实验求出比值 E。实验的方法有两种，缝线定长法与缝迹定长法。

实验时要注意，根据服装的线迹及所用的缝纫线的不同，要分别进行实验求出面线、底线的缝线消耗比，然后再计算总用线量。对于平缝线迹，由于线迹上下线结构相同，如果使用同一种缝纫线，则可只实验上线用量，总用线量是上线用量的 2 倍。

1.缝线定长法

首先做好实验的准备工作，即选择性能良好的缝纫机，按实际要求的工艺条件调整好各部位机构，并准备好规定的面料及缝纫线。然后量取一定长度的缝纫线(例如 1 m)，量时前端要留出 0.5 m 的余量。将量取的这段线用明显颜色做好标记，再缠绕到线轴上，缠好后按实际操作要求用这段缝纫线在选用的面料上进行实际车缝，直至标有颜色的线段全部缝完为止。最后取下车缝的面料，量出标色线段实际车缝的长度，从而可推算出每米缝迹的用线量，即得出比值 E。

$$E=\frac{\text{标色线段的长度(m)}}{\text{标色线段车缝的线迹长度(m)}}$$

2.缝迹定长法

实验的准备工作与上述方法相同。然后直接用规定的缝纫线和面料按实际操作要求进行车缝，车缝至 0.5 m 以上。车缝后在线迹的中段量取一定的长度(20 cm 以上)，并将这段线迹用剪刀剪下来。最后将这段线迹中的缝纫线拆出来(小心不要将线拆断)，测量线的实际长度。从而可以推算出每米线迹的用线量，即得出比值 E。

$$E=\frac{\text{拆出线的实际长度(m)}}{\text{量取线迹的长度(m)}}$$

(二)用“公式计算法”计算用线量

这种方法是根据各种线迹的形状特征，计算出一个单元缝迹的用线量，再据此推算出车缝一定长度的面料实际用线量。

公式的推算可分为三步：

①根据线迹的形状特征，将线迹的几何形状理想化，假设为规则的几何形状，例如，平缝线迹的每个缝圈可以假设为长方形或椭圆形。

②根据假设的几何形状，计算出单元线迹的用线量。每个单元线迹的用线量包括一个线圈的用线量与每个线圈与相邻线圈相接处的用线量。

③根据单元线迹的用线量公式及线迹密度等条件，推算出适于实际应用的 1 m 长线迹所需用线量公式。

以平缝线迹(301)为例，可得到：

$$L_1=2+0.2Dt+0.26\frac{D}{\sqrt{N_m\delta}}$$

$$L_2=1.57+0.16Dt+0.36\frac{D}{\sqrt{N_m\delta}}$$

式中：

L_1——平缝线迹假设为长方形时，车缝 1 m 长的面料所需缝纫线长度(m)的计算公式。

L_2——平缝线迹假设为椭圆形时，车缝 1 m 长的面料所需缝纫线长度(m)的计算公式。

D——线迹密度(线变单元数/2 cm)。

t——面料的厚度(mm)。

N_m——缝纫线的公制支数。

δ——缝纫线的比重，纯棉线 δ 约为 0.8～0.9 g/cm^3，涤棉线 δ 约为 0.85～0.95 g/cm^3。

第五节 生产技术准备

生产准备工程的主要任务是为成衣生产提供物质和技术上的保证,包括服装材料准备及生产技术准备两大方面。前面四节介绍了材料准备的基本内容,接下来两节介绍生产技术准备的内容。

生产技术准备指成衣产品在投入生产前所进行的各种技术性准备工作,包括款式设计、结构设计、工艺设计、样品试制、生产技术文件的制定等,以使生产过程更加科学合理,产品质量得到保证,从而使经济效益达到最佳。

一、款式、工艺、结构设计

(一)款式设计

款式设计是整个成衣生产流程的灵魂,在成衣生产流程中处于最前端,一般由设计师通过设计效果图来表达其设计构思,传递设计意图。为了成衣工业生产的需要,还应绘制出相应的款式图以及部分关键工艺的表达,从而便于向纸样师及工艺师准确地传达款式的结构以及工艺处理中应注意的问题。

(二)工艺设计

所谓工艺设计就是指成衣的制作工艺及制作流程的合理安排。工艺师在进行工艺设计时,需要根据面辅料的性能和特点,结合企业的各类机械设备,选择合适的裁剪、粘合、缝制、整烫、包装工艺,如选择何种线迹、缝型、底面线搭配方式等,制定出最佳的工艺设计方案,从而保证产品的质量,使生产流程顺畅地进行。

(三)结构设计

服装结构设计即服装样板制作,是确保产品质量、款式造型的关键环节。服装样板包括净样、毛样、齐码样板、工艺样板等。一般在结构设计时,最先绘制净样,其与成衣的尺寸规格相一致,简洁、直观地表达了款式结构组成。毛样即裁剪样板,通过在净样上加放适当的缝份和尺寸变化量所得。在此环节,根据缝制工艺的不同,各拼合处所需的缝份量也可能不同,由于面料的缩水、热缩等情况需要适当加放缩量,同时,缝制工艺以及后整理处理也可能会引起尺寸变化,这时也需要合理加放一定的量。

齐码纸样是指根据标准的基码毛样,通过一定的纸样放缩规律做出的所有号型的全部纸样。直接用于工业生产的排料裁剪。

工艺纸样主要用于缝制加工过程和后整理过程,是成衣生产过程中用来扣烫、劈剪、辑明线(门襟)、定位(口袋、扣眼),以控制成衣各种规格、造型的一致性的样板,以便使服装加工顺利进行,保证产品规格一致,提高产品质量。

二、样品试制

服装样品试制，是指根据款式效果图或客户来图、来样及要求，结合企业自身的设备、生产技术能力等条件，对即将批量生产的服装产品进行实物标样试制。服装样品试制是服装产品进行大批量生产前的关键一步，通过样品试制来保证产品的款式、造型、工艺等方面的品质符合设计师或客户的要求，并通过样品的试制环节，制定出符合企业实际生产条件、科学合理、高质高效的生产工艺及操作方法，指导大批量生产的顺利进行。

(一)服装样品试制的意义与目的

1. 原材料选择及确定

通过样品试制检验所选用的原材料是否符合设计师的设计意图，实现成衣的外观效果。

对于订单生产的成衣产品，根据客户提出的要求进行原材料的选用，制成样衣经客户确认后，方可正式选用。

2. 确定成衣样板

通过样品试制检验成衣样板是否符合设计师或客户的款式造型及规格尺寸的要求。如果达不到设计和客户来样要求，需重新修改样板，制作样衣，直至达到设计和客户的要求为止。

3. 确定加工工序并测定工时

在样品试制的过程中，确定出缝制工序的顺序，同时测定每道工序的工时以作为成衣流水生产工序编排的依据。测定出的工时也是制定生产定额和成本核算的重要依据。

4. 原材料耗用计算的依据

通过样品试制，可以确定出单件成衣产品的原材料消耗量，同时综合考虑批量生产时样板套排及各种损耗的因素，合理确定批量生产的成衣原材料消耗量。

5. 工艺技术参数的测定

在样品试制的过程中，需要对缝纫线的张力、缝迹的密度、机针的号数、缝迹的类型、熨烫的温度、时间和压力以及缝制各部位的工艺要求等成衣生产的工艺技术参数进行测定。这是制定批量生产工艺、调试设备参数的重要依据。

(二)样品类别

在成衣生产的过程中，样品试制往往不可能一次完成，需要反复地试样。根据作用的不同，样品通常可以分为以下几种不同的类别(这常见于外贸生产情况下，而内销产品的试样相对没有严格的界定)：

1. 开发样

开发样也常常被称为头样，指开发阶段根据设计图所做的样品，或客户第一次给工厂做样所需的样品。其主要用于检验款式和工艺。

2. 销售样

销售样指开发样经过挑选、审核后，用于为客户召开的销售会上准备展出的样品。

3. 跳码样或试身样

当进入客人下订单的阶段，客户一般已最终选款，但仍可能会进行一些改变，所以针对客户所提出的意见而提供的样品叫跳码样或试身样，主要供客户去调整大货齐码尺寸及供试衣模特穿着看效果所用。通常需提供小码、基码、大码。

4. 测试样

测试样主要用是于测试洗水、颜色、环保等方面是否符合客户要求而制作的样品。

5. 产前样

产前样简称 P. P sample，即大批量生产前的样品，是在客人确认大货尺寸及试身后，根据客人的要求修改所提供的样衣。这个样衣经客户确认后，作为大批量生产可以开始的依据，是做大货的完全参照样。

6. 封样

封样是供生产部参考做大货所用，是为了确保大货试身、做工、尺码的准确性所制作的样衣，是大货产品的生产标准。

7. 船样

船样是从大货中抽取的，代表整批大货的质量的样品。该样品的面辅料、详细做工及包装需完全与大货一致。

（三）样品试制流程

1. 分析效果图或实样

在分析效果图或者客户所提供的实样时要着重考虑以下四个方面：

(1)选择与设计要求合适的面料及辅料。

(2)分析该服装的造型，比如是礼服还是日常服、是宽松型还是紧身型等，以便选出与之相适应的结构造型方法。

(3)分析该服装各部位的轮廓线、结构线、零部件的形态和位置。

(4)分析选用合适的缝制方法及需要的附件，需用何种工艺，采用何种设备等。

2. 结构设计与裁剪

(1)选择样品规格

首先选择试制规格，一般应按代表尺寸，内销的可按照国家号型中的中间标准体，即男上装 165/88，裤子 165/76；女上装 155/84，裤子 155/72。外销的一般选择“M”规格(即中心规格)。如果客户有来样，可按实样试制，也可根据客户要求选定规格。然后，确定样品各主要部位尺寸，比如女装的胸、腰、臀围和衣长、袖长、领大、腰节长等。

(2)结构设计

根据已确定的尺寸规格、款式特点，选择适当的结构设计方法(原型法、立体造型法、比例法等)进行结构设计，并在结构图上注明布纹方向、缝制记号等，绘制后必须认真检查是否有遗漏、短缺等。在结构图的基础上，加放缝份和贴边，然后剪成纸样。

(3)排料裁剪

依据纸样在面料上合理排料、划样，裁剪出样衣裁片，并测定出用料量。

3. 样品制作

在样品加工前必须慎重考虑缝制形式、缝迹、缝型、熨烫形式和顺序，尽可能采用简单合理的、既保证质量而效率又高的加工工艺，同时记录好加工形式、顺序和耗用时间，以作为批量生产时工艺的参考依据。由于样衣工几乎负责样品制作的全部过程，包括缝纫、熨烫及手工完成部分，一般常选用工厂里比较有经验的缝纫工担任。他们能及时发现不适合于批量生产的潜在问题。

4. 样品修正、评审及确认

样品完成后，可将样品放在衣架或人台上或由试衣模特进行试穿，由技术人员进行评审或提交客户进行确认，发现问题及时纠正或者根据客户提出的修改意见进行修改，经过反复评审、修正，直到满意为止。样品得到确认后，样品款式图、纸样、工艺、成品规格单、样品、时间、工艺说明等作为技术档案存档，以备批量生产时作为工艺技术确定的依据及将来质量检验和参考所用。

(四)小批量试制(试产)

小批量试制(试产)是指在单件样品试制的基础上，批量投产前在即将生产的流水线上进行小批量试制，数量一般在12件(一打)以下。

小批量试制是对单件样品试制的补充及修订，目的是通过试制，观察分析生产可行性和操作时间，验证流水线上人员配备、设备布局、工具应用是否合理，为制订必要的生产管理、质量管理等方面技术文件提供可靠的技术资料和数据，并提供生产用的实用标样，同时缩小了正式生产时的起步损失，缩短熟悉预备期限。因此，这是投产前的一项必不可少的技术工作，是关系到生产能否顺利实施的一项重要准备工作。

(五)样品试制的原则

样品试制过程实际是一个探索过程，目的是摸索和总结一套省时、省力、保证质量的合理、科学的生产工艺。一般掌握以下几项原则：

1. 材料使用的合理性

服装每一个部位所使用的材料都要做到“物尽其用”，而不是“可有可无”或者“大材小用”，要尽可能发挥材料使用的功能合理性和经济合理性。

2. 工艺设计的合理性

工艺手段必须适应材料的特性，不能损害或影响材料的特性和风格，同时还需考虑便利操作、精简操作、提高工效。工序的安排应相对集中，坚持提高工作效率和流程畅通的原则，充分发挥企业人力、物力资源优势。

3. 保证质量的可靠

保证制品质量是样品试制工作的一项重要目的。主要体现在：

(1)内在质量

从消费角度考虑使用寿命和价值。例如在加工过程中，对面料、里料、辅料的强度、牢度有否损害，缝道强度是否符合要求，尺寸、规格是否准确等。

(2)外观质量

外观质量主要看外观效果，丝织、条格、纬斜、色差、拼接、缝制等技术项目是否符合标准和设计要求。

4. 注意批量生产的可行性，保证交货期

样品制作完成后，必须考虑其批量生产的可行性，通过小批量试制，测试该产品的可行性，并观察和记录存在的问题，对样品再作一次修正，最后被生产部门确认后方可投产。同时，通过小批量试制，改进生产工艺，优化流水线的编制，从而提升生产效率，在保证产品品质的条件下，保证按约定交货期完成产品。

三、技术数据、资料的圈定和收集

技术准备环节，尤其是在样品试制过程中要重视测定并收集有关技术数据和资料，这是制订成衣工艺的技术措施和质量标难、成本核算、生产定额等工作和文件的重要依据。

(一)技术数据的测定

这包括工时、材料消耗及工艺技术参数等技术数据的测定。

(二)技术资料的记录和收集

1.原材料资料的收集

要及时收集试制样品所用的材料及其工艺技术质量等对生产有关的资料。主要内容有原料的属性、品名、规格、品号、等级、颜色、价格、生产厂家和出厂日期。

对材料性能方面的资料也要收集，如收缩率、色牢度、色差、强度、耐热度、干燥重量、回潮率等物理、化学性能指标，都必须记录备考，这是作为制定工艺措施的技术依据。

2.工艺技术资料的收集

样品试制完成后，须将款式图、裁剪图、样板、排料图、成品规格单、工艺单及各个工艺过程的工艺要求、技术标准等资料，用文字和图表记录清楚，并收集整理归档。

3.实物标样的收集

实物标样主要是材料标样和成品标样两种。

材料标样是指针对从面料、里料、衬料到各种线、纽扣、钩等辅料，收集标准样品列成标样，注明货号、规格、花色及要求。

成品标样是指样品试制完成后，被技术、生产等部门认可或被客户所确认的确认样。这类实物样品应按规定手续封存入档作为标样，也称封样。如果属现货生产，生产单位保存一份即可；如果属加工，须客户和厂方各执一份；如果中间有公司等调节部门，还需增加。数量要根据合同要求和实际情况确定。

第六节　生产技术文件

服装生产技术文件是指导服装生产及产品检验的技术资料。建立服装生产技术文件，可使服装生产符合产品的规格设计与质量要求，合理利用原材料，降低成本，缩短产品设计与生产周期，使高效率的生产经营活动得以顺利的进行。

根据服装企业的生产规模、生产能力及生产品种的不同，生产技术文件的形式和种类也不尽相同。就目前国内外服装业现状来看，服装生产技术文件可包含生产总体设计技术文件、生产工序技术文件、质量标准技术文件、技术档案等四个方面。

一、生产总体设计技术文件

生产总体设计技术文件是反映企业主要的生产品种与规模、设备配备情况等总体技术参数的文件(见表 2-4、表 2-5)，是按照产品的要求、技术标准拟定的。生产总体设计程序如

图 2-5 所示。

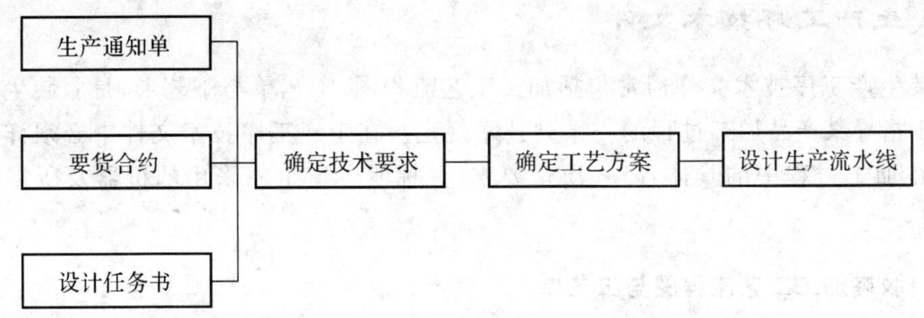

图 2-5 生产总体设计程序

表 2-4 生产总体设计

款号		款式	
有效工作时间/天			
生产班次			
各部门员工数（含管理、技术人员）	裁剪车间		
	缝纫车间		
	整包车间		
	合 计		
各部门加工时间	裁剪工时		
	缝纫工时		
	整包工时		
	合 计		
生产节拍/S			

备注：表中生产节拍计算公式如下：

$$SPT=\frac{标准总加工时间}{作业员人数}=\frac{计划期的作业时间}{计划期目标日产量}=\frac{有限机种的标准总加工时间}{有限机种的台数}$$

表 2-5 设备配置

部门	机器名称	型号/规格	台数	生产品种 1	件/台·天	生产品种 2	件/台·天	合计
裁剪车间								
缝纫车间								
整包车间								

二、生产工序技术文件

服装生产工序技术文件通常包括加工工艺流程图、工艺单与工艺卡，是服装生产技术部门用于指导某产品加工过程的一系列技术规定。在生产工序技术文件中必须详细地说明服装在加工过程中的具体程序、质量要求，并标明各道工序采用的机器及所需的定额时间。

(一)服装加工工艺流程图与工艺单

服装加工工艺流程图是服装生产工序技术文件的一种图表表达的方式，其直观、明了，是生产工艺制订的基础，也是安排流水线、配备人员以及准备和安排工艺设备所必须的技术资料。制订工艺流程时，必须选用最合理、最简捷的流程通道，保证生产工序衔接合理、流程通畅、路径最短，以达到速度快、质量佳的效果。

工艺流程图(见图 2-6)应包括加工工序名称、加工时间(纯加工时间或标准加工时间)、所用设备或工艺装备、工序号等内容。通常使用各种固定的图形符号来区分各工序的作业性质(见表 2-6)。根据实际需要，企业也可以自行制订某些符号。

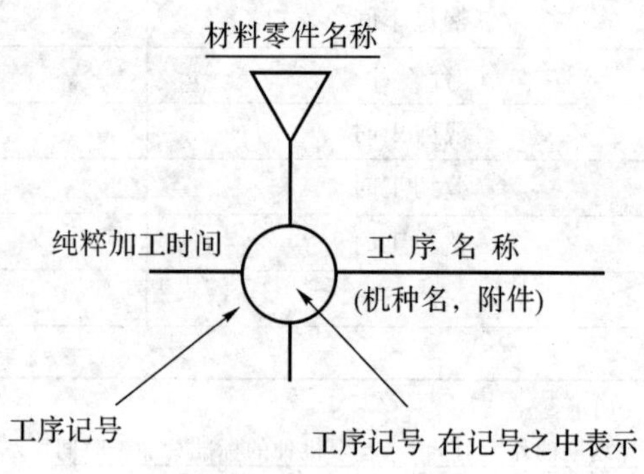

图 2-6 工序流程图表达方式

表 2-6 工序图示符号

符号	内容说明	符号	内容说明
○	通用缝纫机作业	◇	质检
	专用缝纫机作业	▽	裁片/半成品停滞
◎	手烫、手工作业	△	成品停滞
⊙	整烫作业		

在生产工序技术文件中，还应附上工艺单，其主要包括服装具体规格及各部位的质量要求。加工工艺单是技术部门制定并用于指导生产的技术文件之一。表 2-7 所示是衬衫加工工艺单式样。工艺单中将衬衫分为衣领、大身、熨烫包装三大类，并在这些类别中分别标明了各部位的尺寸及要求。

表 2-7　衬衫加工工艺单

	规格	1	2	3	4
成品检验规格	领大				
	肩宽				
	身长				
	袖笼				
	袖长				
	袖口大				
	袖衩长				
	袋距肩				
	袋长				
	袋宽				
	袋盖长				
	袋盖宽				
	下摆				

衣领部位	翻领式样		翻领止口辑线	
	领底式样		底领止口辑线	
	衬布		衣领式样	
	规格			
	商标			
	衣领成品式样			
袖头部位	袖头式样		袖头衬	
	袖头大		袖头宽	
	袖头衬做法		袖头止口	
	袖缝做法		绱袖头	
扣眼部位	门襟扣眼距离		门襟扣眼数	
	门襟扣眼大小		门襟扣眼进出	
	里面进出		袖口钮进出	
	袋盖钮高低		袋盖扣眼高低	

衣身部位	门襟式样		门禁宽	
	门襟辑线		里襟式样	
	里襟宽		前育克	
	后覆式		拷肩头	
	商标		袖衩式样	
	下摆式样		衣袋式样	
	下摆贴边			
	袋盖式样			
	口袋式样			
	袋盖辑线			
	口袋辑线			

整烫包装	整烫折叠示意图	成品包装示意图

(二)工艺卡

工艺卡是在生产流水线中指导具体的工序生产内容、质量标准、工时产量定额的技术文件,主要用于大批量定型产品生产线中。工艺卡的内容包括每道工序的详细操作说明、用图示标明主要部位的要求及使用的设备工具、加工技术要求、工时定额等。此外,工艺卡应发给具体操作人员。表 2-8 所示是男毛涤长西裤工序工艺卡实例。

表 2-8　男毛涤长西裤工序工艺卡

<table>
<tr><td>产品型号</td><td>MWT08-015</td><td>编号:010</td></tr>
<tr><td>工序名称</td><td>做腰里</td><td rowspan="5">腰里辑一层尼龙衬
尼龙衬
8cm</td></tr>
<tr><td>使用设备</td><td>夹具、平缝机</td></tr>
<tr><td>定额工时</td><td>30S</td></tr>
<tr><td colspan="2">作业要求:
(1)将预先折好的腰里上下缝合;
(2)腰里中间夹尼龙衬,腰里胶衬料均为斜料;
(3)商标钉在距离襟 8 cm 处。</td></tr>
<tr><td colspan="2">质量标准:
(1)辑线顺直,衬、里平服;
(2)钉商标端下整齐。</td></tr>
</table>

三、质量标准技术文件

在服装正式投产前,必须先确定其质量标准,也称为质量技术标准,明确在生产该服装时具体的质量要求,而将这些标准以文件的形式输出则是质量标准技术文件。

"服装标准"是由国家标准总局颁布的全国服装统一标准,是衡量服装产品质量的基本文件。但由于各地区对服装的要求不尽相同,因此,对于"标准"中未规定的具体细节,各地可自订一些补充标准或高于"标准"的企业标准,以及工艺操作质量标准。

服装技术标准可以分为国际标准、国家标准、地区标准、专业标准、企业标准、内控标准等。

(一)国际标准

国际标准是由国际化团体制定的标准制度,如 ISO、IWS,其在国际贸易中起着重要的作用。

(二)国家标准

国家标准则是由国家标准化机构批准,在全国范围内统一使用的标准。我国的国家服装标准是《中华人民共和国国家标准——服装》(GB/T 14272—2000)。国家标准包括 11 项内容,即一项"服装号型系列",七项产品品种技术标准(包括衬衫、单服装、棉服装、儿童单服装、毛呢上衣、大衣、毛呢裤等七个品种),三项产品品种规格推档标准。服装国家标准的每一品种标卡中包括号型系列、辅料规定、技术要求、等级划分、检验规定、包装标志等细则。这些内容,尤其是其中的产品技术标准,对服装的质量鉴别起着技术法规的作用,是检查服装质量的具体尺度。

(三)地区标准

地区标准系各地区根据当地的实际情况,对服装新产品及服装次要部位尺寸,在国家标准中未作详细规定的,由地区制订出地区标准。地区标准比国家标准更接近当地消费者的穿着习惯和要求。

(四)专业标准

专业标准是指由专业化主管机构或标准化组织颁布的在制定行业内统一使用的标准。如纺织部 1993 年颁布的行业标准 FZ/T 62006—93。

(五)企业标准

企业标准是由各企业、企业主管部门或下属企业根据具体生产规模、生产工艺形式和商品销售情况,对服装产品质量作出的详细的质量规定细则。因此企业标准比前两种标准更具体、更详细。企业标准通常由三个部分组成:外形质量要求、操作质量要求、规格质量要求。

(六)内控标准

内控标准是一个企业为了满足客户的要求、适应不断变化的市场环境、提高产品质量而制订的内部产品质量标准。

下面以男式衬衫的企业质量标准为例进行介绍。

1. 外形质量要求

(1)领头部位:领上盘与领下盘里外均匀,领角挺括不翘,左右对称。

(2)袖子部位:袖山头圆顺略有吃势,袖窿不起链形。

(3)止口部位:连门襟贴边不松紧,上下宽窄一致。

(4)肩摆缝部位:覆势平服,摆缝顺直、不弯曲、不吊链。

(5)袋部位:袋位准确,高低、大小相称。

(6)整件外形要求:将纽扣扣好,领头不歪斜、不后坐,后身褶裥叠齐到底,覆势套过肩缝,门襟上段不涌起座落。整件衬衫能摆得平服落实,不起链形。

2. 操作质量要求

(1)领头部位:裁准领衬,剪去领角,缉领头时领里要略微拉紧,缉出里外匀。上下领大小相符。装领时,前领口不拉伸。

(2)袖子部位:装袖子山头略有吃势,缉摆缝与袖底缝二者必须对准,缉线顺直不链。袖开衩的长短、位置要恰当,袖口边做小圆头,三个褶裥排列均匀,中间一个褶裥要对准袖山中线。

(3)止口部位:连门襟贴边用光边布料。如果布边有蓝条则剪去,挂面平直,门襟长短一致。

(4)肩摆缝部位:覆势里外匀服,后背褶裥位置适当,左右大小相同。摆缝缉线不松紧。

(5)袋部位:贴袋位置要准确,袋口封三角形,袋底角度左右对称,缉线齐整一致。

3. 规格质量要求

衬衫规格质量标准见表 2-9。

四、技术档案

建立技术档案是服装企业技术部门必须进行的经常性工作。建立技术档案可以帮助企业建立、健全和完善管理体制,企业技术部门也可以借鉴已生产的各类产品的设计加工的技术资料，开发新产品、新工艺，加快生产周期，提高经济效益。技术档案应包括该产品从设计、订货到出厂的全部技术资料。除生产工序技术文件外，还应有首件封样单、样板复核单、产品质量分检单、首件产品鉴定表、成本单、报验单、软纸样等。

表 2-9 衬衫规格质量标准

编　　号	内　　容
1	袖口边宽 6～7 cm
2	门襟贴边宽 3.5～4.5 cm
3	下脚贴边宽 2～3 cm
4	包缝或拷边，按消费者需要而定
5	袖开衩做贴襟，也可做一条滚边
6	大身摆衩，根据消费者需要可开可不开
7	针脚要根据布料性能决定，要求细密整齐

为了便于查阅和保存，技术档案宜用白皮带装好，袋面上标明以下内容：名称、地区、品号、合约、保管期限和密级，并填写企业名称和建档日期等。

技术档案封面及内容目录式样，见表 2-10 和表 2-11。

表 2-10 技术档案

总目录号	
分目录号	

技　术　档　案

名称＿＿＿＿＿＿＿＿＿＿＿＿＿＿＿＿

地区＿＿＿＿＿＿＿＿＿＿　品号＿＿＿＿＿＿＿＿＿＿

合约内/外＿＿＿＿＿＿＿＿　编号＿＿＿＿＿＿＿＿＿＿

保管期限＿＿＿＿＿＿＿＿　密级＿＿＿＿＿＿＿＿＿＿

厂名＿＿＿＿＿＿＿＿＿＿＿＿＿＿＿＿

日期＿＿＿＿＿＿＿＿＿＿＿＿＿＿＿＿

技术档案袋的副面列表填写技术档案内容目录，包括拟制文件的部门、拟制日期等。其形式如表 2-11 所示。

下面按技术档案内容目录顺序分别对各类技术档案加以描述。

表 2-11　技术档案内容目录

序号	内　　容	拟制部门	拟制日期	份数	张号	备注
1	内/外销订货单	供销				
2	设计图	技术				
3	生产通知单	计划				
4	原辅料明细表	技术				
5	原辅材料测试记录表	技术				
6	工艺单、工艺卡	技术				
7	样板复核单	质量检验				
8	排料图	技术				
9	原辅料定额	技术				
10	工序定额	劳动工资				
11	首件封样单	技术				
12	产品质量分检表	技术				
13	成本单	财务				
14	报验单	质量检验				
15	软纸样	技术				

(一)内/外销订货单

订货单有外销和内销两种。两种订货单都是根据客户的要求拟制的。各服装厂都有自己拟定的订货单。这些订货单大多以表格的形式列出。表格中详细地写明客户项目的包装要求。从订货单中可以一目了然地看清客户的要求。订货单式样如表 2-12 所示。

表 2-12　内/外销订货单

品名	规格	数量	单位	单价	总值	折合外汇
签约对方			合约号 订货日期		备注	
买主国别或地区			保险级别			
付款方式		成交条件及地点			装货期限	
供货单位		要货单位				

货号	色号	品名	规格	数量			单价	总金额	交货期

外包装：1. 木箱，2. 纸板箱，3. 纸箱 内包装：透明薄膜袋 商标：　　提供商标： 交货地点： 交货期：　　年　　月　　日	备注：

要货单位签章：　　　　供货单位签章：

经办人：　　　　经办人：

(二)设计图

技术档案中的设计图是指服装款式的白描图。通常,白描图包括服装正视图、背视图。如果有些款式用正视图、背视图不能完全表达服装外形,可根据具体情况增加侧视图或部件分解图。对于技术档案的设计图,要求其正视图、背视图突出服装的工艺特征。

(三)生产通知单

生产通知单,有时也称生产任务单,由服装厂计划部门提供。计划部门根据内外销订货单制定生产任务单,并将其送交生产部门。生产部门则依据生产任务单安排生产。为了使生产部门能完全领会订货单位的意图和要求,生产通知单中必须写明订货的所有要求,如生产品种、所用面料、里料及其颜色等。

包装要求中的商标、吊牌、纸箱等,可根据客商的要求决定。表 2-13 所示为生产通知单式样。

表 2-13　生产通知单

内/外销合约　　　　　　　　　　　　　　　　　　　　　　　　编号:________

合约号		款号		交期		生产 组别		辅助料
款式描述								
面料	夹里	颜色					交期	
								包装要求
								1—商标
								2—吊牌
								3—织带
								4—塑袋
								5—纸盒
								6—纸箱

制单人:　　　　　　　　　　　　　　　　　　　　　　日期:　　年　　月　　日

(四)原辅料明细表

原辅料明细表要求将一件服装所用的面料、里料的样卡贴在对应的原料使用栏。同时,在辅料使用栏中,对不同规格服装所用辅料给予详细的说明,如门襟拉链尺寸、袋口拉链尺寸、纽扣的颜色尺寸等。所用线的粗细、颜色可在最后一栏中示出。如有商标及吊牌等,可将实样附在明细表中。表 2-14 所示为原辅料明细表式样。

(五)原辅料测试记录表

原辅料测试通常由技术部门承担。测试的数据有色差、色牢度、缩水率(纬向、经向)等。原辅料测试的目的是为了掌握原辅料的性能,依据测试数据,确定裁剪、缝纫、熨烫等工序的工艺要求。测试方法可根据具体情况决定。

(六)工艺单、工艺卡

工艺单、工艺卡可参考生产技术文件部分式样。

(七)样板复核单

样板复核通常由服装厂质量检查部门承担。样板复核主要是尺寸的复核,即复核样衣与样板的差异。复核的数据有衣长、胸围、衣领、袖大、袖长等主要控制部位。根据服装品种的不同,复核的部位也不同。在样板复核表中,应在复核结果一栏中,简单、明了地写明所有复样情况。表 2-15 所示为样板复核单式样。

表 2-14　原辅料明细表

<table>
<tr><td>合约地区</td><td></td><td>款号</td><td colspan="2"></td><td>款式</td><td colspan="2"></td></tr>
<tr><td>编号</td><td colspan="2"></td><td>订单量</td><td colspan="4"></td></tr>
<tr><td colspan="2">主料</td><td colspan="6">辅料</td></tr>
<tr><td>面料样卡</td><td>里料样卡</td><td>规格
种类</td><td>XS</td><td>S</td><td>M</td><td>L</td><td>XL</td></tr>
<tr><td rowspan="7"></td><td rowspan="7"></td><td>面线</td><td></td><td></td><td></td><td></td><td></td></tr>
<tr><td>底线</td><td></td><td></td><td></td><td></td><td></td></tr>
<tr><td>锁眼线</td><td></td><td></td><td></td><td></td><td></td></tr>
<tr><td>包缝线</td><td></td><td></td><td></td><td></td><td></td></tr>
<tr><td>拉链</td><td></td><td></td><td></td><td></td><td></td></tr>
<tr><td>纽扣</td><td></td><td></td><td></td><td></td><td></td></tr>
<tr><td>织带</td><td></td><td></td><td></td><td></td><td></td></tr>
<tr><td>主唛</td><td></td><td colspan="3">产尺唛</td><td colspan="3"></td></tr>
<tr><td>洗水唛</td><td></td><td colspan="3">吊牌</td><td colspan="3"></td></tr>
<tr><td>单袋贴标</td><td></td><td colspan="3">外箱贴标</td><td colspan="3"></td></tr>
</table>

出样:__________　　审核:__________　　制表人:__________
复核:__________　　年　月　日

表 2-15　样板复核单

款　　号		任务单编号	
款　　式		规　　格	
大样板数		小样板数	
复核部位	复 核 结 果 记 录		
长度部位			

续表

围度部位			
衣领长、宽			
衣袖长、宽			
衣袖与袖窿吻合			
衣领与领口吻合			
小样板复核			
备　注			
出　样　人		生产负责人	
复　核　人		日　期	

(八)排料图

技术档案中的排料图属于一级排料,就是每一规格样衣排料图。二级排料是生产部门按硬样板多件套排的排料图。一般服装厂规定,二级排料用料量不能多于一级排料用料。在排料图中,除了说明每种规格的用料、门幅及具体排料图外,还需在排料方法一栏中说明排料方向,如双向排同件同向等。

(九)原辅料定额表

原辅料定额表由技术部门制定。在表 2-16 所示的辅料定额汇总表中,要求将服装所用原辅料列入表中。从表中可以看出定额用料和实际用料的差额。原辅料的总表中不包括拉链、纽扣等。

表 2-16　辅料定额汇总表

款号		款式		规格/总量				
				S	M	L	XL	XXL
单号		数量						

原辅料名称	门幅	规格	额定用料	平均用料	额定总用料	平均总用料	差额
面料(1)							
面料(2)							
里料							
衬料							
缝线(1)							
缝线(2)							
备　注							

制表:　　　　　　　　　　　　　　　　　　　日期:　　年　　月　　日

(十)工序定额表

工序定额工作是企业管理的一项重要基本工作。工序定额分为四个方面:裁剪工种工序定额标准;缝纫工种工序定额标准;锁定工种工序定额标准;整烫工种工序定额标准。以下是全毛皮式西服裙裁剪工种工序定额标准式样。

①面料部分原料:色素毛料四条套排

序号	工 序	作 业 范 围	单位	数量	
1	排料划分	包括注明型号、规格、板数、标记	幅	1	98
2	铺料	铺 80 层	板	1	129
3	开刀前复核	复核排样规格、数量	板	1	22
4	开刀		板	1	92
5	开刀后检查		板	1	37
6	点剪省道	点阴裥刀眼、点后留位、阴裥位	板	1	132
7	结料	包括理料、结算、退料	板	1	28

②腰衬部分原料:白衬 1 副 12 条排料

序号	工 序	作 业 范 围	单位	数量	
1	排料划分	包括注明规格、层次	幅	1	22
2	铺料	铺 80 层	板	1	59
3	开刀		板	1	29
4	整理	包括点数、分档、扎好	板	1	19
5	结料	包括理料、结算、退料	板	1	14

③开包编号部分

序号	工 序	作 业 范 围	单位	数量
1	开包编号	裙片、零部件编号、腰衬点数	板	159

(十一)首件封样单

首件封样单主要是表明第一件存在的问题和改进措施,以便在批量生产中进行改进。

(十二)产品质量分检表

产品质量分检是服装厂提高产品质量的重要步骤。通过对产品的分检,可以不断改进产品质量,开发新工艺。在进行工艺分析时要记录工艺分析情况,以便今后查找资料,避免重复出现老毛病。表 2-17 所示为产品质量分检表式样。

表 2-17　产品质量分检表

款号		款式		合约号		地区	
出席人：							
工艺分析：							
改进措施：							

制表人：　　　　　　　　　　　　　　　　　　　　日期：　　年　　月　　日

(十三)成本单

成本计算是对成品服装进行核算。成本计算除了考虑所用的主料和辅料外，还应考虑加工费、包装费、水电费、机器折旧费等。加工费又称工交金额，是根据服装工序定额进行测算的。计算时还应考虑机器折旧费。

(十四)报验单

成品验收是服装生产最后一关。验收项目有两个方面，即质量和数量。订货单位和生产单位共同进行质量验收，清点数量。因服装厂常将产品外发，所以表中应填写驻外联络员。

(十五)软纸样

软纸样是按 1∶1 画出的薄型纸样。技术档案中纸样常用软纸样，这样有利于折叠存放。在软纸样上要标出订货单上所有的规格，即根据中间尺寸进行样板推档，并注上毛样还是净样，以备今后原产品质量的查询和新产品的设计、试制。

第七节　计算机在生产准备工程中的应用

随着国际服装业向更新、更快、批量小、款式多、时装化以及多方面高质量的发展，为了在服装市场获得优势，服装生产的全面自动化已成为当今服装业的发展趋势，计算机在生产准备工程中得到了应用。以下讨论计算机在织物疵点检测方法及 3D 虚拟技术模拟成衣过程方面的研究进展。

一、织物疵点检测方法的研究进展

织物疵点检测是成衣产品质量控制中非常重要的一部分。织物疵点包括织造过程中所产生的经缩、纬缩、断经、筘路、跳花、烂边、油渍等以及原材料所带入的缺陷和瑕疵。目前国内织物检测基本上是由人工视觉来完成的。

近年来,随着计算机技术、数字图像技术的发展,使得基于图像处理和微型计算机平台的织物疵点检验成为可能。20 世纪 90 年代开始至今,图像处理用于疵点检测的研究形成了一个高潮。中国、中国台湾、韩国、日本、美国、以色列和瑞士等国家和地区的学者参考和借鉴了其他工业检测系统的开发经验以及数学和计算机等学科的最新科研成果,发表了大量的相关文章和研究论文,使织物疵点检测的理论水平不断提高,对织物疵点自动检测系统的开发给予了理论指导。国外研究人员通过对计算机理论、模式识别、自动控制理论的深入研究和综合运用,推出了织物疵点检测的商业化产品,如以色列埃尔博特(EVS)公司的 I-TEX 验布系统、瑞士 Uster 公司的 Fabriscan 自动验布系统和比利时 BARCO 公司的验布系统。

国内对于织物疵点自动检测也进行了大量的研究,如东华大学、华中科技大学、浙江理工大学、苏州大学等学校的学者对此都有比较深入的研究,在对图像的识别上已经取得了很好的成果。目前主要的检测技术有图像处理技术和人工神经网络等。

(一)图像处理技术

所谓计算机图像处理是指将图像信号转换成数字格式,并利用计算机对其进行处理的过程。其内容是十分丰富的,包括数字图像变形技术、图像的傅立叶分析技术、图像的平滑处理、锐化处理、图像分割、边缘检测、形状描述、形态学分析、图像压缩编码、彩色图像处理等等。计算机图像处理可以直观地对图像进行变换,这一新兴的技术已在各行业中得以广泛应用。

基于图像处理的疵点检测步骤一般来说包括采集织物图像、图像预处理、图像分析和疵点检测分类等,如图 2-7 所示。

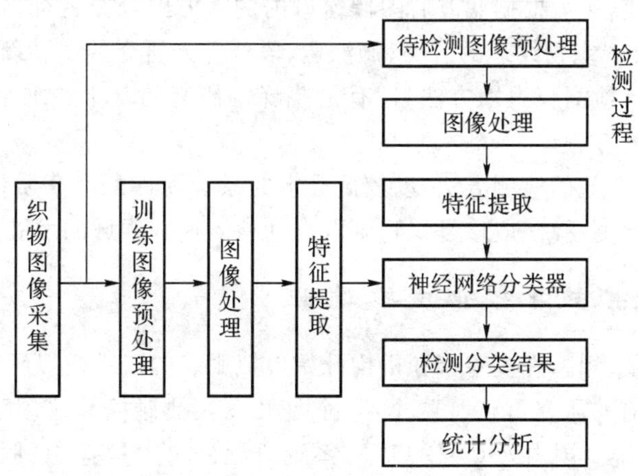

图 2-7 织物疵点自动检测和分类的工作步骤

织物的纹理特征主要表现在结构性、周期性、方向性和均匀性。由于织物具有明显的纹理特征，所以大多数的织物疵点检测方法是基于纹理特征的。织物疵点检测的核心技术是图像特征值的提取。目前提取方法有在空间域中提取、在频域中提取和不同于空间域和频域的数学形态学方法。

在空间域提取织物特征值的方法主要有灰度共生矩阵法、Markov 随机场法、灰度直方图统计法、灰度匹配法；在频域中提取织物特征值的方法主要有二维傅立叶变换法、Gabor 变换法和小波变换法等。

(二)人工神经网络

所谓人工神经网络就是模拟人脑和激励行为的并行非线性系统。它有一些像神经元似的处理单元，通过把问题表达成单元间的权来加以解决。其中的激励函数通常为非线性函数。因此当众多神经元连成一个网络并动态运行时，则构成一个非线性动力系统。

20 世纪 90 年代以后，人工神经网络开始应用于纺织领域。目前的应用虽还处于初步阶段，但在织物疵点识别方面进行了研究并取得了一些成果。

目前人工神经网络在织物疵点识别领域中的应用常用方法有：

(1)用透射图像加小波变换进行识别——用 CCD 数码相机加变焦镜来采集织物疵点，用图像采集卡采集成 256 级灰度的图像。采集的图像再经最佳小波变换由神经网络处理识别。

(2)用激光透射光源及能谱图进行识别——采用激光透射法获取织物疵点图像，再由 CCD 数码相机获取疵点能量图谱。

(3)用傅立叶变换及统计方法识别——在分析织物结构的基础上，用傅立叶变换提取织物疵点特征进行织物疵点识别，织物疵点图像经傅立叶变换提取织物疵点特征参数，最后经神经网络识别输出。

随着计算机技术和数学理论的不断发展，以及人工智能、神经网络、遗传算法、模糊理论的不断完善，把越来越多的技术综合应用于织物疵点的检测将会提高疵点的识别速度、效果和稳定性。如 Neubauer 提出的一种用于快速织物疵点检测的分割算法——先是用滤波器对图像进行滤波，然后根据滤波后图像窗口内的直方图分布特征，输入到神经网络，最后用 BP 神经网络实现织物纹理的分类；卿湘运、段红等人研究的一种新的基于小波分析与神经网络的织物疵点检测与识别方法；还有徐晓峰等研究的基于二维小波变换和 BP 神经网络的织物疵点检测方法。

因此，研究快速有效的检测方法，以较低成本的系统硬件配以高质量的检测软件，开发适应性强且稳定的检测系统，应该是织物疵点自动检测这一领域的发展方向。

二、用 3D 虚拟技术模拟成衣过程

从 20 世纪 90 年代起，许多专家和机构开始虚拟服装的三维模拟研究，之前只是二维模拟即平面展示。当前的研究重点有两个：一个是开发快捷碰撞算法用于服装建模；另一个是“衣片—缝合”系统。国内外 CAD/CAM 系统研制公司中具有 3D 服装虚拟功能的品牌有加拿大 PAD 的三维立体样衣系统(System 3D Sample)、美国 CDI(Computer Design Incorporation)的时装设计系统(3D-Fashion Design System)、美国 PGM 的 Runway 3D、美国

Gerber 的 V-stitcher(虚拟缝合)、法国 Lectra 的 E-Design、西班牙的 Investronica System 等。

美国 PGM 公司的 3D 试衣系统对服装的模拟效果其真实程度达到 95%以上,在欧洲的服装业具有良好的使用率。近几年来,PGM 的 CAD/CAM 系统在继 GERBER、PAD、LETRA 等在国际及我国影响较大的服装 CAD/CAM 研制公司之后,凭借其友好的操作界面、实用的系统工具、与其他软件互通的 CAD/CAM 文件在江、浙一带占领了较大的市场份额。PGM 的 RUNWAY 3D 服装虚拟技术是由计算机将二维平面设计的衣片放在虚拟人体上,缝合生成三维的服装,属于"衣片—缝合"系统,如图 2-8 所示。它模拟成衣的过程分为五个步骤。

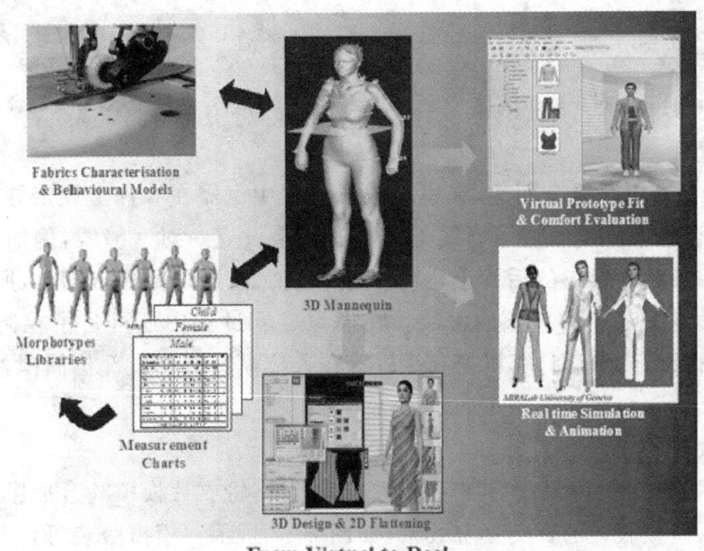

图 2-8　服装虚拟试衣系统

第一步:立体人体模特

服装的合体性、舒适性在穿着的情况下进行评价是最为准确的。设立 3D 模特是模拟成衣的第一步。设计者可利用人体模特工具打开立体人体模特库,如图 2-9 所示,指定模特穿着服装样品,也可根据所需求人体尺寸工具调整模特尺寸。除了可以对模特的 40 个主要部位的尺寸(如身高、胸围、腰围、臀围、胸高点等)进行调节外,还可调整皮肤、脸、头发以及姿势和体态等。我们可将国家标准人体的尺寸输入,修改模特库中提供的西方立体人体模特建立自己所需的穿衣模特,修改结果可保存以备下次使用。

图 2-9　立体人体模特

第二步:二维衣片纸样控制

要将设计好的样板衣片穿到人体模特上,首先需将各片衣片按照穿着在人体模特上所处的位置依次在二维平面上排列整齐,且各衣片要按布纹方向纵向放置。然后在衣片控制栏设定每片衣片的名称,依据衣片对人体的包围度设定弯曲百分率、几何形状等参数,最后根据设计选定衣片的面料,如图 2-10 所示。

图 2-10　二维衣片纸样控制

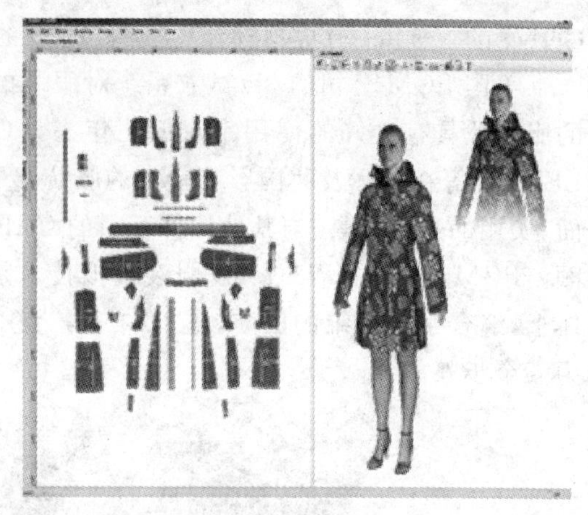
图 2-11　缝合

第三步：缝合

衣服是由衣片相互缝合而成，在模拟成衣过程中也需在衣片上设定缝线，计算机才能将衣片模拟缝合起来。我们使用缝线工具在衣片上设立一对一缝线，例如：前片和后片缝合时，前片有一条缝线对应的后片上也有一条缝线。该过程要非常细心，所有缝线不可缺失，否则衣片最终无法成为完整的服装。在模拟成衣过程中还可自由控制针脚（收缩、边界、折叠等）执行设定，然后计算机把衣片放置在人体模特的相应部位周围，自动模拟缝合，如图 2-11 所示。

第四步：试穿

衣片上所需设定执行完成后即可启动试穿工具，将衣片模拟缝合成服装，并穿着在虚拟人体模特上，模拟服装的真实穿着效果，如图 2-12 所示。模拟服装可自然真实地体现各种面料穿着时的质感和肌理效果，面料的花型、图案、颜色能够由设计者随意更换。设计者还可根据不同面料的特性设定其伸长率，提高服装穿着时的合体性。

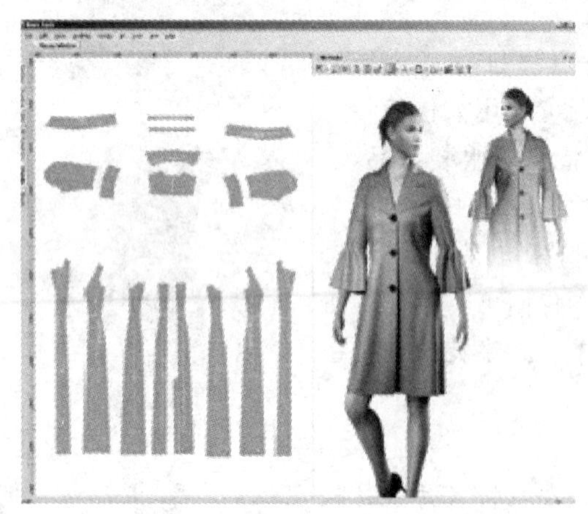
图 2-12　试穿

图 2-13　样板修正

第五步：样板修正

设计人员可用鼠标全方位旋转着装模特，直接观察衣片各部位每个角度穿着的效果和细节。使用拉紧图中的红、绿、蓝三种颜色可显示出各部位衣身的松紧程度，如图 2-13 所示。根据着装效果以及反映服装不同部位松紧度的拉紧图，设计者就可正确地修正版型尺寸，改善服装的穿着效果，提高服装的穿着舒适度。

目前服装业三维服装虚拟技术的应用远远落后于电影、动漫、建筑等行业。其一，在技术上模拟柔性的面料，解决非刚性人体与服装间相互作用力决非易事，三维服装虚拟技术还有待完善。其二，服装的网络销售还需要长足的发展，三维服装虚拟技术还不能充分体现与替代传统服装销售方式的优势。其三，三维服装虚拟技术开发的难度大、成本高，推广有一定的困难。相信随着集图、文、声、像于一体的网络技术与3D服装CAD系统相结合，服装业的生产与供销方式一定会产生深刻的变革。

[思考题]

1. 面辅料选择的注意事项。
2. 试述面料检验的基本内容和方法。
3. 试述在成衣生产中技术参数测定的重要性和基本内容。

第三章　裁剪工程

[本章提要]

在服装生产中，裁剪是基础性工作。它不仅直接影响产品质量的好坏，而且决定着用料的消耗，从而直接影响生产的经济效益。

无论裁剪车间大还是小，裁剪工程都是从原材料开始，使其按照一定的顺序经过一系列相同的操作而进行的运作。衡量一个裁剪车间的裁剪水平就在于裁剪时所采用方案的技术水准。

裁剪工程从原材料的检验入库、产品订单和款式的确认开始，直至衣片分包完毕运送至缝纫车间为止。整个流程包括方案制定、排料、划样、铺料、裁剪、打号、验片、分包。其中重点工艺是排料、划样、铺料和裁剪。

[学习重点]

1. 裁剪方案的制定
2. 裁剪工程的质量控制内容
3. 常用裁剪设备的认识

[本章结构]

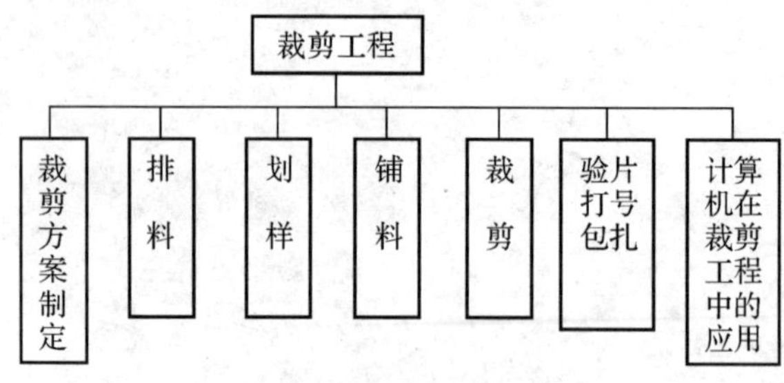

第一节　裁剪方案的制定

裁剪方案即裁剪分床方案，它是根据裁剪车间的生产条件及生产任务，经过分析制定出裁剪的实施方案。内容包括分几床进行裁剪（床数）、每一床铺多少层面料（层数）、每层面料裁几个规格（号型搭配）、每种规格裁几件（件数）。工厂又把裁剪方案的制定称为分床。每铺料与裁剪一次就称为一床或一刀。

一、裁剪方案的具体内容

裁剪方案的具体内容包括：(1)根据每批产品款式批量的大小、规格、颜色搭配等要素分成若干床进行裁剪(床数)；(2)每一床各铺多少层面料(层数)；(3)颜色如何搭配，每层面料裁几个规格(规格搭配)；(4)每次规格裁几件(件数)。

二、制定裁剪方案的原则

对于一批生产任务，即使是一批很简单的生产任务，如何进行裁剪，方案也可以有许多种。一般来讲，每种方案都各有利弊，究竟采用哪种方案为好，要根据具体生产条件确定。为此，制定裁剪方案时应该遵循以下五个原则：

(一)符合生产条件

生产条件是制定裁剪方案的主要依据。因此，在制定方案时，首先要了解生产这种服装产品所具备的各种生产条件，包括裁剪设备情况、面料性能、加工能力等。根据这些条件，确定铺料的最多层数和最大长度。

1. 铺料层数

铺料层数的确定即裁剪厚度的选择，主要由设备能力、面料的性能、服装档次及操作工的技能等决定。

(1)裁剪设备的加工能力

如常用的直刀裁剪机的最大加工能力为

$$H_{max} = L - 4$$

式中：H_{max}为最大裁剪厚度，单位为 cm；L为裁刀长度，单位为 cm，常见长度为 13～33 cm。

根据裁刀的最大裁剪厚度和面料的厚度，可得出允许铺料的最多层数为

$$N_{max} = H_{max}/H_m$$

式中：N_{max}为允许铺料的最多层数，单位为层；H_{max}为最大裁剪厚度，单位为 cm；H_m为面料厚度，单位为 cm。

(2)面料的性能

面料的性能包括面料厚度、散热性和面料的档次。在工业化生产中，往往由于面料性能的限制，不允许铺料太多，比如松软、易滑易窜的面料(如尼龙面料)，如果铺料层数太多，容易影响裁片的规格质量。当然在确保质量的前提下，铺料层数以多为好。一般毛呢类厚面料铺 50～100 层，中厚面料一般 100～200 层，薄料一般铺 200～300 层。合纤类散热性差的面料应适当减少铺料层数；档次高的面料也应适当减少铺料层数，以保证裁剪质量。

(3)服装的质量要求及裁剪工的技术水平

铺层越多，裁剪误差(即偏刀)会越大，裁剪的难度也越大。质量要求高的品种应适当减少铺料的层数；裁剪工人技术水平不高时，应适当减少铺料的层数，以保证裁剪质量。

2. 套排件数和铺料长度的确定依据

套排件数和铺料长度由裁床长度、设备配备及操作人员数等决定。

(1)裁床长度

裁床长度即台板长度。一般台板长度为 3～24 m 左右，常见的为 6～12 m。

通常，排料件数按以下公式进行计算：

排料件数=裁床允许铺排长度/每件服装平均用料量

(2)设备配备

人工铺料、套排件数和铺料长度不易过长；采用半自动或自动铺料机、电脑控制裁剪机时，可适当增加铺料件数和铺料长度。

(3)操作人员数

人工铺料时操作人员数的配备视布料门幅而定。人员少时，铺料长度不宜过长。铺料长度过长，每人作业距离也相应变长，既增加了铺料走空趟的距离，又影响生产效率；铺料长度过长，铺料时(特别是人工铺料)对布料的拉力增大，易产生因张力引起的变形，放置一段时间后，每层布因收缩不一致会出现各层两端参差不齐的现象。

(二)有利于节约面料

裁剪工程中可以通过大中小规格搭配套排方式和严格按照工艺要求进行操作这两种途径来节约用料。例如布边对齐、段料位置准确、按原材料复核检验时标记的门幅分档使用等。同时应该注意布匹尾端的正确衔接。有时还可以采用两个排料图混合铺等。

(三)有利于提高生产效率

提高生产效率就是要尽可能地节约人力、物力、时间。为达到这个目的可以从以下几方面进行操作：(1)在生产条件允许的范围内，尽量避免重复劳动，减少床数(即减少排料、划样、裁剪的次数或增加铺料长度和层数)，以提高生产效率；(2)尽量将同一规格、不同颜色、不同面料，但缩率一样的服装放在同一床内裁剪；(3)尽量将相同件数、不同规格的服装放在一起套排；(4)不影响质量的情况下，增加铺料层数；(5)采用先进的裁剪设备。

(四)确保生产质量

选择适当的铺料长度及层数，提高操作工水平。

(五)符合均衡生产要求

按照生产任务要求安排生产，保证整理包装车间均衡包装出厂。例如，客户要求独色独码包装，可单色单码裁剪。客户要求混色混码包装(即每一包装箱中包含多种颜色、规格的成衣)，就要多种颜色、多种规格搭配裁剪。

三、裁剪作业的成本结构

裁剪作业的成本结构由四个方面构成，包括裁剪床数制作成本、铺料作业成本、裁剪作业成本和面料成本。

(一)裁剪床数制作成本

分床数越多、排料件数越多等都会使裁剪床数的制作成本越高。

(二)铺料作业成本

关于铺料作业成本,一方面,每床铺料长度与排料长度有关,排料越短,铺布长度越短,成本越高;另一方面,铺料条件越严,作业成本越高;此外,铺料层数越少,成本越高。

(三)裁剪作业成本

裁剪层数越少、裁剪床数越多等都会增加裁剪作业的成本。

(四)面料的成本

面料成本的增加,通常有以下几方面:面料病疵越多,成本越高;幅度变化越大,成本越高;接匹越多,成本越高。

根据分析可知,裁剪成本包括两部分,一是人工费用,体现生产效率的高低,二是材料费用,体现裁剪工序面里料的利用率。由于目前我国人工费用大大低于材料费用,故在制定分床方案时,要特别重视减少材料的浪费。

四、制定裁剪方案的方法与选择

对每批产品如何进行裁剪,方案并不是唯一的,只要符合上述原则即为可行。经过分析比较,在不同方案中选出体现多、快、好、省的最佳方案。

(一)方案的表示方法

1. 数学式

一般分床方案简化表示为

$$B\{(n_{qi}/N_{qi})\times L_{qi} \quad i=1,2,3,4,\cdots \quad q=1,2,3,4,\cdots$$

其中 q 代表第几床,如 n_{11} 表示第 1 床上 N_1 规格铺放件数。亦即

$$床数\begin{cases}(件数/规格+件数/规格+件数/规格)\times 颜色层数\\(件数/规格+件数/规格+件数/规格)\times 颜色层数\end{cases}$$

某批生产任务确定的裁剪方案为 2 床,第一床铺料 100 层,每层套裁 36 号 1 件、37 号 2 件、38 号 1 件共 4 件;第二床铺料 80 层,每层套裁 38 号 2 件、39 号 1 件、40 号 1 件共 4 件。

以上裁剪方案可以表示为

$$2\begin{cases}(1/36+2/37+1/38)\times 100 & 400\text{件}\\(2/38+1/39+1/40)\times 80 & 320\text{件}\end{cases}$$

2. 表格式

表格式裁剪方案如下所示:

床次	S	M	L	XL	XXL	每层件数	铺料层数	每床件数
1	1	0	1	0	0	2	200	400
2	0	1	1	0	0	2	300	600
3	0	0	0	1	1	2	300	600

(二)方案的制定方法

1. 直接用比例法

例 1 某公司接收了一批生产任务，规格件数如表 3-1 所示，铺料层数不超过 150 层，每层最多 5 件，试确定生产任务分床方案。

表 3-1 生产任务

规格	30	31	32	33	34	35
件数	150	300	300	300	300	300

方案：

$$2\begin{cases}(1/30+1/31+1/32+1/33+1/34)\times 150\\(1/31+1/32+1/33+1/34+1/35)\times 150\end{cases}$$

例 2 表 3-2 是两种颜色的生产任务单，试确定分床方案。

表 3-2 生产任务

花色件数规格	36	38	40	42	44	46
灰	300	0	600	0	600	0
白	0	600	0	600	0	300

方案：

$$2\begin{cases}(1/36+2/44+2/40)\times \text{灰 }300\\(2/38+2/42+1/46)\times \text{白 }300\end{cases}$$

2. 分组找比例法

例 3 某公司接收了一批生产任务，规格件数如表 3-3 所示，铺料层数不超过 150 层，每层最多 4 件，只有 2 个裁床。试确定生产任务分床方案。

表 3-3 生产任务

规格	10	12	14	16	18
件数	40	80	90	25	25

方案：

$$2\begin{cases}(1/10+2/12+1/14)\times 40\\(2/14+1/16+1/18)\times 25\end{cases}$$

3. 并床法(阶梯法)

并床法用在下面两种情况：(1)一种或几种规格数量较少；(2)经分床后剩下很少数量。

例 4 某公司接收了一批生产任务，规格件数如表 3-4 所示，铺料层数不超过 100 层，每层最多 5 件。试确定生产任务分床方案。

表 3-4 生产任务

规格	30	31	32	33	34	35	36
件数	120	100	200	200	100	100	100

方案：

$$2\begin{cases}(1/30+1/31+1/32+1/33+1/36)\times 100\\(1/32+1/33+1/34+1/35|1/30)\times 100|20\end{cases}$$

4. 加减法

例 5 某生产任务如表 3-5 所示，生产条件为：铺料层数不多于 150 层，每层最多套排件数 4 件,试确定此生产任务的裁剪方案。

表 3-5 生产任务

规格	34	36	38	40	42	44
白	3	19	29	30	28	9
红	0	2	6	7	6	1
蓝	0	5	7	7	7	6
橙	4	13	17	15	16	7
黄	3	12	14	15	10	4
黑	2	33	59	61	51	19

方案:

规格	34	36		38		40		42		44
白	3	19		29	**+1**	30		28		9
红	0	2	**+3**	6	**+1**	7		6		1
蓝	0	5		7		7		7	**+4**	6
橙	4	13		17		15	**+2**	16	**+4**	7
黄	3	12		14	**+1**	15		10	**+6**	4
黑	2	33		59	**+2**	61		51	**+1**	19

$$3\begin{cases}(1/44+1/42|1/34)\times \text{白 }9|3,\text{红 }1|0,\text{蓝 }6|0,\text{橙 }7|4,\text{黄 }4|3,\text{黑 }19|2\\(1/38+1/40)\times \text{白 }30,\text{红 }7,\text{蓝 }7,\text{橙 }17,\text{黄 }15,\text{黑 }61\\(1/36+1/42)\times \text{白 }19,\text{红 }5,\text{蓝 }5,\text{橙 }13,\text{黄 }12,\text{黑 }33\end{cases}$$

(三)方案的选择

例 6 某批服装生产任务如表 3-6 所示,已知最厚可开 300 层,裁床长可裁 3 件。试确定裁剪方案。

表 3-6 生产任务

规格	小号	中号	大号
件数	200	300	200

根据以上条件可以排出以下几种方案:

方案:

$$①3\begin{cases}(1/\text{小})\times 200\\(1/\text{中})\times 300\\(1/\text{大})\times 200\end{cases}\qquad ②2\begin{cases}(1/\text{小}+1/\text{大})\times 200\\(1/\text{中})\times 300\end{cases}$$

$$③2\begin{cases}(1/\text{小}+1/\text{大})\times 200\\(2/\text{中})\times 150\end{cases}\qquad ④2\begin{cases}(1/\text{小}+1/\text{中}+1/\text{大})\times 200\\(1/\text{中})\times 100\end{cases}$$

分析以上四种方案:

方案①:床数最多 3 床,铺料长度最短,因此尽管无重复,但要单独铺料 3 次,开裁 3 次,效率不高,而且不能套裁,往往比较费料。

方案②:床数为 2 床,铺料长度增加,因此此方案比方案①效率要高,而且由于大、小号套排，较节约面料。

方案③：床数同为2床，只是将中号规格2件套裁，这样比方案②铺料长度要增加，有利于节约面料，但是划样及裁剪时间相对要延长，即效率较方案②为低。

方案④：床数2床，大、中、小号套裁，面料利用率最高，最省料，效率基本同方案③。

这四种裁剪方案究竟选择哪种？要根据具体生产条件决定。假如任务是生产细薄布料的衬衫，由于面料较薄，铺300层裁剪时不会发生问题，同时裁床长度较短，不适于多件套裁，那么可以选择方案①。如果裁床长度较长，可以增加铺料长度，那么选择方案②更为理想，不仅效率高，而且能节约面料。如果任务是生产毛料西服，由于面料较厚，铺300层就会超过裁刀的裁剪能力，影响裁剪质量，因此就应减少铺料层数。另外西服面料价格比较高，节约用料非常重要，因此应尽量采取套裁，这时就应选择方案③。如果裁床长度许可的话，也可以采用方案④。

上例说明，裁剪方案的确定关键在于生产条件。因此，应根据具体生产条件，确定方案的限制条件，然后再本着高效节省的原则选择最佳方案。

例7 某厂接到生产西服上装的生产任务，规格件数如表3-7所示，根据生产条件可知，铺料层数不能超过400层，每层最多可排5件，试确定生产任务分床裁剪方案。

表3-7 生产任务

规格	30	31	32	33	34	35
件数	400	800	800	800	800	400

分析：在本例中，我们可以看到各规格件数间有一定的比例关系，所以在符合生产条件的情况下，铺料件数与层数之间组合搭配完成设计方案。通常，比例数作为分床方案中1床1层规格的件数。

由本例算出最大公约数为400。

方案：

①2 $\begin{cases}(1/30+1/31+1/32)\times400\\(2/33+2/34+1/35)\times400\end{cases}$ ②2 $\begin{cases}(1/30+1/31+1/32+1/33+1/34)\times400\\(1/35+1/31+1/32+1/33+1/34)\times400\end{cases}$

在本例中，我们可以迅速得出以上两种分床方案，但是由于方案①进行了西装制版的重复劳动，而方案②不仅减少了制版的重复劳动，而且还使用了“大小搭配，紧密套排”的套裁方法，节约了面料，所以我们选择方案②。案例告诉我们，在某批订单中如果各个规格及花色之间有一定的比例关系，我们可以找其最大公约数进行比例分床，同时必须对分床后的方案进行仔细分析。

例8 上海大大制衣公司接收了一批生产任务，规格件数如表3-8所示，铺料层数不超过300，每层最多5件，试确定生产任务分床方案。

表3-8 生产任务

规格	36	38	40	41	42	44
件数	200	600	700	500	250	250

分析：在这个案例中，我们看到本批服装规格件数不成比例关系，但如果将700分为200+500，可使本次规格间产生某种比例关系。

在经过合理分解之后得到分床方案：

$$2\begin{cases}(1/36+3/38+1/40)\times 200\\(2/40+2/41+1/42+1/44)\times 250\end{cases}$$

本例告诉我们，在生产任务规格数量之间无比例关系时，我们可将其中一个或者几个规格数量进行适当变形，即分解再组合，然后找到其最大公约数，再进行分床方案设计。这也就是我们经常谈到的分组分床法。

例 9 某公司接收了一批生产任务，规格件数如表 3-9 所示，试确定生产任务分床方案。

表 3-9 生产任务

规格	36	38	40	42	44
件数	40	80	90	25	25

分析：在本例中，如果我们将 90 进行 50 和 40 分解之后，找到最大公约数，可按 2 床对该生产任务进行分组分床。但是我们也发现，本次的生产任务中出现了品种规格数量较少的情况，如果将这些数量较少的规格单独排料进行裁剪，则效率较低。所以当裁床足够长，且铺料层数不超过要求时，我们进行以下分床方案：

$$(1/36+2/38+1/40)\mid(2/40+1/42+1/44)\times 40\mid 25$$（"｜"代表并的含义）

由本例我们可知，当某批生产单中出现一种或几种规格数量较少，甚至只有几件或经过几次分床后，某规格只剩下很少的数量的情况，如果这些数量较少的规格单独排料进行裁剪则效率较低，此时我们通常采用并床分床法。但在使用此方法时，我们必须要求裁床足够长，且铺料层数不超过要求。

例 10 某公司接收了一批生产任务，订单如表 3-10 所示，试确定生产任务分床方案。

表 3-10 订单

规格	36	38	40	42	44	46	48
白色	0	100	100	300	300	200	200
黑色	407	407	1224	1224	817	817	0

分析：在本例中，黑色规格的件数之间没有一般规律可循。但是我们看到，在给某些规格进行少量的添加或减少之后，其规格数量可以形成一定的比例，所以按照此思路进行分床设计：

$$2\begin{cases}(1/38+1/40+3/42+3/44+2/46+2/48)\times 100 \text{ 白}\\(1/36+1/38+3/40+3/42+2/44+2/46)\times 408 \text{ 黑}\end{cases}$$

由本例我们可以得出：当生产任务单中几件规格的件数之间没有任何规律可循的情况下，我们可以将某些规格数量进行增减，然后进行裁剪分床。但增减数量不超过订单的 5%，且通常是对中号规格件数进行加减。

对于上述服装任务的分床方法，如何作出合理的裁剪分床方案，这是在服装生产中首先遇到的问题。但无论按照何种方法进行分床，都要始终坚持分床的基本原则，并对任务单中服装数量、颜色、规格进行合理安排，灵活设计。在得出不同裁剪方案的情况下，通过分析比较，选择最优化的方案，完成裁剪方案的制定工作，确保下一步的裁剪工作顺利进行。

第二节　排　料

分床分好后，接下去的工作就是排料。服装排料也称为排板、套料，是一个产品排料图的设计过程，指在满足成衣外观特点、裁片规格质量及生产工艺等要求的前提下，将服装各规格的所有衣片样板在指定的面料幅宽内进行合理的排列，排出用料所需的最短长度，使面料的利用率达到最高，以降低产品成本，同时给铺料、裁剪等工序提供可行的依据。

一、排料的意义

裁剪工程中，对面料如何使用及用料的多少所进行的有计划的工艺操作称为排料。亦即将服装各规格的所有衣片样板在规定的面料幅宽内进行科学的排列。在服装的工业生产中，服装排料的意义存在于以下三个方面：

(1)服装生产的整个过程基本上可概括为款式设计、制作样板、排料、裁剪及缝纫整理等几个环节，排料结果的好坏会影响后面的服装裁剪这个工艺环节。

(2)降低成本。合理的排料方法可以节省面料的利用率。

(3)在排料图中可以计算出每种款式每套衣服的用料率，从而成为服装核定成本的依据之一。

排料的目的是为合理用料并给铺料裁剪等工序提供依据，图 3-1 所示为两件男衬衫倒顺任意排套排示意图。

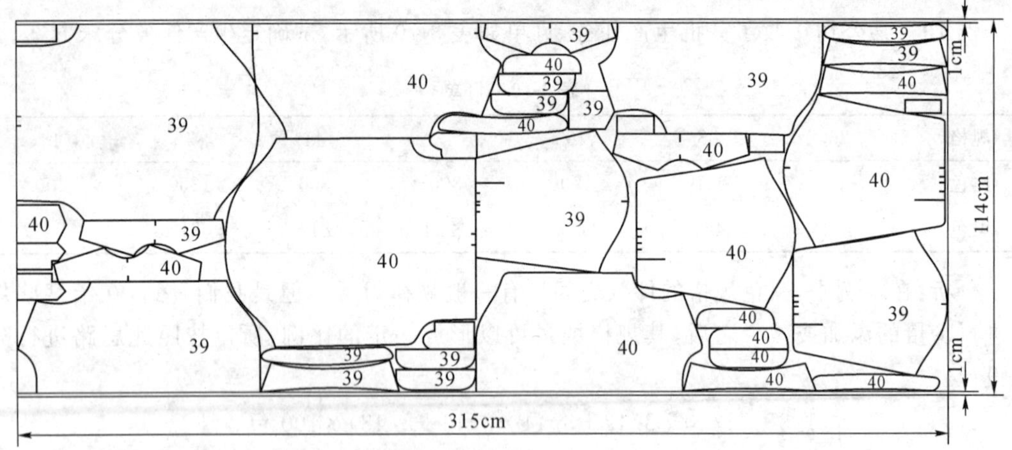

图 3-1　两件男衬衫倒顺任意排套排示意图

二、排料工艺

动排料是一项技术性较强的工作，与节约原料有着直接的关系，一般服装厂的技术科都有专人负责，严格对裁剪车间的排料员进行把关，这也是工厂管理好坏的一个重要方面。

过去一般是技术科的排料员先进行 1：10 的缩图排料，核定每件服装的用料，然后由裁剪车间的排料员根据 1：10 的缩图进行 1：1 的实样排料，在保证质量的前提下，尽量省料，省得越多,奖金越高,超支用料要扣罚奖金。现在多采用 CAD 直接电脑排料,面料利用效率更高。

工业排料与门市部或个体店的裁剪不同,单件裁剪一般不制作样板,也不做漏板,更不需绘制小图,只要根据款式与测量得到的规格,直接在面料上划裁。其最大特点是单量、单裁、适体、合身,而缺点是排料不紧密、用料多。另外同样规格、同样款式在划裁时是一次一样,一人一样,工效低。工业排料裁剪,事先由技术部门精打细算,做好各档规格的样板,然后进行排料,都是根据大小样板、批量及规格进行紧密排料,有时批量大铺料有几十层,甚至是几百层,都按一个划皮(划样)进行裁剪,其特点是排料紧密、层数多、用料省、效率高。

三、排料的影响因素

服装是多个衣片的整合,排料时不能仅仅为了考虑用料率而多排或少排某一纸样。为防止出现色差及漏排等情况同一件服装的所有纸样应尽可能在一个排料图上完成。排料可以是同种型号的衣片单排,也可以是多种号型的衣片混排,因此应寻求最优的排料方案,确定可以接受面料的长度。

服装排料属于二维不规则任意多边形的排料。影响排料的主要因素有:

(1)纸样的几何特征。一般而言,纸样几何特征比较规则的服装排料比纸样不规则的服装排料的面料利用率高。

(2)版型。在实际生产中,有时版型稍作修改,在某个地方加减一条分割线或者调整某个分割线的位置可以节省一些面料,而不会对设计效果造成影响。

(3)原料的特征。一般来说,采用条格面料及具有定位图案面料制作的服装的排料利用率不太高。这类服装在裁剪时具有特殊性,往往是先进行毛裁,然后再修片。毛皮面料由于毛皮带有空洞的不规则性且每块毛皮大小不一,所以其排料也比较复杂。毛皮面料裁剪时一般是进行单裁,而不是批量裁剪。因此,这类服装面料的利用率与常规服装面料相比而言较低。

(4)加工工艺的要求,如面料的幅宽、色差、纸样的丝缕方向等。服装企业所定购的面料并不是在同一织机上完成的,即使是同一织机也不能保证经纬向张力的一致性,因此面料的幅宽存在一定的误差,铺料时需将宽幅和窄幅分开铺。这样既可以降低废片率,也能提高面料的利用率。

四、排料原则

(一)保证设计质量,符合工艺要求

1.丝缕正直,方向正确

排料时必须保证样板的经向与布料的经向完全一致(如图 3-2 所示),以免成衣出现衣襟歪斜、裤腿扭斜等病疵。可采用带方格标记的专用排料用纸排料。

绒毛、有方向性花纹图案的面料在排料时衣片要按同一方向排料;条格面料在排料时要方向性正确、对格对条准确以保证面料方向性正确。

2.正反面正确,衣片对称

服装面料有正反面之分,且服装上许多衣片具有对称性,如左右对称。因此排料要结合铺料方式(单向、双向),既要保证面料正反一致,又要保证衣片的对称,注意不要搞错。

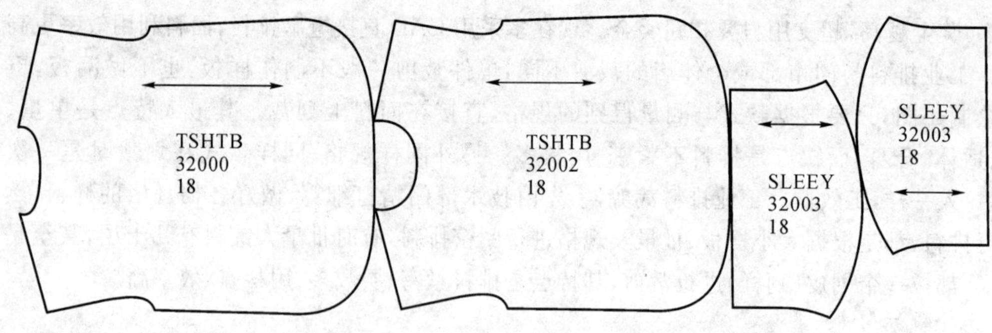

图 3-2　样板经向与布料经向相符

例如裤子，前后共有 4 片，衣料有正反面，双面铺料时，前后裤片各排两次，无论如何选择，均能保证裤片的对称及正反一致。单面铺料时，前后裤片各排两次，须避免一顺现象即左右对称排。除非面料无正反面之分，如素色面料腰口可调头。如图 3-3 所示排料“一顺”现象。

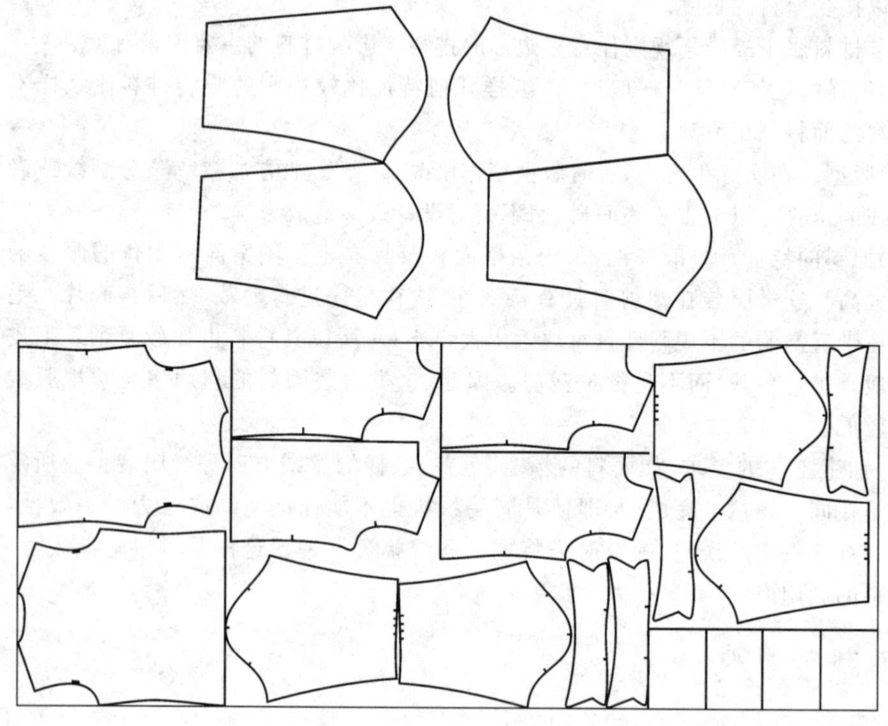

图 3-3　排料“一顺”现象

3. 避免色差

布料在印、染、整理过程中，可能存在色差。进口面料质量较好，色差很少，而国产面料色差往往较严重。原料色差有：同色号中各匹料之间的色差；同匹原料左、中、右（布幅两边与中间）之间色差，也称边色差；前、中、后各段的色差，也称段色差；素色原料的正反面色差。通常一件服装的排料基本上是排在一起的，所谓的要避免色差，主要是指边色差。一般情况是布幅两边颜色稍深，而中间稍浅，其原因是布料两边稍厚，卷布时染料容易被轧辊压入纤维内部。当服装有对色要求时，那么上衣就要求破侧缝，这样在侧缝处、门襟处就不会有色差，成连缝过渡。而裤子就要求破栋缝，即侧缝、门襟、栋缝在同一经向上。另外，重要部位的裁片应放在中间，因为中间大部分区域往往色差不严重，色差主要在布边几十厘米的地方。有段色差的面料，排料时应将相组合的部件尽可能排在同一纬向上，同件衣服的各片，排列时不应前后间隔太大，距离越大，色差程度就会越大。

针对色差，可以采用以下方法来尽量避免：

(1)边色差是纬向有色差，避免边色差的方法是：排料时将相组合的部件尽量排在同一经纱上，如前衣片排放时要尽量排在同一经纱上，袖子、袖窿尽量靠近。当服装有对色要求时，侧缝、门襟、栋缝尽量在同一经向上。另外，重要部位的裁片应放在中间，因为中间大部分区域往往色差不严重，色差主要在布边几十厘米的地方。

(2)段色差的面料，排料时应将相组合的部件尽可能排在同一纬向上，同件衣服的各片，排列时不应前后间隔太大，距离越大，色差程度就会越大。

(3)匹色差是不同布匹之间的色差，可通过裁片编号的方法避免色差。

(4)对于正反色差，只要铺料时将面料正反辨认对即可避免。

4. 对条对格

对有倒顺毛、花、倒顺图案面料进行排料时应特别注意对条对格。

(1)倒顺毛面料

表面起毛或起绒的面料，沿经向毛绒的排列就具有方向性。如灯芯绒面料一般应倒毛做，使成衣颜色偏深。粗纺类毛呢面料，如大衣呢、花呢、绒类面料，为防止明暗光线反光不一致，并且不易粘灰尘、起球，一般应顺毛做，因此排料时都要一顺排。图 3-4 为“一顺”排料图。

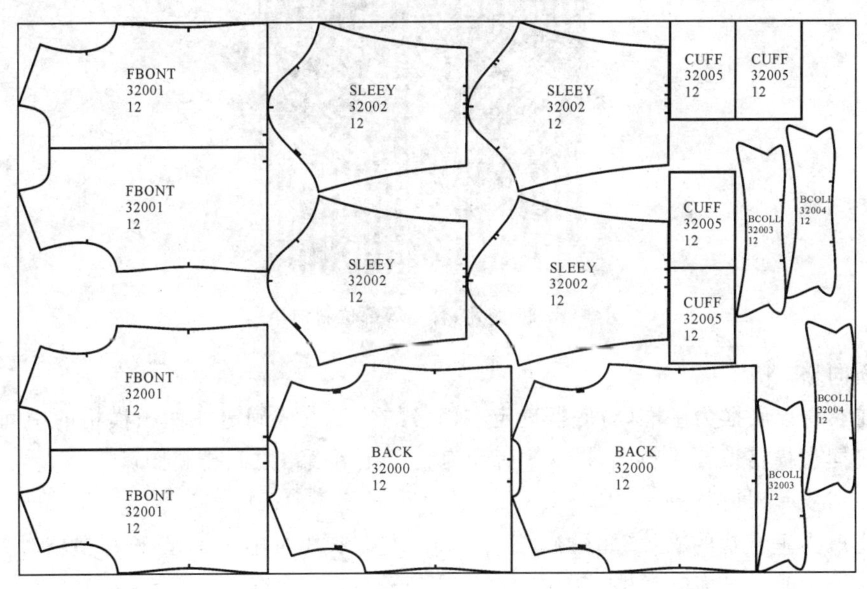

图 3-4 “一顺”排料

(2)倒顺花、倒顺图案

这些面料的图案有方向性，如花草树木、建筑物、动物等，不是四方连续，若面料方向放错了，就会头脚倒置。

(3)对条对格处理

条格面料成衣设计的重点是对条格面料的选用和条格位置的安排：前后衣片横向格对

齐；纵向条对称；大、小袖片横向对格；左右两袖纵横格位置对称；袖子与衣身横向要对格；领子与衣身、挂面与衣身、挂面与衣领、口袋与衣身等部位条格的配置要适合等。

条格成衣生产中排料、铺料、裁剪及缝制各工序要相互配合，共同完成，如图3-5、图3-6所示。

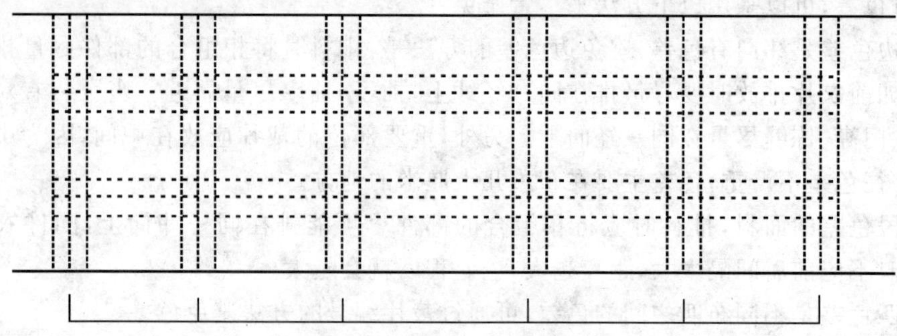

图3-5 一个条格循环长度

图3-6 兜、兜盖、育克等部位斜向用料

①横向格对齐

a.前衣身以底摆为基准，将底摆确定在横格的位置上或确定在两条横格的中间，图3-7所示为底摆在横格位置排料图，图3-8所示为底摆在两横格之间排料图。

b.左右衣片对齐排列

前止口为垂直状的衣片（如衬衫，见图3-9），左右衣片对排在一起，确保横格对齐。

c.袖子与前后身横向对格

两片袖：以装袖吻合点为基准确定衣身与袖对格的相对位置，如图3-10所示。

一片袖：以袖子落肩点和袖中线端点确定身与袖的对格位置，如图3-11所示，以落肩点和袖中线端点为基准点，d点和a点重合，衣身与袖片横格对格排料图。

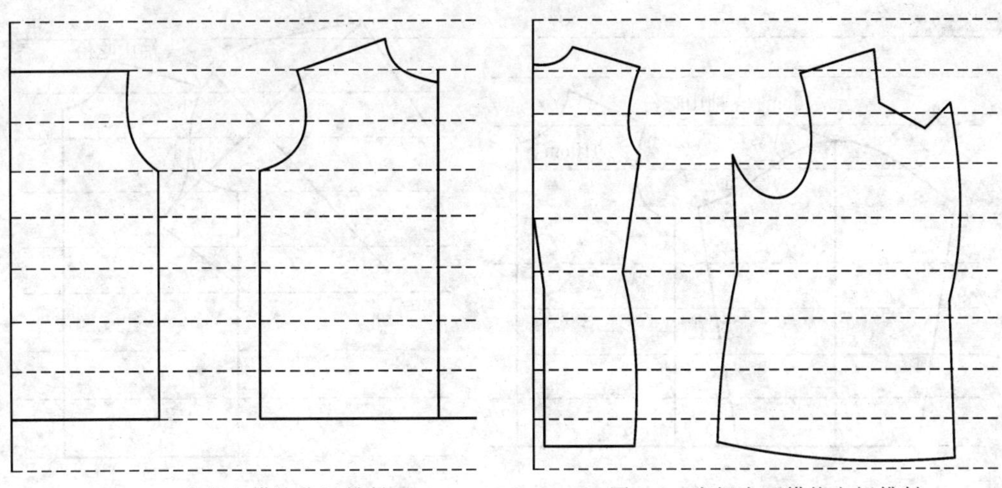

图 3-7　底摆在横格位置排料　　　　图 3-8　底摆在两横格之间排料

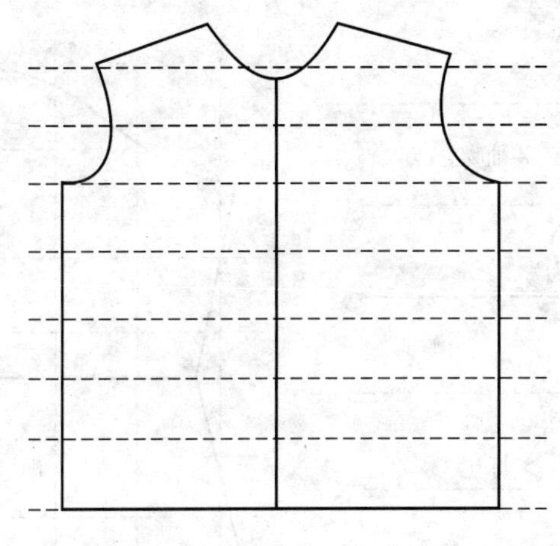

图 3-9　左右衣片对齐排列排料

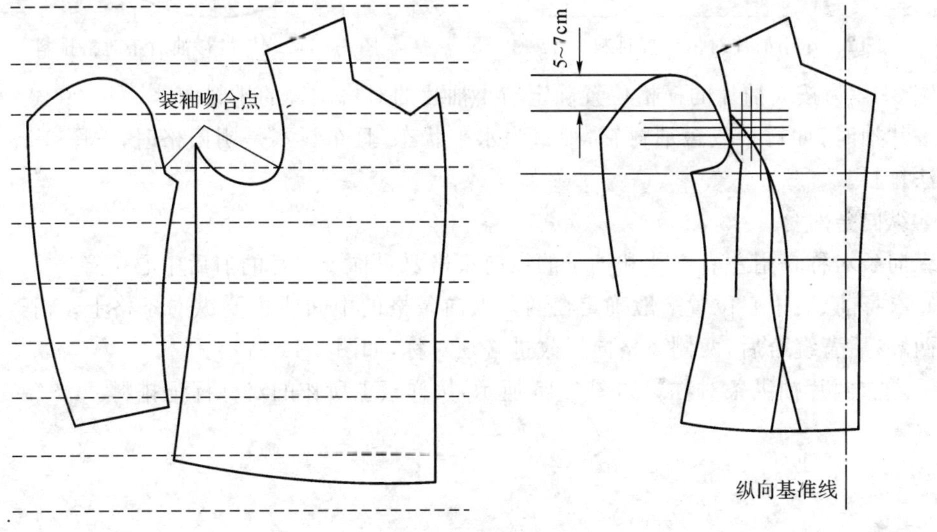

图 3-10　两片袖对格排料

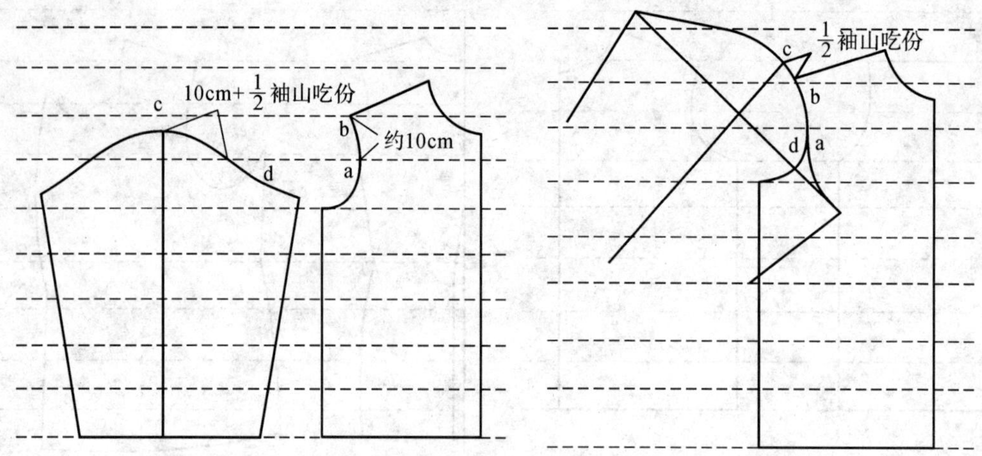

图 3-11　一片袖对格排料

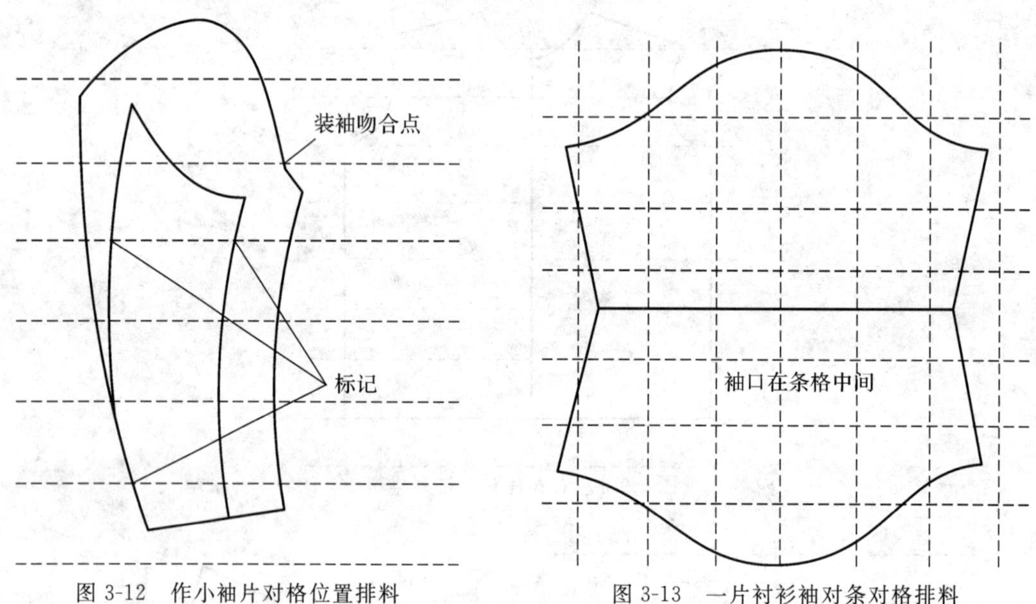

图 3-12　作小袖片对格位置排料

图 3-13　一片衬衫袖对条对格排料

图 3-12 为按大袖片的横格位置确定与小袖片的对格位置的排料图。

一片袖时，如衬衫或短袖衬衫，袖口为水平状态，且布料不是阴阳格时，按图 3-13 所示的方法排料。

②纵向条对称

纵向条对称是指左右衣片和袖子的纵向条格要对称于衣身的前后中心位置。

a. 衣身前、后中心位置一般确定在两条纵向条格的中间或主要纵向条格上。对于有背缝的西装，后背缝合后，两侧条格向里收进必须对称，如图 3-14 所示。

b. 左右两片袖纵条对称。如图 3-15 所示，按样板上所作的对称标记排料。

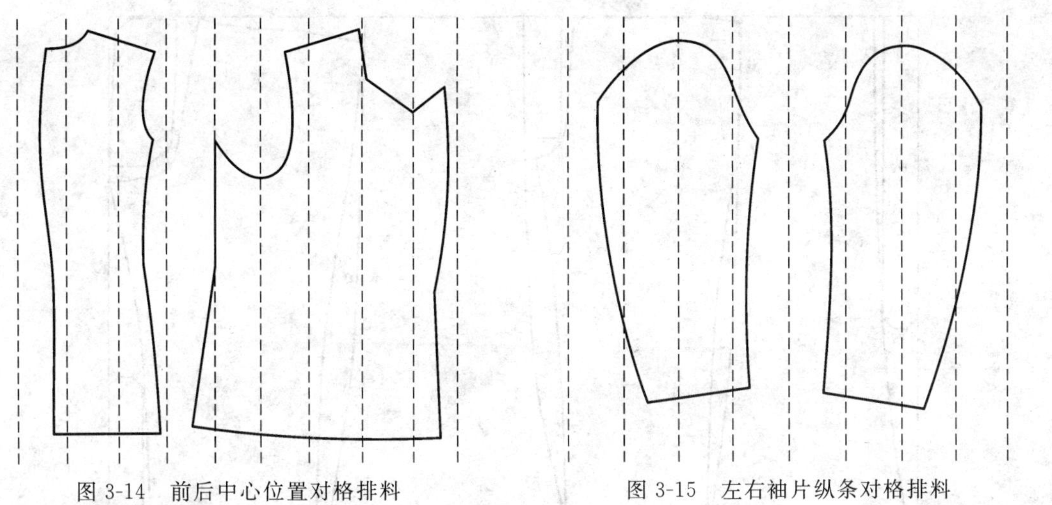

图 3-14 前后中心位置对格排料　　　　图 3-15 左右袖片纵条对格排料

5. 保证排料宽度与面料幅宽相匹配

排料图总宽度应比下布边进 10 mm，比上布边进 15～20 mm 为宜，以防止排出的排料图比面料宽，同时还可避免由于布边太厚而造成裁出的衣片不准确，如图 3-16 所示。图 3-16中 39、40 为规格号。

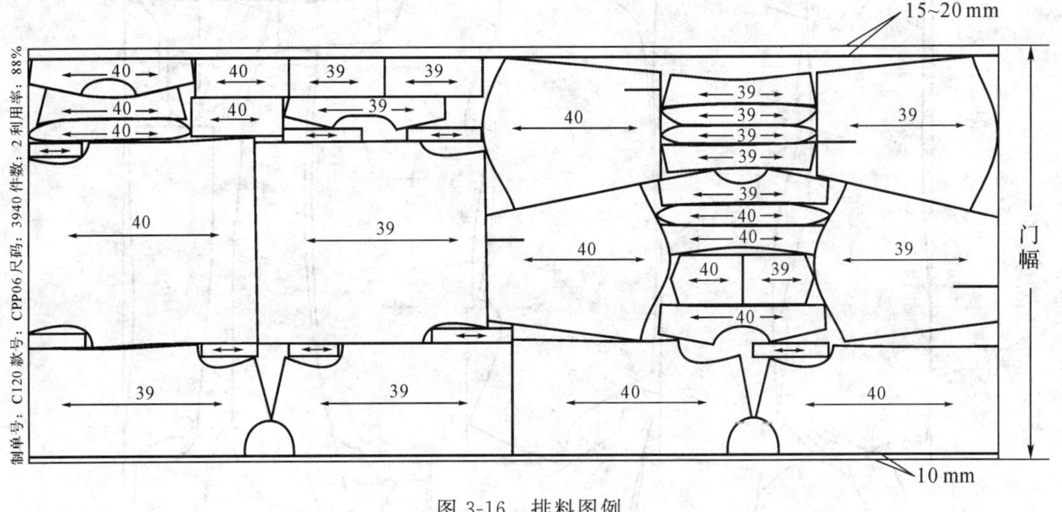

图 3-16 排料图例

(二)节约用料

在保证设计和制作工艺要求的前提下，尽量减少面料的用量是排料时应遵循的重要原则，也是工业化批量生产用料省的最大特点。

服装的成本，很大程度上在于面料的用量多少。而决定面料用量多少的关键又是排料方法。如何通过排料找出一种用料最省的样板排放形式，很大程度要靠经验和技巧。根据经验，以下一些方法对提高面料利用率、节约用料是行之有效的。

1. 先大后小

排料时，先将主要部件较大的样板排好，然后再把零部件较小的样板在大片样板的间隙中及剩余部分进行排列，即小样板填排，如图 3-17 所示。图 3-17 中 33、40 为规格号。

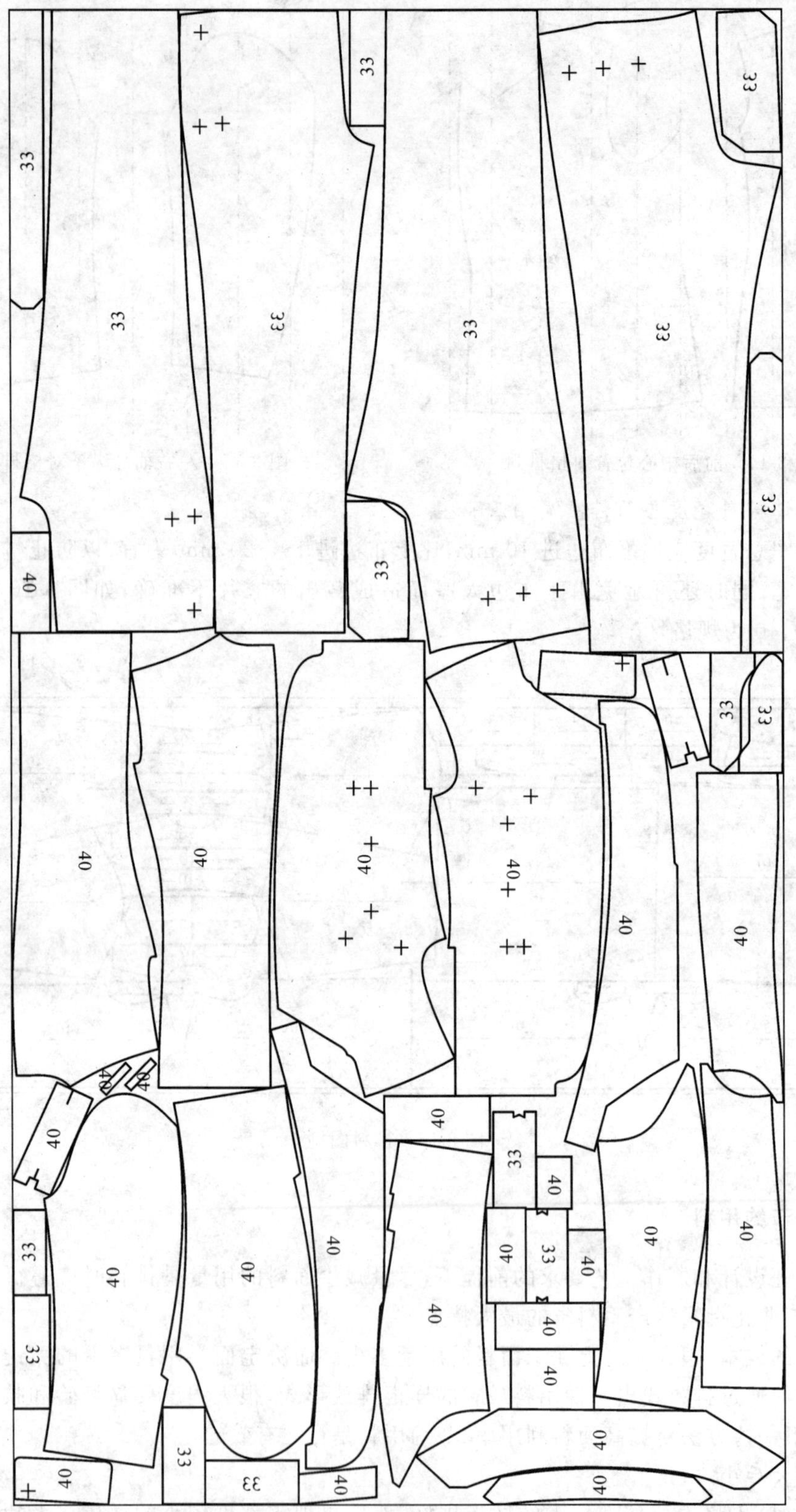

图 3-17　小样板填排

2. 套排紧密

要讲究排料艺术，注意排料布局，根据衣片和零部件的不同形状和角度，采用平对平、斜对斜、凹对凸的方法进行合理套排，并使两头排齐，减少空隙，充分提高原料的利用率，见图 3-18。

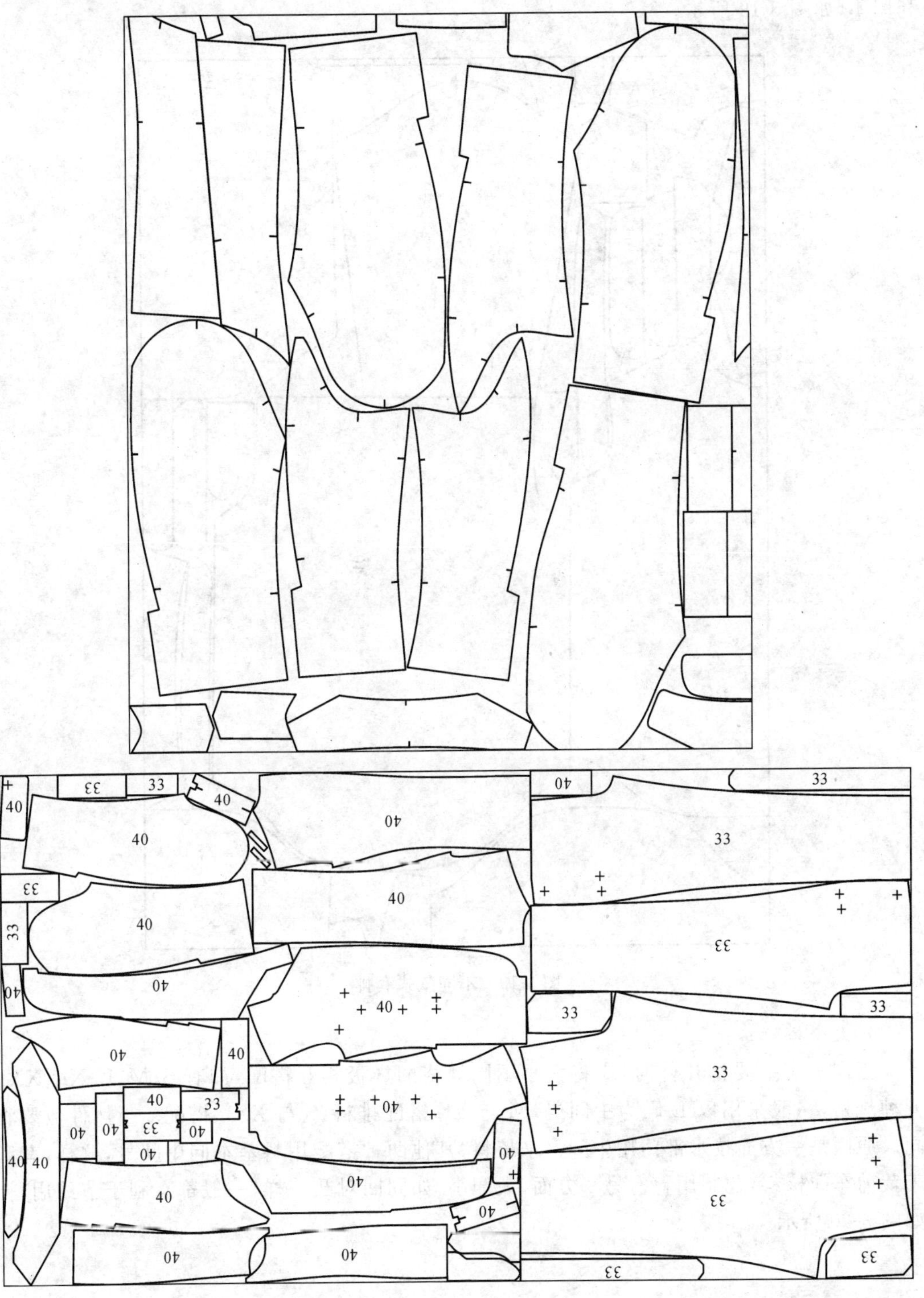

图 3-18　套排紧密

3. 缺口合并

像前后衣片的袖笼合在一起，就可以裁一只口袋，如分开，则变成较小的两块，可能毫无用处。缺口合并的目的是将碎料合并在一起，可以用来裁零料等小片样板，提高原料的利用率，如图 3-19 所示。

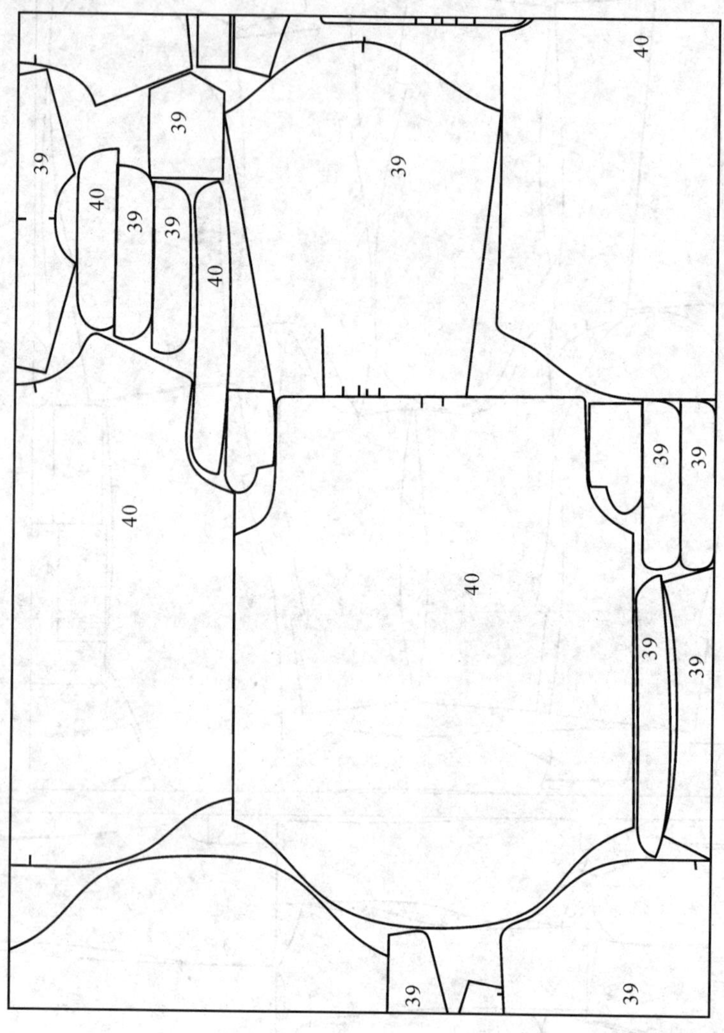

图 3-19　不同款式套排

4. 大小搭配

当同一床上要排几件时，应将大小不同规格的样板相互搭配，如有 S、M、L、XL、XXL 五种规格，一般采用以 L 码为中间码，M 与 XL 搭配排料，S 与 XXL 搭配。当然件数要相同。原因是一方面技术部门用中间号来核料，其他两种搭配用料基本同中间号，这样，有利于裁剪车间核料，控制用料。另一方面，大配小，如同凹对凸一样，一般都有利于节约用料。如图 3-20 所示。

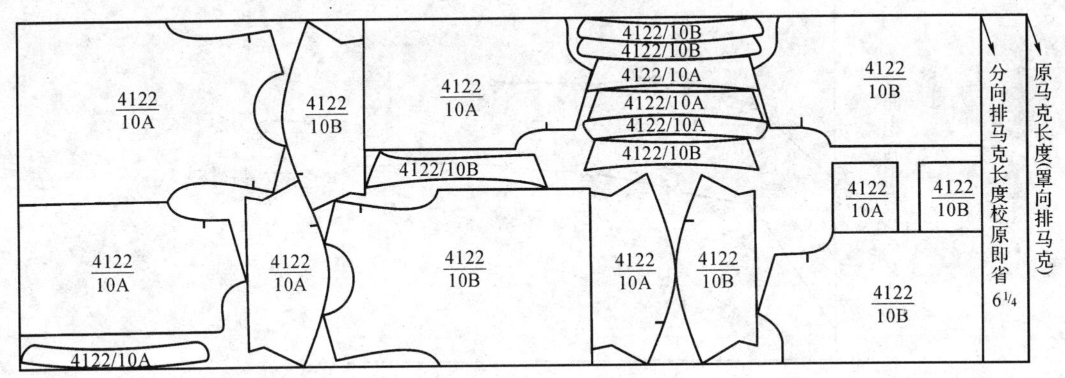

图 3-20　缺口合并排料

五、面料排料利用率

判断排料方案是否最为节省布料的方法：(1)直接观察排料图，定性地判断其合理性；(2)计算面料排料利用率，定量地进行判断。面料排料利用率的计算方法可分为两种：一种是用重量来计算，另一种是用面积来计算。

(一)面积利用率

$$A=\frac{A_d}{A_c}\times 100\% \text{ 或 } A=\frac{A_d}{WL}\times 100\%$$

式中：A_d——一件成衣面积的总和，cm^2；

A_c——一件成衣所用面料的总面积，cm^2；

W——面料幅宽，cm；

L——一件制品所用面料长度，cm。

目前成衣生产中，定性地判断较为合理的排料方案的面积利用率可达 85%～95%。

(二)面积利用率应用

套排可节约用料。但套排件数增多，铺料长度就要随之增加，套排件数过多，会使同一件制品的衣片间距较远，容易出现色差而影响产品质量。

利用面积利用率可以正确地判断排料的合理程度。例如，根据经验，西装套排时的面积利用率可达 85%，男衬衫套排的面积利用率可达 95%。实验表明，套排件数以 3～4 件为最好。

图 3-21 所示为 170/88A 男衬衫和男短大衣套排件数与面积利用率的变化关系曲线。由图可见，男短大衣套排件数超过 3 件、男衬衫套排件数超过 4 件后，面积利用率的提高就不明显了，这与大多数服装厂采用 2～4 件套排的实际情况是相一致的。

(三)衣片面积的简易计算方法

衣片各样板基本上为不规则图形，这类图形的面积计算，数学上可以采用积分法、求积仪法等。但对成衣生产来说，衣片样板的面积计算无需非常精确，可采用近似方法简单地进行计算。

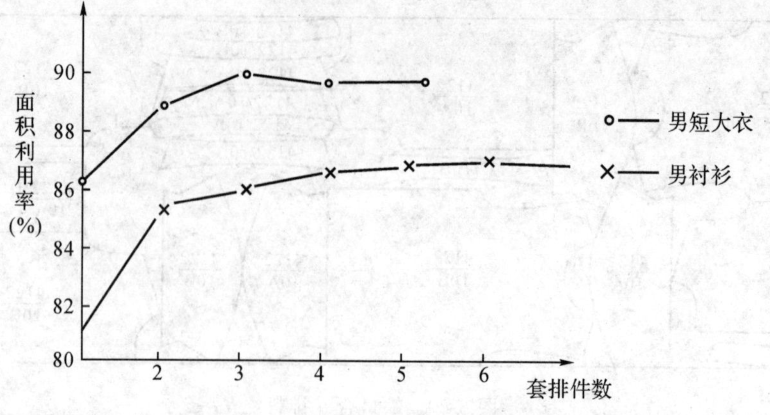

图 3-21　套排件数与面料面积利用率的关系

1. 几何图形法

把每片衣片样板分成若干个近似规则的几何图形，如图 3-22 所示，分别求出各规则几何图形的面积，然后求出该片衣片的面积和。

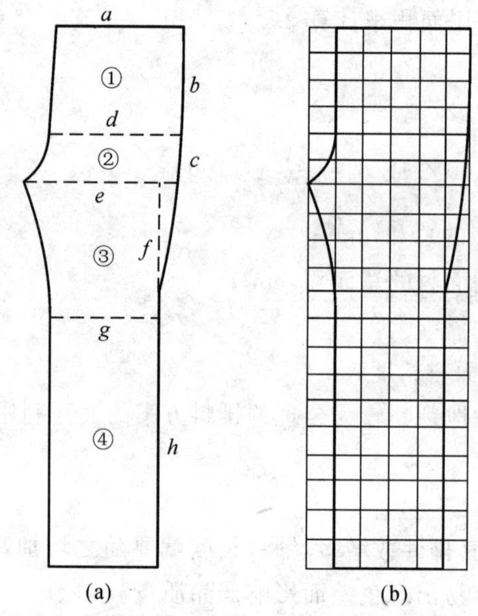

图 3-22　衣片面积的近似计算

由图 3-22 可得

$$A_{①} = ab, \qquad A_{②} = 1/2(d+e)c$$

$$A_{③} = 1/2(e+g)f, \qquad A_{④} = gh$$

该裤片样板的面积为

$$A_d = A_{①} + A_{②} + A_{③} + A_{④}$$

2. 小方格纸法(图项纸法)

将衣片样板按一定比例(5∶1 或 10∶1)缩小画在小方格纸或图项纸上，按所占格子数求出衣片样板面积。例如，上述裤前片样板画在小方格纸上，如图 3-23 所示，比例为10∶1，

裤片样板约占 90 格,每格面积为 $0.25cm^2$,则该裤片样板面积为

$$A_d = 每小格面积 \times 所占格数 \times 比例^2$$
$$= 0.25 \times 90 \times 10^2 = 2230(cm^2)$$

3.称重法

用已知其单位面积的重量的裁剪用纸裁出衣片,称出其重量,换算出衣片的面积。例如,取某裁剪用纸长 78 cm,宽 54 cm,其面积为 0.4212 m^2。在天平上称出其重量为 38 g,则其单位面积重量为:

$$单位面积重量 = 重量/面积 = 38/0.4212 = 90.22(g/m^2)$$

用这种纸裁出的全部衣片的重量为 157 g,则其面积为:

$$衣片面积 = 衣片重量/裁剪纸单位面积重量$$
$$= 157/90.22 = 1.74(m^2)$$

若面料门幅为 114 cm,该制品用料为 1.68 m,则其面积利用率为

$$面积利用率 = 衣片总面积/原料总面积 \times 100\%$$
$$= 1.74/(1.14 \times 1.68) \times 100\% = 90.8\%$$

六、排料方法

服装排料有手工排料和计算机排料两种。无论哪种,其目的都是要找出一种用料最省、排列合理的样板排放形式。

(一)手工排料

手工排料是排料放样人员先在纸样上设计并剪下衣片纸样,然后尽可能紧凑、合理地排放在布料上,最后根据放样结果进行成批裁剪。由于排料方式完全靠排料员的经验进行,其经济性、科学性、合理性无法验证。虽然面料利用率可以较高,但时间较长,同时还需要裁剪大量纸样,劳动强度大,差错率高。

(二)计算机排料

计算机排料是根据数学优化原理,利用图形学技术设计而成的。把传统的排料作业计算机化,把排料师傅丰富的经验和计算机具有的快捷、方便、灵活等特征结合起来,从而快速获得较高的面料利用率。

计算机排料周期短、劳动强度小、对操作人员的排料经验要求低,并且可以预先估算出排料率。

计算机排料一般有交互式排料和半自动、全自动及智能自动排料,且目前大多数系统采用人机交互式排料。

1.人机交互排料

交互式排料是指按照人机交互的方式由操作者利用鼠标或键盘根据排料的规则和排版师的经验将各种不同款式及不同号型的裁片,通过平移、旋转、分割、翻转等几何变换来形成排料图。其中,每排放确定一个裁片,系统会随时报告已排放的裁片数、待排裁片数、用料幅宽、用料长度、利用率和用料缩率等信息,有的软件系统还会给出段耗。这种方式多用于服装生产企业正式的裁剪过程。

2.全自动排料

全自动排料是计算机自动完成所有裁片的自动排放。计算机按用户事先设定的方式来自动配置裁片，让裁片自动寻找合适位置靠拢已排裁片或布料边缘。在排料的同时自动报告用料长度、布料利用率、待排裁片数目等信息，并自动检查裁片的排料条件，如限制某一裁片可否翻转、限定旋转角度等。自动排料在排料过程中无需操作者干预，因而速度快。但大多数软件系统的排料结果的面料利用率与交互式排料比较均不十分理想，所以这种方式常作为估料、计算单耗使用，或用于较规范的款式排料。

按用户事先设定的方式，自动排料又可分为设定排料时间、设定排料方案数、设定排料利用率或前台自动排料(排料过程显示在计算机屏幕上)、后台自动排料(计算机屏幕不显示排料过程)等。

3.半自动排料

半自动排料是介于交互式排料和全自动排料之间的一种排料方式，只须指示待排裁片。系统首先进行自动排放，然后由操作者人机对话排其余裁片，最后产生完整、合理的排料图。在计算机自动排料过程中操作者可随时干预，将排料过程暂时中断，人工调整裁片排放位置，之后再恢复。

4.智能自动排料

智能自动排料系统，采用最新的模糊智能技术，结合专家排料经验，能实现全自动排料，高效自动调节，择优选择最好的排料结果，大大改进用料率。智能自动排料软件能够模仿曾经做过的优化排料方案进行排料，还可进行无人在线操作，系统深夜持续运转可处理大量排料任务，大大解放了排料人员的繁重劳动。

计算机辅助排料与传统手工排料相比，其优势在于以下四个方面：

(1)计算机排料可以多次试排，并精确地计算各种排料图的面料利用率，以寻找最佳衣片组合方式，从而获得较高的面料利用率，比手工排料节约3%～5%。同时，由于计算机高度的精确性，不会漏排或重排，降低了差错率。

(2)排料操作人员在计算机屏幕上进行排料，一方面可减轻手工排料时来回走动的劳累；另一方面可通过换屏等操作纵观全局，以进行较好的裁片布局。

(3)计算机排料可大大减小手工排料时占用的较大厂房面积。同时排料的信息有助于用来进行各方面的管理，如估料、成本核算等。

(4)计算机排料信息可传输给自动裁床，直接用机器代替人工裁剪。

人工排料和计算机排料各有利弊。使用人机交互式排料一般能够达到比人工排料效率高，又比计算机排料利用率高的效果，因此用人工智能技术来完善计算机的不足才能更好地解决目前成衣排料技术方面的难题。

第三节　划　样

排料排好后就可以进行划样，将排料的结果画在纸上或面料上的工艺操作称为划样，即在纸上或布料上做记号，以便开裁。而电脑排料则是把排料结果储存在电脑中的工艺操作。

一、划样方法

排料的结果要通过划样绘制出裁剪图，以此作为裁剪工序的依据。划样的方式在实际生产中有以下四种：

1. 纸皮划样

利用样板在一张与面料幅宽相同的薄纸上划样，然后将纸直接放在布料上开裁。此排料图只可使用一次。采用这种方式，划样比较方便，适用于丝绸等薄料子裁剪，可防止面料污染。

2. 面料划样

面料划样又称划皮，是直接在面料上按照样板排料划样，按线开裁。这种划样方式节省了用纸，但此法较易污染衣料，不适于薄料子（容易透出正面），多用于较厚的原料或需对条对格的面料划样。

3. 漏板划样

漏板是把绘在厚牛皮纸上的排料图，沿着衣片的轮廓线打上密集的小孔形成的。漏板划样是把漏板铺在面料上，沿着轮廓线小孔涂刷粉末，粉末漏过小孔把排料图转移到面料上。其特点是速度快、效率高、可多次重复使用，特别适用于大批量生产和多次翻单的产品，缺点是不如直接划样清晰。

4. 计算机划样

将样板形状输入计算机，利用计算机进行排料，排好后可由计算机控制的绘图机把结果自动绘制成排料图，再用计算机划样，直接放在面料上按图开裁。

二、划样的工艺技术要求

进行划样时，应按照以下工艺技术要求来进行。

1. 线条要清晰明显

线条不能模模糊糊，特别是交叉点，更要明显。如果有划错或改变部位的划线，一定要将划错和改变部位的划线擦去重划，或另做明显标记，以防裁错。线条要连续、顺直、无双轨线迹。

2. 划线要准确

各种线条，如横、直、斜、弯曲、圆弧等线，必须划细、划准，不得有歪斜或粗细不匀，以免直接影响裁片的规格质量。特别是对松软的面料或弹性较好的面料，更要注意划线的准确性，防止走样变形，达不到原样要求。

3. 划具要好

要根据面料选择划具。直接划样时，质地轻薄、颜色较浅、纱支较细的面料（如衬衫料）可用铅笔；面料厚宽、颜色较深的套装料可用白铅笔或滑石片划样；厚重、色深、毛呢料的可用划粉。薄纸划样可用铅笔。划具颜色既要明显，又要防止污染衣料，不宜用大红、大绿等颜色划样，以免渗色，尤其忌用圆珠笔等极易污染衣料的划具。划具要削细、削尖，保持划线匀细、清晰。

4. 做好记号

一般对于各种规格的套裁，必须在划样时做好记号，严防搞错，影响质量。

到这里，裁剪车间的排料员工作基本结束，根据分床方案及排料划样情况还要开出裁剪通知单，作为裁剪工人铺料时的依据，如表 3-11 所示。

表 3-11　×××厂裁剪通知单

<table>
<tr><td colspan="2">产品货号</td><td colspan="4">1175</td><td colspan="2">要货单位</td><td colspan="3">比利时</td></tr>
<tr><td colspan="2">产品名称</td><td colspan="9">黑男棉茄克</td></tr>
<tr><td rowspan="2">规格搭配</td><td>M</td><td></td><td></td><td></td><td></td><td></td><td></td><td></td><td></td><td></td></tr>
<tr><td>L</td><td>XL</td><td></td><td></td><td></td><td></td><td></td><td></td><td></td><td></td></tr>
<tr><td colspan="2">用料名称</td><td colspan="9">100%尼龙绉布</td></tr>
<tr><td colspan="2">用料门幅</td><td colspan="4">1.45</td><td colspan="2">排料长度</td><td colspan="3">6.3m</td></tr>
<tr><td colspan="2">规定层数</td><td colspan="4">282</td><td colspan="5">本批产品第 3 刀</td></tr>
<tr><td colspan="11">备注：
红　　层
兰　　层　　可以是几种颜色一起铺
灰　　层</td></tr>
</table>

排料人　　　　　　　　　　　　　　　　　　裁剪人
年　月　日　　　　　　　　　　　　　　　　年　月　日

第四节　铺　料

按照裁剪方案所确定的层数和排料划样所确定的长度，将服装面料重叠平铺在裁床上称为铺料。

铺料都在铺布台上进行。铺布台高度一般为 85 cm 左右，台面由木材或有金属条的绝缘纤维板组成，而且要求平坦、光滑、富有弹性。因为铺布台也是裁剪台，铺布台的长度和宽度随面料的幅宽及生产需要而定，常见的宽度是 1.2～1.8 m，长度为 3～24 m。

一、铺料的工艺技术要求（质量要求）

从表面上看，铺料是一项简单的工作，但实际上铺料包含着许多工艺技术知识。如果这些工艺技术处理不当，同样会影响生产的顺利进行和服装的质量。

（一）布面平整

每层布料都要铺平整，不能有折皱。表面有绒毛的布料，铺料时面料间摩擦力大，铺料困难；轻薄面料，表面光滑，面料间摩擦力小，不稳定，难以铺平整；组织密度很大或表面涂层面料，透气性差，面料间积留的空气，易造成表面不平；布边紧缩卷曲，难铺平整。

因此针对不同的面料，有不同的解决方法。对不同性能的面料，铺料时应采用相应的措施，精心操作：布边紧缩卷曲的面料，可以沿布边每隔一段距离剪开一个小剪口，以便消除布边的紧缩，使布面平整；对本身有折皱的面料，铺料前需经必要的整理，消除折皱。

(二)布边要对齐

铺料“三齐”工艺标准:“铺料上手齐、落刀齐、靠身布边齐”。即要求两端垂直整齐,布边和布边对齐。

上手齐是指铺料时每层布料的起始端要齐;落刀齐是指每层布料末端断开时要裁整齐,并且各层布料长度要一致;靠身布边齐,是指布边侧要层层对齐,但布料的幅宽有差异,故一般保证靠近操作者一侧的布边对齐,故称为靠身布边齐。

(三)长度、层数准确

整床长度不足,无法正常裁剪,造成极大浪费,后果极其严重;即使个别层长度不足,也会产生废衣片,造成浪费;铺料层数不准,会造成衣片数量不足或浪费。

(四)张力要小

要把布面铺平整,就要对面料施加作用力,使面料产生一定张力,伸长变形。此时裁出的衣片,经过一段时间,变形会回复,使衣片尺寸缩小。

因此,铺料时要尽量减少对面料施加拉力,防止面料的拉伸变形。

(五)正反面准确

预排料时必须保证面料的正反面准确,铺料时布料的正反面也必须准确。例如,采用正面与正面相对、反面与反面相对的铺料方式,如果有误,会导致裁出的衣片正反面不相符。

(六)面料方向要正确

要按照服装设计时对面料绒毛和有动物、风景等图案在倒顺方向上的要求铺料。

(七)条格、图案要对准

铺料时要按服装设计时对条格、图案面料的条格图案位置安排要求铺料,保证各层面料的条格或图案位置安排上下对正。

1. 条格面料的对条对格

铺料中条格面料的纵横格需要按设计要求准确对位,见图 3-23。但是,如果只要求每件成衣自身对条对格,铺料时只要控制每层布料条格不倾斜即可。

2. 铺料对条对格方法

(1)定位针法

在布幅两侧(或长度两端)每隔 20～30 cm 置一定位针,将每一层布料同一条格位置固定在同一定位针上,以此来保证条格定位准确。如图 3-24 所示,横格布料需在门幅两侧置定位针;纵向条格布料只需在长度方向两端置定位针,见图 3-25;纵横方向均需对条对格的布料要在两个方向分别置定位针,见图 3-26。

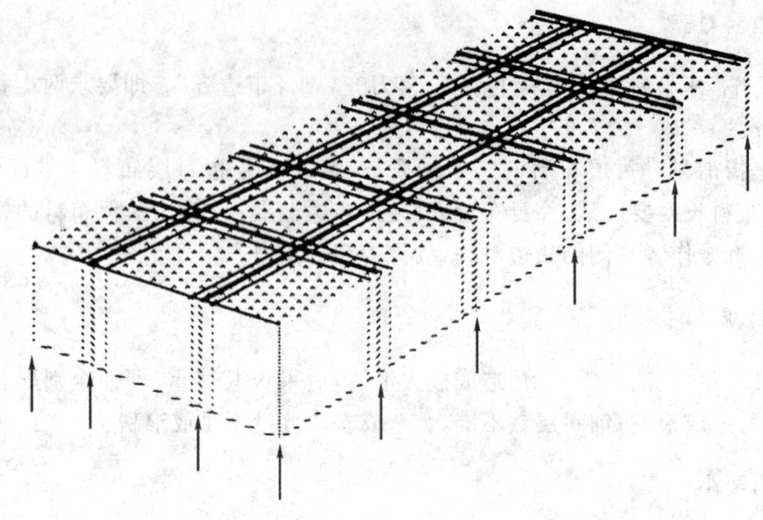

图 3-23　铺料中对条对格

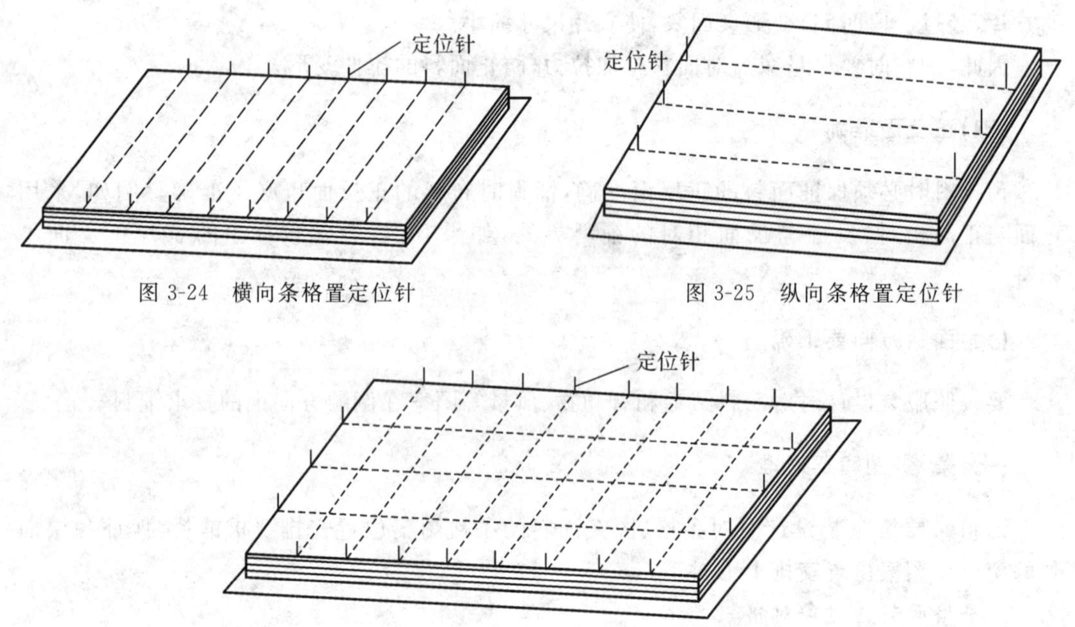

图 3-24　横向条格置定位针　　图 3-25　纵向条格置定位针

图 3-26　纵横向条格均置定位针

(2)定位记号法

如果成衣设计时只要求成衣本身各有关部位条格对齐对称的话,铺料时可以纵向采用定位针定位,横向采用在铺料台两侧作出一对平行记号的方法。铺料时,横向条格按定位记号保证横格不倾斜即可,见图 3-27。

二、铺料前的准备工作

在进行铺料时应进行必要的准备工作。

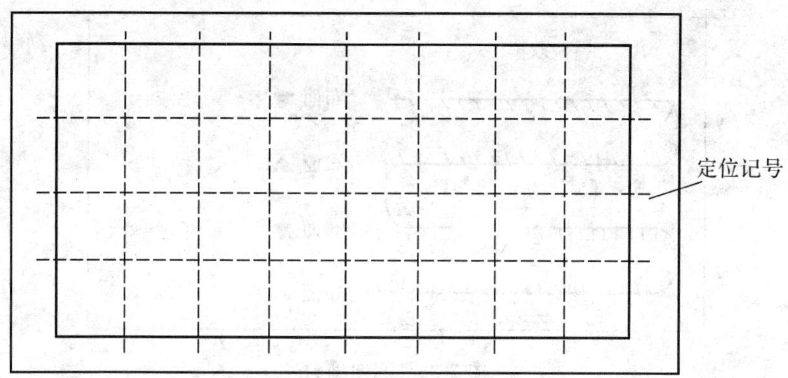

图 3-27 对条对格定位记号

(一)布面识别

铺料前,首先应根据服装材料学的知识正确识别布面,包括区分正反面及确定倒顺毛,特别是粗纺呢绒的倒顺毛问题。

(二)面料识别

对于较轻薄、有弹性易变形、易滑易窜的面料(如尼龙料),为防止裁剪进刀时裁片移动窜位,可先在案板上铺一层纸垫底,在裁剪时连纸一起裁。另外对于较高档的面料及色线、有绒毛易起球的面料在单向铺料面朝下时,为防止弄脏面料,也可采用垫纸的办法。

(三)布匹衔接

铺料进程中,每匹布铺到末端时不可能正好铺完一层,为了充分利用原料,需进行布匹衔接。根据划样的长度在台板上先划两条直线作为标准,然后根据排料划样图在主要衣片与衣片交叉的若干地方划线、做记号,作为铺料时布匹接头的依据,以保证衣片开裁后的完整性,一般情况下平均每 1 m 左右应确定一个衔接部位。值得注意的是质量要求高、匹色差严重的布料不允许这样做。

三、铺料方法

根据生产条件的不同、服装款式及面料的特点,铺料方法一般有以下五种。

(一)双向铺料

双向铺料又称来回折叠铺料,将起手的一层料(面向上)铺到一定长度要求后,折回再铺,往返折叠铺完为止。这种铺料方法的特点是既可用手工铺料,也适宜使用拖布机,效率较高。排料可以不必考虑左右对称问题,较灵活,可提高面料的利用率。如图 3-28 所示。

适用的面料:无花纹、无规则的花纹,图案、倒顺不分的印花、色织面料。

服装款式:适用于左右对称的款式,不适用于不对称的服装式样,如衬衫由于左右片门襟造型不一样,就不能采用这种铺料方法,若后片对称但不破缝,也可用。

特点:面料可以沿两个方向连续展开铺,不断开,设备和操作人员不走空趟,工作效率

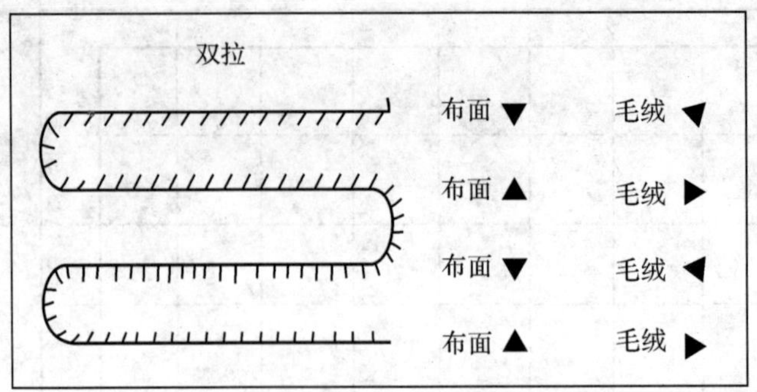

图 3-28　双向铺料

高;两端折叠处布料不平复,铺料长度上需要留出余量,浪费布料。目前成衣生产中大多用于价格便宜的无纺衬衬料的铺料裁剪。

(二)单向铺料

单向铺料又称单层一个面向铺料,将起手的一层料(多为朝上)铺到要求的长度后,冲断夹平,再铺第二层,依次方法铺完为止。其特点是面料只能沿一个方向展开,每层之间面料要剪开,效率较低,排料要考虑衣片左右对称的问题。但质量较高,且可以减少拆片手续。如图 3-29 所示。

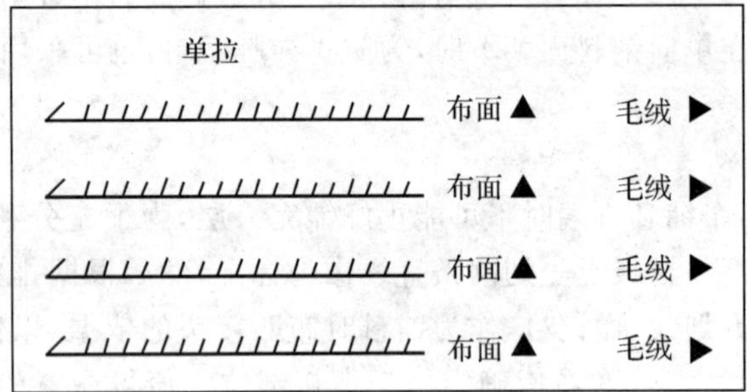

图 3-29　单向铺料

适用的面料:面料左右经向不对称的、条子、格子不对称的,有倒顺花、倒顺毛的面料。

服装款式:服装式样左右襟造型不一样的(一样的当然也可以),要对条对格的。

特点:裁剪出的衣片各层方向一致,打号方便准确;每层布料均需段开,费工费时;操作工人和设备均需走空程,生产效率低。

(三)双层一顺铺料

将起手一层面料(面向上)铺到要求的长度后,折回来从头面对面合铺,铺完为止。如图 3-30 所示。

适用面料:要求左右对称;也适用于有倒顺花、倒顺毛、鸳鸯格等原料。

服装款式:适用于对条对格、对花、对称的款式。

特点:使产品表面图案、绒毛顺向和对称部位一致,不会出现纱向不顺、对称不等及有色差的缺点，质量较高，但效率低，费时。

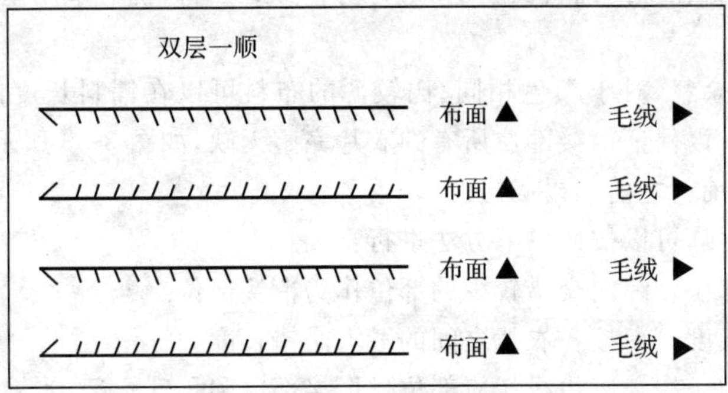

图 3-30　双层一顺铺料

(四)对折铺料

对折铺料(见图 3-31)：把布料沿经向折叠，形成两层布料正面与正面相对、反面与反面相对的铺料方式。

适用面料：适于对称衣片、条格面料等有对格、对花纹要求面料的铺料；适用于宽幅小批量裁剪的服装或样衣裁剪。

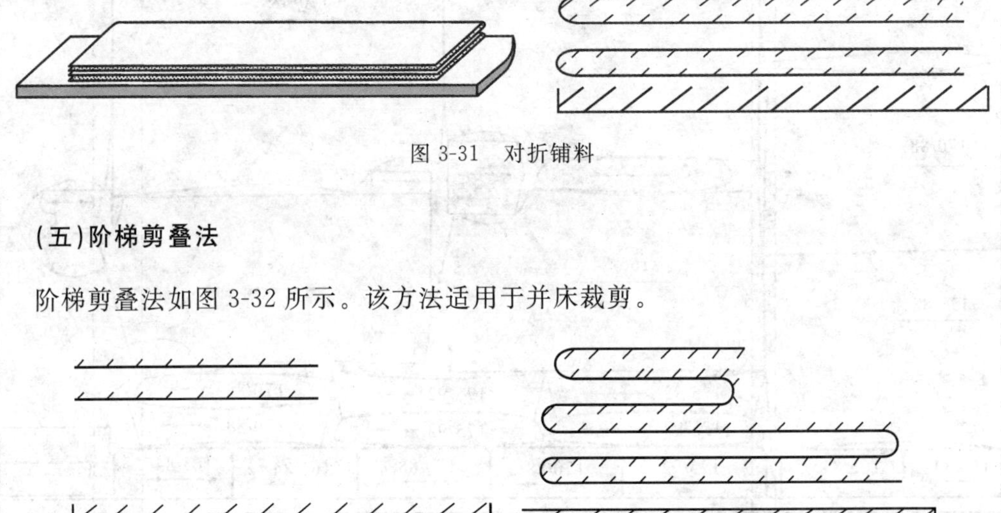

图 3-31　对折铺料

(五)阶梯剪叠法

阶梯剪叠法如图 3-32 所示。该方法适用于并床裁剪。

图 3-32　阶梯剪叠法

四、铺料注意事项

1. 识别布面

铺料前，正确识别面料的正反面、倒顺毛。

2. 特殊面料要底面铺纸

对于较轻薄、有弹性易变形、易滑易窜的面料(如尼龙料)，为防止裁剪进刀时裁片移动窜位，可先在案板上铺一层纸垫底，在裁剪时连纸一起裁。另外对于较高档的面料及色线、有绒毛易起球的面料在单向铺料面朝下时，为防止弄脏面料，也可采用垫纸的办法。

3. 选好衔接位

为了充分利用余料，对于颜色相同、比较薄的布料可以在铺料长度内进行衔接。即将两匹布端重叠相接，以保证衔接部位所有的衣片完整无缺，如图 3-33 所示。但是，衔接部位和衔接长度需要在铺料之前加以确定。

为了更好地衔接，可以按照以下方法进行：

(1)确定衔接部位。纬向交错较少的部位作为衔接部位。

(2)确定衔接长度。衔接各衣片之间的最大交错长度。

(3)作衔接标记。在裁床边缘相应部位作衔接部位和长度标记，为铺料定位提供依据。

(4)布匹衔接。铺料时铺到一匹布的末端时，在裁床上的衔接标记 B 处将余料剪掉，下一匹布在衔接标记 A 处开始铺料，两匹布料重叠衔接长度为 AB 的长。

如果铺料长度过长，可适当多确定几个衔接部位，一般情况下可每一米左右确定一个衔接部位，见图 3-34。

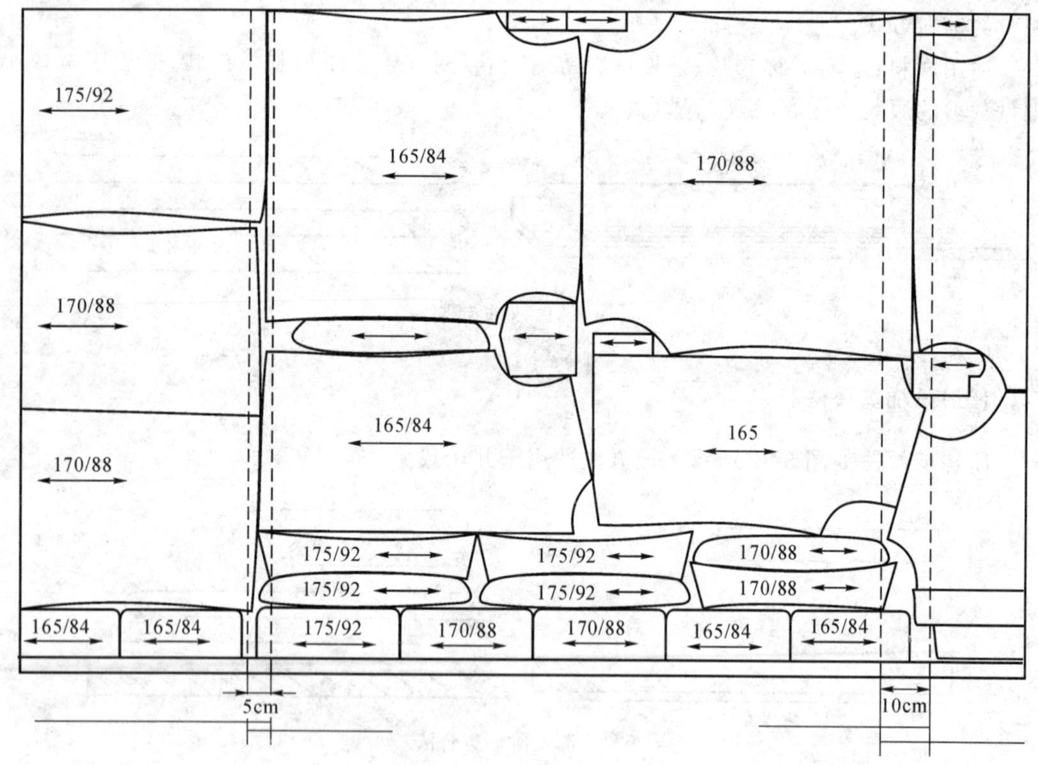

图 3-33　面料衔接

五、余料利用

余料是指铺料中余下的不够一个排料图长度的布料。合理利用余料，对节约用料、降低成衣产品成本有着重要意义。余料利用方法有裁单件或换片、布匹衔接、两个排料图混合铺料。

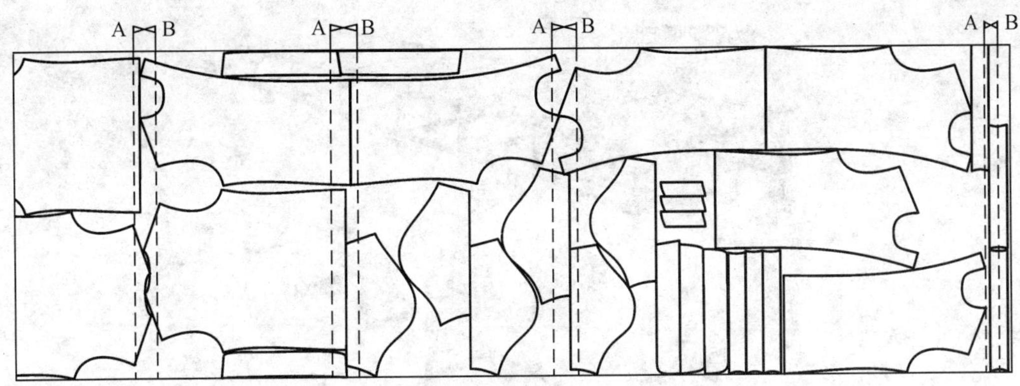

图 3-34 面料衔接方法

以两个排料图混合铺料为例。

混合铺料法是指将同一匹布分别在两个或两个以上裁床上按一定比例分别铺料。即对两个或两个以上铺料长度按事先计算好的层数分配进行铺料。

例 某成衣生产任务的裁剪方案确定为：第一个排料图为 L、XL 和 XXL 号套排，长度为 6.29 m；第二个排料图为 S、M 号套排，长度为 3.87 m；铺料时两端的损耗量各为 1 cm。某匹布料长 51 m，采用混合铺料方法铺料。

具体方法：

(1)先在第一个排料图的裁床上铺 5 层，用料长度为

$$(6.29+0.2)\times 5=31.55(\text{m})$$

剩余布料为

$$51-31.55=19.45(\text{m})$$

(2)再在第二个排料图的裁床上铺 5 层，用料长度为

$$(3.87+0.2)\times 5=19.45(\text{m})$$

3. 31.55＋19.45＝51(m)

说明该匹布料刚好用完。

结论：这种混合铺料方法，虽然在铺料时要计算铺料层数分布比例，但比前述的布匹衔接方法更节省布料，并且保证同一件成衣的衣片是出自于同一匹布料，避免了不同匹布料色差问题。

六、铺料设备

随着服装工业机械化程度的不断提高，一些较大的服装厂使用了拖布机，以提高劳动生产率。

(一)铺料台

铺料台高度一般为 85 cm 左右，长度和宽度随面料的幅宽及生产需要而定，如图 3-35 所示。常见的宽度是 1.2～1.8m。内衣一般用宽 1.6m、长 3～6m 的台面；外衣类一般用宽 1.8m、长 12 ～24m 的台面。

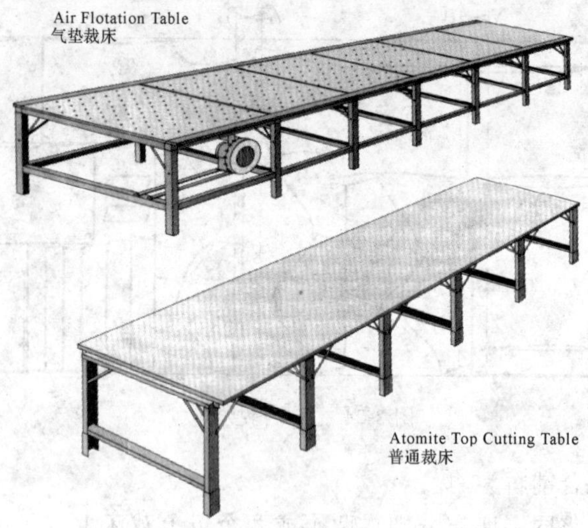

图 3-35 铺料台

(二)断料机

图 3-36 所示为断料机及其示意图。

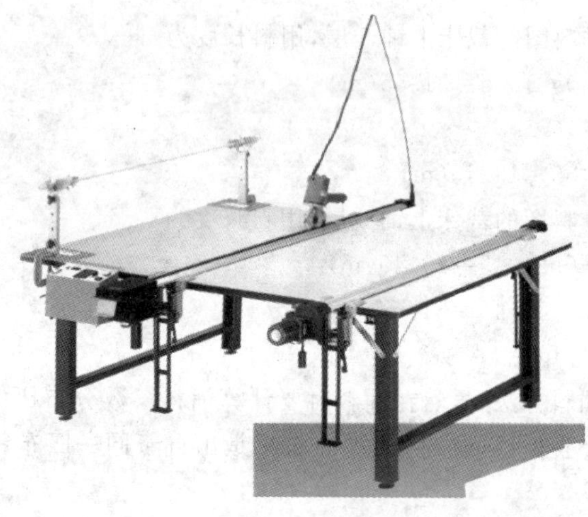

图 3-36 断料机

(三)铺布机

铺布机的用途在于按照裁剪方案确定的铺料方式、长度和层数在铺布台上将面料层层展开铺平,可以分为手动铺布机、半自动铺布机和全自动铺布机等。

1. 手动铺布机

固定安装式的手动铺布机在裁床一端固定一对安装布辊支架。拉动布料时,布辊可以自由转动。其结构简单,适合于小型成衣企业用。目前在国内许多服装厂中仍大量使用。

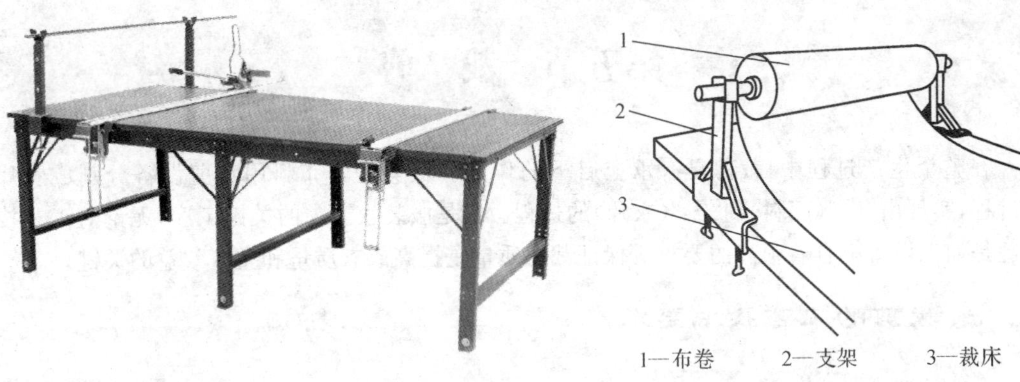

图 3-37 手动铺布机

2. 全自动铺布机

图 3-38 所示为全自动铺布机，它可以设定铺布长度和层数，通过电子眼将布边对齐，速度可调，可一人操作，提高了生产效率。

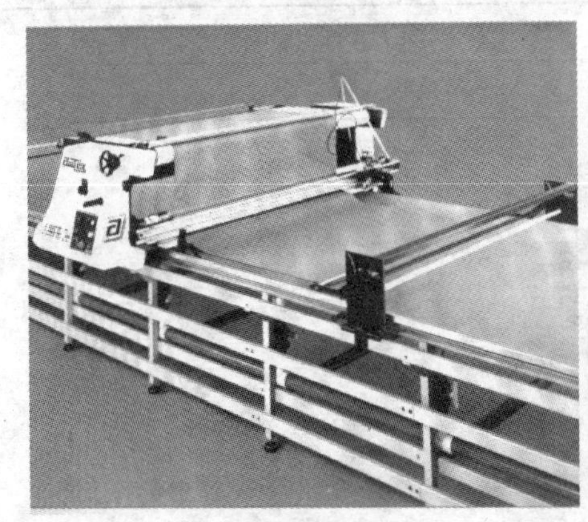

图 3-38 全自动铺布机

3. 微电脑控制拖铺系统

计算机控制的拖铺系统发展很快，如日本的 NK-500CS 型、德国的 Komet-Automatil Ⅱ及 Komet-Spezial-Automatil Ⅰ Super 等型号。以日本的 NK-500CS 拖布系统为例，该系统包括拖布长度记忆、布卷自动放定、布卷旋转、引走夹紧、对齐布边及切断面料等装置。最大拖布速度可达 50 m/min，铺布台宽度有 1. 825、1. 980、2. 18 m 三种。

(四)空气衬垫装置及吸气装置

空气衬垫装置应用在铺布台和裁剪台上，台面为橡胶板，面上分布有均匀的小孔，压缩空气自孔中喷出，在铺好的面料层与台面之间形成气垫，这样操作者一人就能非常容易地把布层送到其他台面上或用带刀裁剪小型衣片。

对于光滑轻薄的面料，铺布完毕后常覆盖塑料薄膜。裁剪时开动吸气装置，使各层面料贴紧，以免裁剪中面料滑动，从而保证裁片的规格质量。

第五节　裁　剪

在整个生产过程中，裁剪具有承上启下的作用。裁剪是将布料用裁剪设备分割成衣片的过程，实现由“整”(面料)到“零”(衣片)的过程。它是服装生产中的关键工序，无论对工艺技术还是加工设备都有着很高的要求。保证裁剪质量是提高成衣质量和生产效益的关键。

一、裁剪的工艺技术要求

(一)裁剪精度要求

(1)保证裁片与样板的精确度。

(2)保证各层衣片的精确度。裁片的允许公差见表 3-12。

表 3-12　裁片的允许公差

检验项目	检验内容	允许误差(cm)	
		+	−
前片			
后片裁片的	按工艺文件或样板	0.6	0.3
允许公差	按工艺文件或样板	0.6	0.3
	按工艺文件或样板	1	0.6
胸围	按工艺文件或样板	0.4	0.2
袖子	按工艺文件或样板	0.4	0.4
袖口	摆缝对比	0.3	0.3
前后片	袖缝对比	0.3	0.3
大小袖片			

(3)保证剪口、眼位的正确性和准确度。如图 3-39 所示，刀眼要正确，不要太深，也不宜太浅，一般掌握在离边缘 2～3 mm 处。钻孔的位置要准，孔要小而直，不准错位，严防钻孔热量过高，熔化粘合眼孔，揭不开层。

(二)保证切口不烫焦熔融

裁剪合纤类热塑性面料时，会因裁刀聚集摩擦热温度升高而使剪口处有熔融现象，裁剪中必须注意控制裁刀温度，应降低速度、减少层数或者间歇操作等，使热量及时散发，保证裁剪切口处的材料不烫焦熔融。

二、裁剪操作要点

(1)先小后大，先裁较小衣片，后裁较大衣片。

(2)刀不拐角，拐角裁两刀，见图 3-40。

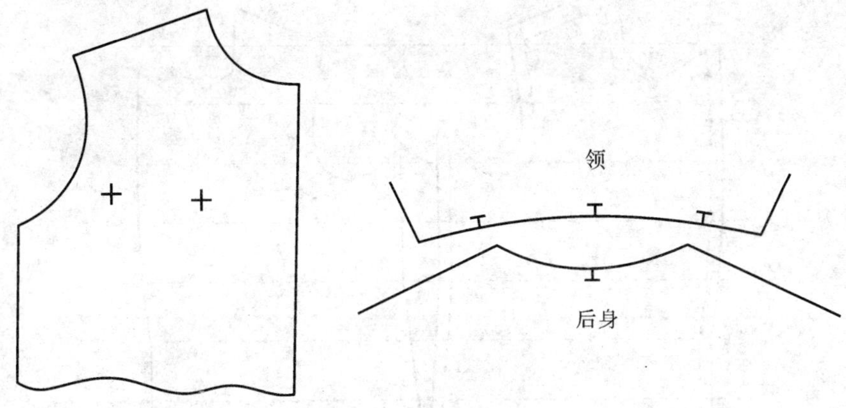

图 3-39　剪口及定位孔

(3)用力均匀，避免错动。裁剪时，压扶面料用力要柔和，不要用力过大、过死，更不要向四周用力，以免使各层面料间产生错位，造成衣片之间的尺寸误差，见图 3-41。

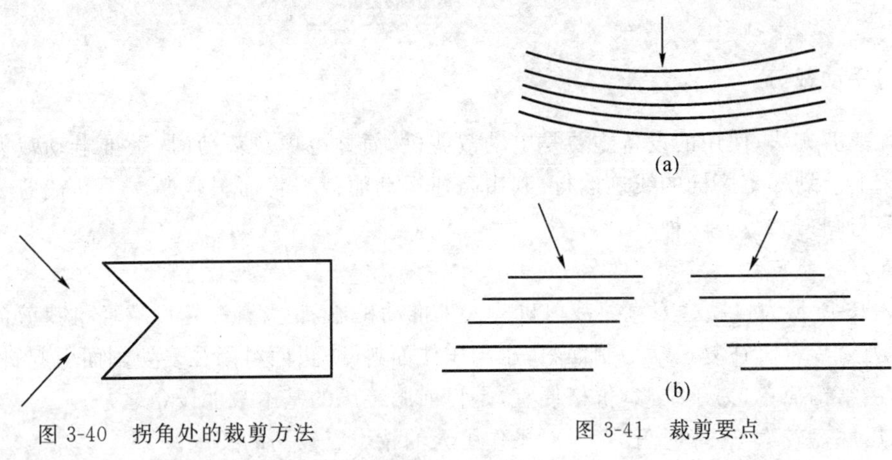

图 3-40　拐角处的裁剪方法

图 3-41　裁剪要点

(4)裁刀垂直。保持裁刀垂直，避免上下层衣片尺寸误差。

(5)裁刀锋利。保持裁刀锋利和清洁，以免衣片边缘起毛。

三、条格面料的放格裁剪

放格裁剪(见图 3-42)是指批量裁剪时，加放余量裁剪成毛坯，然后再逐件按对条对格要求，裁出净片。

需要加放余量情况主要有：横条格布料纵向加放余量；纵条格布料横向加放余量及格子面料纵、横向同时加放余量。

放格裁剪能保证衣片准确对条对格，但是不能一次裁剪成型，生产效率低、用料多，适用于高档条格面料成衣。

四、裁剪方式与设备

传统的手工裁剪是单纯用剪刀进行的，不但效率低而且精度差。在工业化服装生产中，必须使用优质高产的裁剪生产手段。当前服装生产中常用的裁剪方法与设备有以下几种。

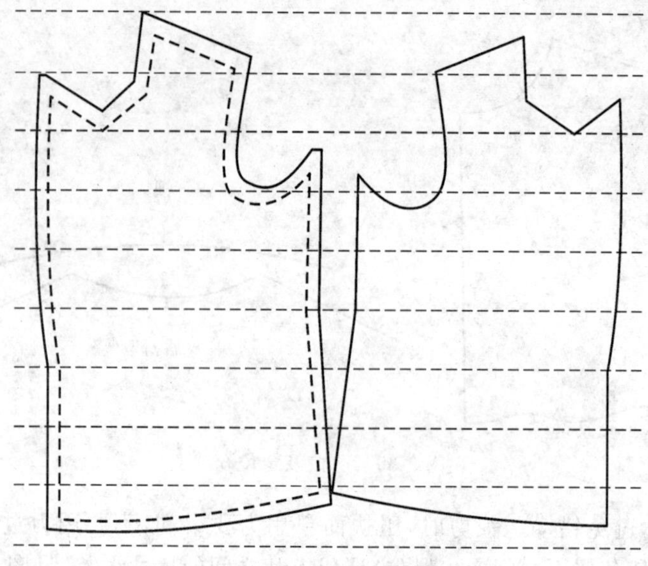

图 3-42　放格裁剪

(一)手动裁剪

这种裁剪方法,使用的设备主要是电动裁剪机,简称电剪。裁剪时,手推电动裁剪机使之在裁床上沿划样工序标的线迹运行,利用高速运动的裁刀将面料裁断。手动裁剪分为直刀式裁剪与圆刀式裁剪两种。

1. 直刀式裁剪机

图 3-43 所示为自动磨刀直刀裁剪机。人工推动机器,底盘有滚轮可减轻与裁剪台的摩擦力,直刀刀片垂直往复运动切割面料,压脚压住面料,防止面料因往复切割面引起抖动。

优点:结构简单,易于维修,价格便宜,是目前服装厂的基本裁剪设备之一。

缺点:底盘较大,转弯时阻力大,对操作工人的技术有较高的要求。

适用场合:裁剪较大的裁片或形状较为简单的裁片。

2. 摇臂式直刀裁剪机

图 3-44 所示为摇臂式直刀裁剪机。

优点:底盘尺寸小。因为直刀裁剪机头吊挂在两级摇臂上,故工作阻力小。裁刀的运动轨迹始终与裁剪台面保持垂直,降低了对工人的技术要求。

缺点:投资大。

适用场合:同直刀式裁剪机。

3. 圆刀式裁剪机

图 3-45 所示为圆刀式裁剪机。工作时人工推动,单向旋转的圆刀片对面料进行连续切割。其刀片为圆盘形钢刀,刀刃转动旋向重叠的面料。裁剪时易造成上下层面料切口不齐,所以主要用来裁剪的薄层衣片厚度小于 10 cm。其不宜转弯,适用范围小,用于小批量服装或样衣的裁剪。

优点:结构简单,传动平稳,切口整齐,无须压脚,备有砂轮磨刀装置,可使刀刃始终保持锋利。

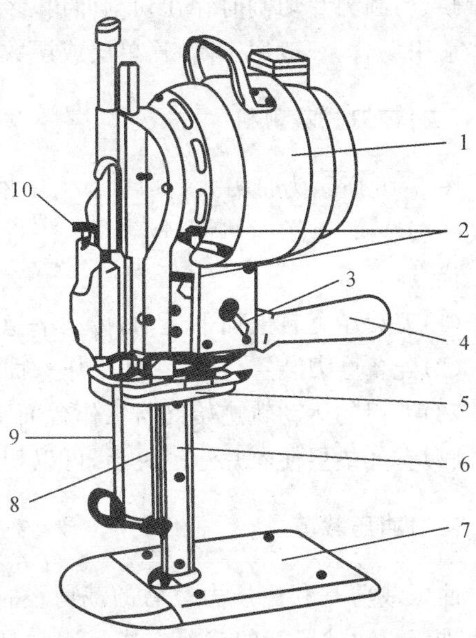

1—电动机　2—油孔　3—开关　4—手柄　5—磨刀带　6—刀槽　7—底座
8—刀刃　9—裁刀导杆　10—磨刀开头

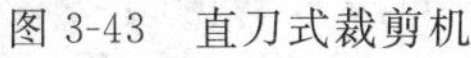

图 3-43　直刀式裁剪机

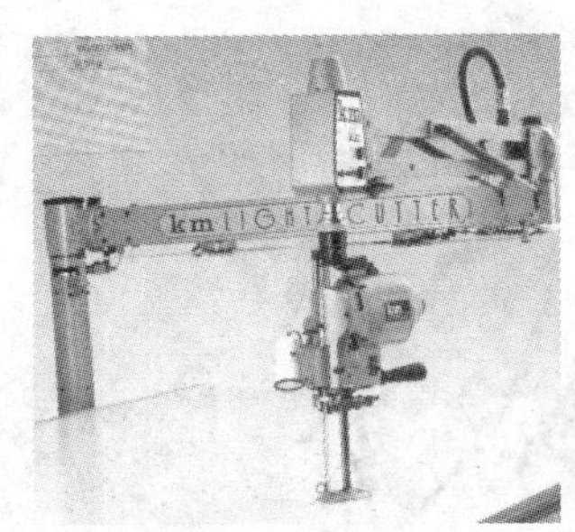

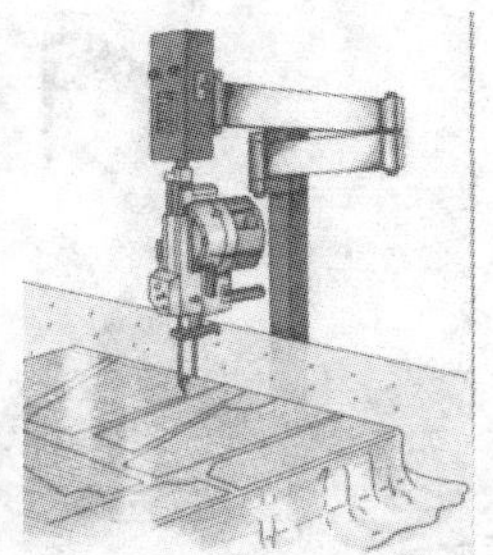

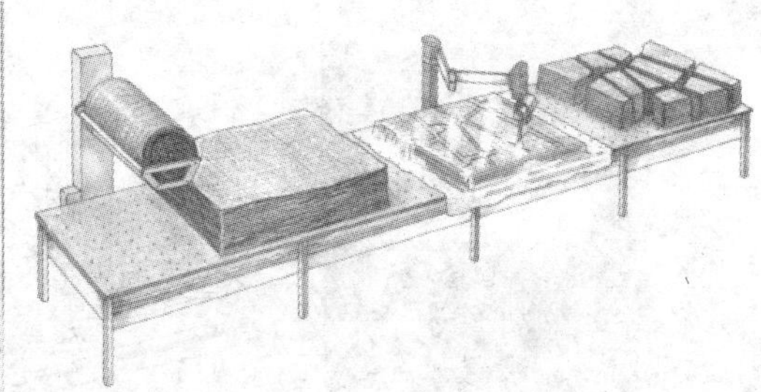

图 3-44　摇臂式直刀裁剪机及工作示意

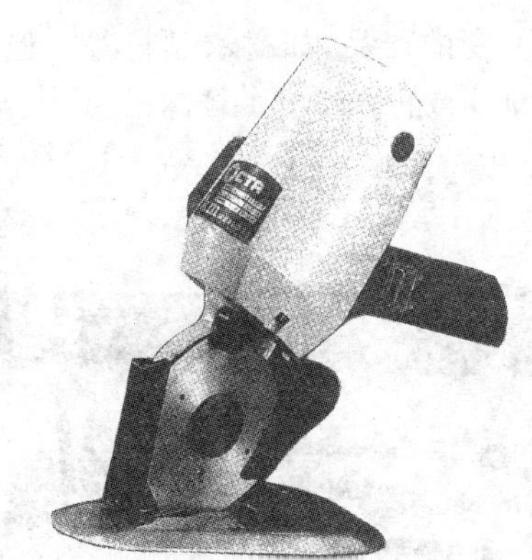

图 3-45　圆刀式裁剪

图 3-46　带刀式裁剪机

缺点：圆刀片切割时存在切割仰角，多层切割时上下层衣片无法保持一致。

适用场合：一般用于断料、单层或层数较少的裁剪。

（二）带刀式裁剪机

图 3-46 所示为带刀式裁剪机。人工推动布料，带刀刀刃自上而下切割面料。其配备了空气垫层装置，裁剪时将面料浮起，人工推动面料轻松自如。

优点：

(1)刀刃始终自上而下运动，传动平稳，故无须压脚。

(2)配备磨刀装置，可以一面工作一面磨刀。

(3)刀刃的运动轨迹始终与工作台面垂直，不会产生上下衣片走样现象。

(4)空气垫层使衣片运动灵活，可以切割小片和复杂的裁片，如领子、口袋等。

（三）冲压裁剪

冲压裁剪是利用压力裁剪的裁剪设备，对衣领、口袋、袋盖、绣花贴片等特殊形状的小裁片进行一次性压裁的裁剪方式。通常是按衣片外形制作特殊的刀具，切割刃成封闭状，刃内腔即为裁片的形状。裁剪师将多层面料放在工作台面的衬垫板上，刀具从上往下压下，一次性冲裁出需要的形状。用于冲压裁剪的设备有机械压裁机与油压压裁机（液压下料机）两种，如图 3-47 所示。

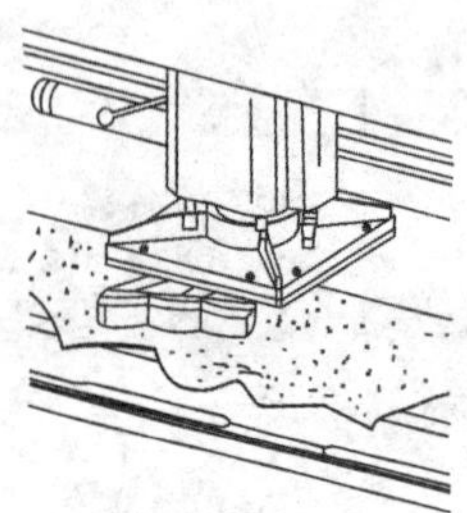

图 3-47　压裁机

图 3-48　刀具

使用冲压裁剪特点是精度高，适用于大批量规格不变的产品，如衬衣领衬等。但是不适用于当前的多品种小批量生产，因为刀具（如图 3-48 所示）的制作成本较高。

（四）非机械裁剪设备

1. 激光裁剪设备

激光裁剪设备，如图 3-49 所示，它是利用激光器发出的强度很高、方向集中的一束光作为切割工具对面料进行裁剪的，具有精确度高、速度快（46 m/min）的优点。激光裁剪机还可以与电子计算机构成自动裁剪系统，使裁剪实现自动化、连续化、高速化。它可用于切割纸样，适应于服装生产向小批量、多品

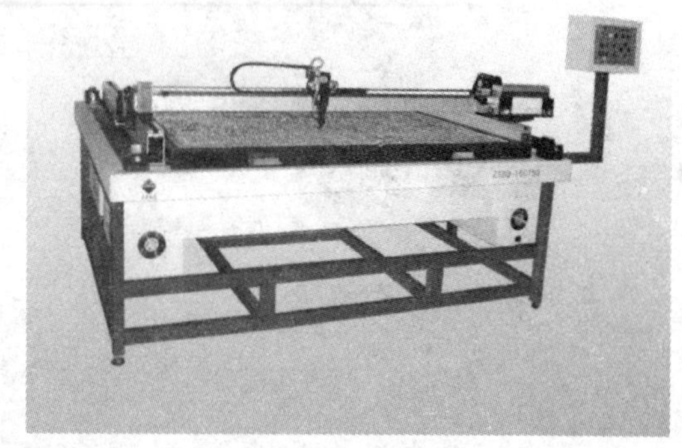

图 3-49　激光裁床

种、常变化的方向发展的现实。激光裁剪由于温度高，容易使面料切割部位变色、热融，同时还有烟尘污染等问题。化纤制品因易熔融、粘结，不适宜用，且设备费用较高。

2. 喷水裁剪机

它是用喷射高压水来切割面料，具有直径 0.2 mm 的喷嘴，900 m/s 的水速。特点是切割中不产生热量，对面料无损伤、无粉尘污染，切割过程中，锋利度不发生变化等，最适宜于粘合衬、无纺布、化纤料等用机械、激光裁剪易熔融、粘结的材料和可裁图形复杂的裁片。其缺点是设备较大，而且还存在水流浸湿面料等问题。

(五)钻孔机

为便于缝制，有时需要在衣片上打孔作为标记，如标上钉口袋的位置、省位等。耐热性差的面料、针织面料一般不宜使用电钻打孔。另外也可用钻孔机钻孔，使铺料的上下层粘合在一起(主要是化纤料)起固定作用，有利于裁剪准确。钻孔必须钻在空档的地方，严防钻在裁片之中。钻孔机国产、进口均有，如美国伊士曼公司的 CD-3 型，钻孔直径为 1.190～9.525 mm，北京微电机厂生产的 DZ15 型电锥，最大孔深 150 mm，转速 1400 r/min，功率 40 W，如图 3-50 所示。

图 3-50　钻孔机

第六节　验片、打号、拆片、包扎

裁剪之后，为了保证服装的质量和缝制工序的顺利进行，裁剪车间还要进行验片、打号、包扎等工作。衣片经检验、打号与分扎后，可以保证质量合格，并准确有序地交付给缝制工程。

一、验　片

验片是对裁剪质量的检查，目的是将不合质量要求的衣片查出，避免残疵衣片投入缝制工序，影响生产的顺利进行和产品质量发生问题。此外，裁剪质量的高低、裁片是否符合裁剪工艺要求等，也需要在验片时进行检查。

验片的内容主要有：

(1)裁片与样板相比，检查各裁片是否与样板的尺寸、形状一致。

(2)上下层裁片相比，检查各层裁片误差是否超过规定标准。

(3)检查刀眼、定位孔位置是否准确、清楚，有无漏剪。不能有上下层偏差。

(4)检查对条对格是否准确，能否合缝(袖子、上衣侧缝、裤子下档缝等)。

(5)检查裁片边际是否光滑圆顺，后衣片对折是否对称，前衣片两片大小是否一致。

(6)检查是否有不允许的疵点。

对于不符合质量要求的裁片，能修补的修补，不能修补的，必须重新换片，即所谓的“配片”。一般来说，裁剪车间应尽量避免配片，要从其他匹找出颜色完全相同的面料是十分困难的。

二、打号(编号)

打号是把裁好的衣片按铺料的层次由第一层至最后一层打上顺序数码。

打号的目的有两个:

(1)避免同一件服装出现色差。由于面料在印染加工过程中,各匹面料之间的颜色难于保持一致,因此缝制加工时需将同一匹、同一层的同规格衣片缝合为一件服装,以便有效解决成衣出现色差问题。

(2)保证缝制加工中同规格衣片的缝合。裁片进入缝制车间前,还需将服装上的某些部位衣片进行粘合等加工,此时各裁片容易混乱,若衣片上没有号码,缝制时,很有可能将不同号型规格的衣片缝合在一起,影响生产的顺利进行。

如果有的面料无正反面区别,且不存在色差或客户不作要求,质量要求不高,也可以不编号。

(一)打号方式

打号有两种表示方法:

(1)以一层面料中同规格衣片为基本单位打号(一件衣服一个号,工作量大,可避免匹色差)。例如:

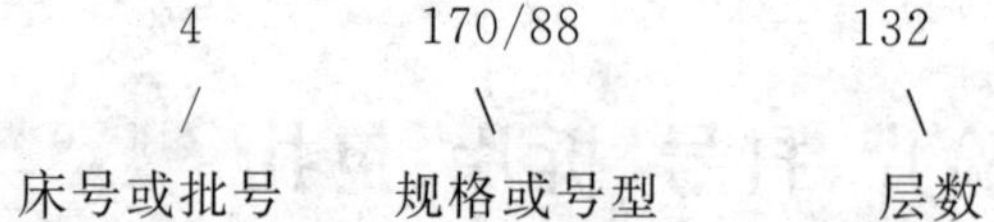

(2)以同匹面料中同规格衣片为基本单位打"票"(同匹同规格一捆一个号,效率高,用于匹色差很小的情况)。例如:

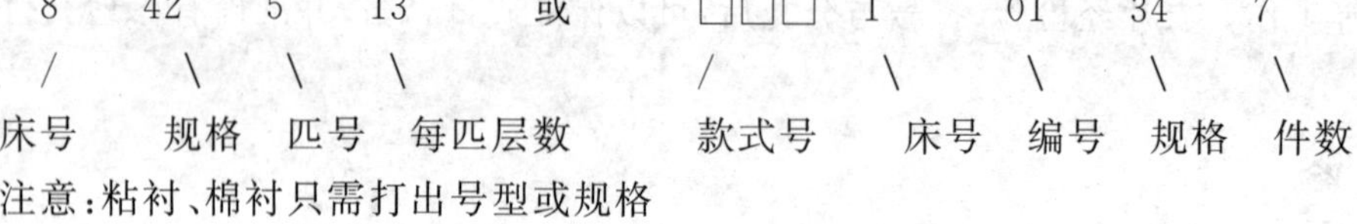

注意:粘衬、棉衬只需打出号型或规格

(二)打号要求

1. 打号方法

打号可用打号机、不干胶票签或铅笔。打号机油墨颜色不要太浓,防止透过面料。不同的面料采用不同的油墨打号。不适合采用油墨打号的面料,如绒毛面料等,可采用贴标签的方法。

2. 打号部位

打号要打在工艺要求指定的统一部位,例如衣片边缘或裁剪时留出的布角处。打号时要避免漏打、重打、错打。裁片打上号以后,缝制过程中必须用同一号码的各裁片组合服装。

三、拆片

对于单向铺料不用拆片,因为每叠裁片正反面朝向相同,而且在缝制车间里,每个流水组只要按顺序每叠衣片各拿一片就成了一件服装。

正反面双层铺料时，如衣片是成对的(像前衣片两片、后衣片两片、口袋两只、袖片两片等)，只需编号，不要拆片；但当双层铺料而衣片有一只不成对时(如两片前衣片，而后片为大身片一片)，既需编号，又需拆片。拆片方法是将双层变成单层，即每叠衣片变成两叠，拆片后每叠衣片的朝向相同。在缝制时往往采用前衣片为上下片，再拿一片后衣片，缝制在一起，另一上下前衣片也与另一后衣片缝在一起，原因是这样的话上下前衣片完全对称。

四、包扎

裁片分扎(又称配发活)是将打号后的衣片，按照成衣缝制生产安排分组、捆扎。

因为缝纫车间一般按流水分成小组，为了不使衣片搞混或造成色差，需要将一件衣服的衣片按顺序号放在一起，通常是 20 件一捆。

包扎应方便生产、提高效率、裁片分组适中。分组过大，给缝制车间流水线的输送和操作造成不便；分组过小，裁片分散凌乱，不便于管理。

分组包扎时，需要注意以下三方面：

(1)规格准确。同一扎的裁片必须是同一规格的裁片，绝不能混入其他规格的裁片。

(2)数量准确。每扎裁片的数量必须准确，绝不能出现多片和少片现象。通常每扎裁片的件数为 20 件至 100 件。

(3)拉链、商标及其他辅料不得遗漏。

最后要将填写好的交接生产单(见表 3-13)放在一起，供车工、检验、锁钉、大烫等各部门使用。

表 3-13　×××厂工段产品保管交换生产单

产品货号	1175	代号	3—14
产品名称	黑棉茄克	数量	20 件
规　　格	M		

其中："3—14"表示第 3 刀第 14 包，"M"中号规格。

裁剪车间的工艺流程如下：

1∶10 的排料图 → 分床 → 1∶1 样板排料 → 铺料 → 钻眼 → 开裁 → 拆片 → 编号 → 分包

技术科核料员　　裁剪车间排料员　　裁剪工人

实际工作中也有先拆片后编号的，但这样万一搞错就无法弥补。

第七节　计算机在裁剪工程中的应用

在服装工业中，高技术的应用是比较缓慢的，服装行业始终难以摆脱劳动力密集的困境。近几十年来，随着高技术的不断发展与服装工业竞争的日益激烈，人们逐渐在服装领域找到了高技术的立足点。

一、服装 CAD 在服装排料中的应用

排料划样是裁剪工程中的重要工序，长期以来靠操作人员的经验来寻求最优的排料方

案，并且是在完全手工操作下进行的，因此劳动强度大，工作效率低。

应用计算机进行排料划样，从根本上改变了过去的生产方式。计算机排料有两种方式：一种是全自动排料，另一种是交互式排料。

(一)全自动排料

在自动排料的运作方式下，排版师完成了待排料文件编辑，并指定了布幅宽度之后，不需再进行干预。在软件控制之下，电脑自动地从待排衣片文件中选取衣片，逐一地放置到优选的位置上，直到把全部待排衣片排放完毕。下面我们将以一西装放码文件为例讲述全自动排料的计算机实现过程。

第一步：设定排料总方案

设定排料总方案，可设定号型套排的规则，如图 3-51 所示，可以改变 36、38、40 号型的套数。在显示的排料方案信息里会分别看到面料、里料、衬料的总裁片数。在有较多号型需进行套排时，选择号型相距较大的，可以达到最优的用料率。如若放码文件中一共给 34、36、38、40、42 五个码，则排料时可以选择 34 码和 42 码搭配排或在这个基础上再与其他号型套排等。

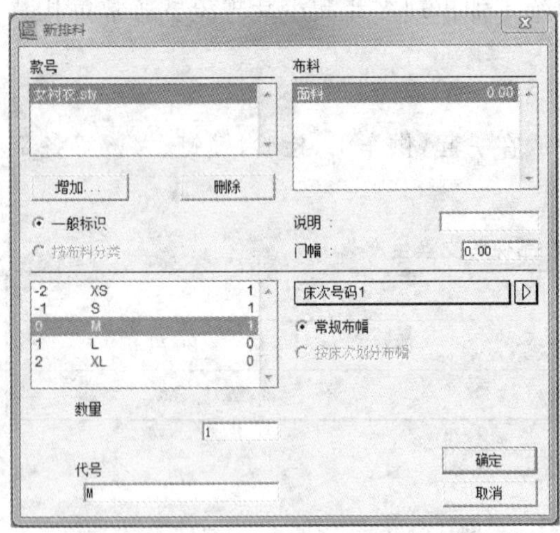

图 3-51　排料总方案设定

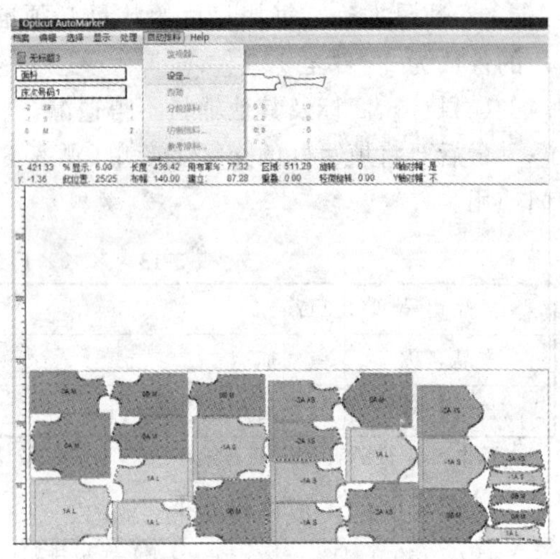

图 3-52　布料床属性设定

第二步：设定床属性

床属性包括布料的幅宽、经纬纱缩水率、布料的排布方向(选择单方向、双方向或合掌)等信息。织物的幅宽是根据织物的用途、产量、织机的幅宽而定的。面料的幅宽常见的规格有 90 cm、114 cm、145 cm、150 cm；里料幅宽常见规格则为 110 cm、120 cm；衬料中粘衬幅宽多为 88～90 cm，马尾衬幅宽不超过 50 cm。

第三步：自动排料

设定好基本信息后，就可以模拟裁床 1∶1 开始全自动排料，如图 3-52 所示。

(二)交互式排料

在交互式排料的运作模式之下，选好初始床的长度可以到 30 m、50 m 甚至更长。依靠光笔或鼠标以及键盘等人机交互的工具，根据位置和靠拢方向，衣片将被自动优化靠拢和贴紧，放置到最优位置上。以上这个过程也可以借助半自动排料工具完成。将大面积的裁片优化放置一排，利用开窗放大功能使排版师可以看清裁床上局部的细节来排放小面积裁片。当然软件还具备覆盖检验功能，它会对衣片之间有重叠的现象自动报警或者根本排不上去。在排版师的控制之下，充分发挥和依靠他的经验和智慧，完成全部衣片的排放工作。屏幕上显示出全部排版图、布长、布幅宽和用料率等信息。交互式排料系统的功能如图 3-53 所示。

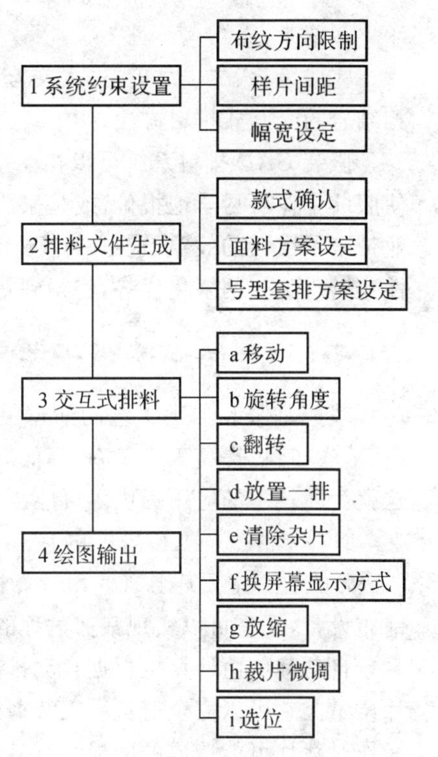

图 3-53　交互式排料系统的主要功能

交互式排料模仿了人工排版过程，充分发挥了排版师的智慧和作用。排版师在计算机上排料能获得比手工排料更高的用料率，据统计通常可提高用料率 1%～3%。下面我们以前面提到的西装放码文件为例讲述交互式排料的计算机实现过程，以此可比较全自动排料与交互式排料的用料率大小。

第一步：设定与交互式排料相关的参数

如图 3-54 所示，可以设定裁片间最小间距、裁片与布边间距、强行纺织收缩量、手工微调移动量以及借助键盘任意转动裁片的角度和一次动作的微转量等。

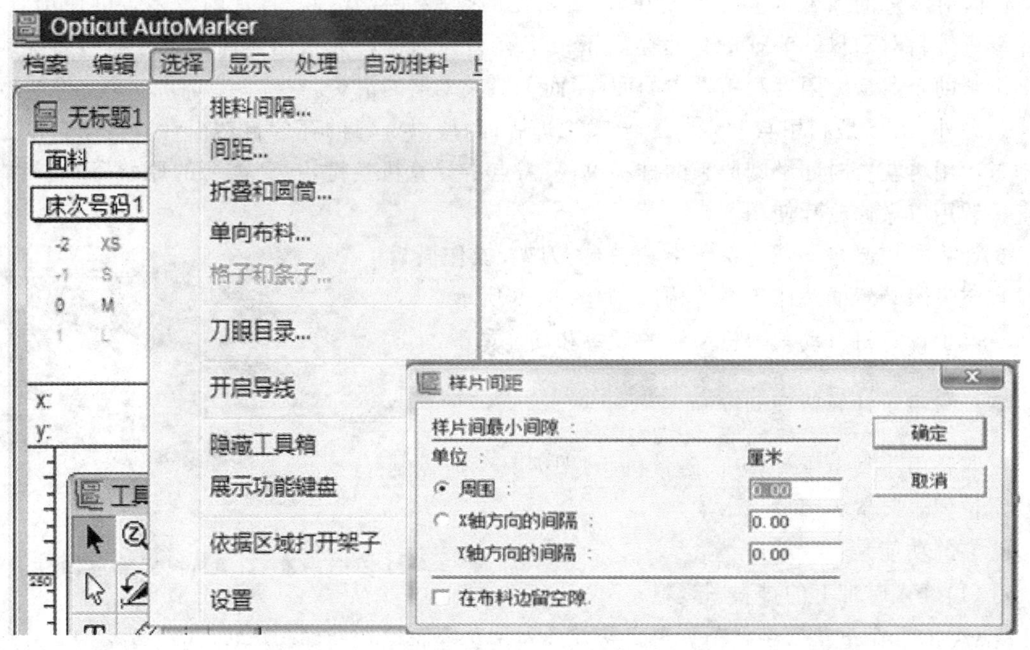

图 3-54　交互式排料系统的主要功能

第二步：设定排料总方案和床属性

步骤同全自动排料一、二步。

第三步：交互式排料

完成第一、二步之后，进入交互式排料阶段。在这里可以采用人工排料与半自动排料相结合的交互式排料方法。

服装CAD排料系统可以在模拟裁床上排完所有衣片后方便快捷地估算出布料用量，使服装企业可尽早地报价，或是采购面料。十几年来，服装CAD排料系统的应用给服装企业带来了巨大的效益，这是一个不容怀疑的事实。所以服装CAD排料设计系统更具有人性化、智能化、网络化优势，将得到普遍推广应用，成为众所瞩目的发展趋势。

二、计算机在裁剪工艺中的应用

裁剪是服装加工工艺的前道关键工序，服装生产队裁剪的要求是裁片尺寸稳定、误差小、节省布料、提高工作效率、降低劳动强度。各裁剪工序动作比较规范，易于程序化操作，这就为高技术的应用提供了可能。目前裁剪工艺中正在广泛应用计算机等各项新技术。

计算机在裁剪工艺中的应用，是计算机辅助制造（Computer Aided Manufacture，CAM）的一个主要任务。它由计算机辅助排版与计算机自动裁剪两个方面组成，配合自动铺布设备，几乎可以实现裁剪过程的自动化。

自动裁剪由计算机根据自动排料结果实现裁剪过程的自动化，自动裁剪设备能提高裁片质量。它可以完全避免手工裁剪造成的误裁，提高精确度。自动裁剪设备还能避免人工操作对裁片可能造成的磨损、污迹以及裁片边缘参差不齐的小毛病。自动裁剪设备能够用数据资料来帮助与管控企业各个工段的工作，从而提升管理效益。自动裁剪设备不光是在工作时对裁片的加工工艺有所提升，还对初期的排料进行管理。直观的数字告诉使用者，计算机排料对面料的节省量必然会高于最富有经验的排料人员的排料结果。这些就能够直接帮助企业最大限度利用手中的面料，而不造成无谓的浪费。

另外，由于是利用自动裁剪系统来管理版面，所以资料的存放自然由计算机来自动安排。不用再花费时间翻阅原来的排料单，只需点击计算机按键，找到需要的原始资料，就能直接调用以做修改和使用。

计算机控制自动裁剪系统由裁剪台、刀架、操作面板及真空吸附装置的裁床等系统构成，如图3-55所示。

图3-55 计算机控制自动裁剪系统

电子计算机自动裁剪机系统的设备和功能如下：

（一）电子计算机控制中心

它是由小型电子计算机、磁带机、刀架刀具变速控制及定位伺服装置等组成。

它的功能是：

（1）读入磁带上的排料图资料；

（2）依工作指令或排料图资料自动计算刀架及刀座位移并控制定位；

（3）根据裁片外形的复杂程度，自动计算刀具下刀角度并控制变速；

（4）依据刀侧所受的抗力，自动计算控制刀具补偿；

（5）依据设计规定时间及距离，提升磨刀。

(二)裁床

它主要包括裁剪台、刀架、刀座和真空吸气装置等。它的功能是：

(1)根据面料质地不同配置不同的刀具；

(2)附有伺服装置，可测出裁剪时刀侧所承受的抗力，并随时经过回路反馈至计算机控制中心，自动控制刀座修正刀具，使裁刀运动时一直保持上下垂直方向；

(3)附有自动磨刀装置，可定时或定距磨刀，以使特殊超薄裁刀在高速运转中一直保持锋利状态；

(4)吸气装置，可将台面与覆盖在布料上不透气塑料膜之间的空气抽出，压缩布料紧贴在裁剪台面上，以使裁片不因裁刀的推力而移动。

随着服装CAD/CAM技术的不断发展与应用，智能化裁剪房必将成为今后服装工业生产的热门话题。法国力克公司的自动化裁剪系统(见图3-56)，采用先进的操作软件可优化裁刀路径，确保裁片的完美质量，甚至是切线处有边缘的裁片也可实现高质量处理。2007年推出的Vector Furniture FX可调节系统运行，以适应各种不同面料的特殊要求，并提升对曲线和其他复杂形状的处理水平。由于生产的裁片质量卓越，因而，整个下游加工过程，从缝纫到最后的流水线生产，效率都得到了提升。

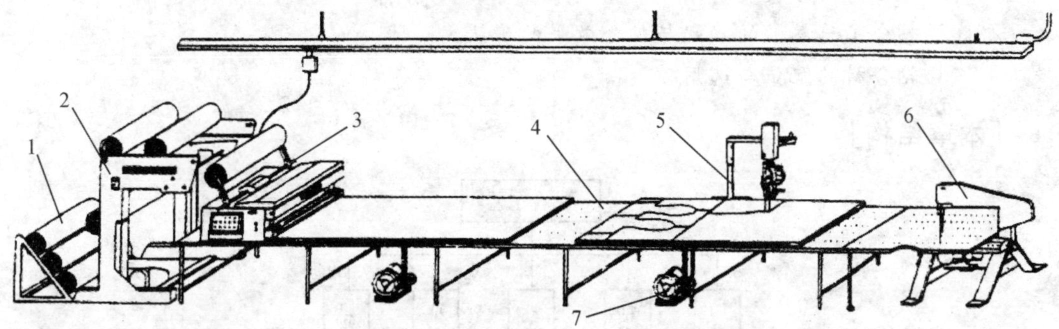

1—布卷预储架　2—自动扬布卷机　3—自动拖铺机　4—气浮式或真空抽气式台面
5—自动裁剪机　6—带式裁剪机　7—送风机或真空装置

图3-56　自动化裁剪生产线示例

[思考题]

1. 试分析第1节例7中两种方案的优劣，并提出新的解决方案。
2. 试述划样的原则和应注意的问题。
3. 试分析几种铺料方式的特点。

第四章　粘合工艺

［本章提要］

粘合工艺是现代服装制作广泛使用的以粘代缝的生产工艺，它不但简化了服装加工工艺，其粘合质量还是提高服装档次的重要因素。

本章主要介绍粘合衬简介与分类、粘合机理及工艺参数的确定、粘合设备与粘合方式及压烫结果确认、粘合衬的配伍与选用等内容。

［学习重点］

1. 粘合衬的分类与特点
2. 粘合工艺参数的确定与粘合效果的确认
3. 粘合衬的配伍与选用

［本章结构］

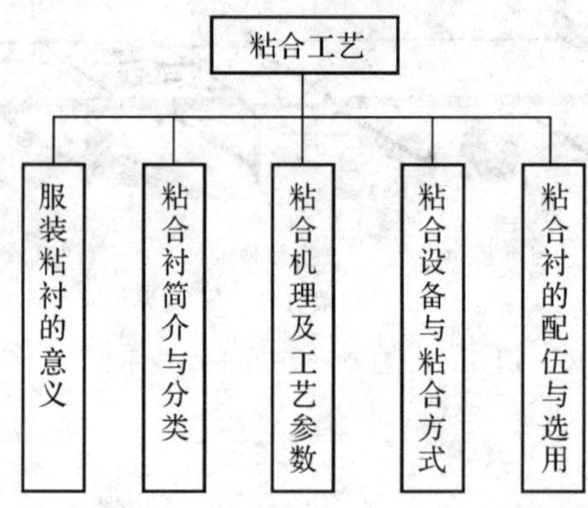

第一节　服装粘衬的意义

我国是世界服装生产、出口第一大国。可是一直以来服装质量总体水平不高、档次偏低是整个行业都必须正视的瓶颈问题。我国服装质量和档次的提高成为服装业面临的当务之急。

众所周知，服装在生产制作和穿着服用过程中，经常受到各种外力的作用或湿热的影响而产生各种各样的变形，以致于服装造型走样，严重影响服装的外观。粘合衬的使用赋予了服装持久的造型以及挺括性、回弹性等风格，起到了造型和保型的作用。衬布经常被誉为服装的骨骼、精髓和灵魂。粘合衬是继第一代麻棉衬布（19世纪末）、第二代黑炭衬和赛格璐衬（20世纪30—50年代）、第三代树脂衬（20世纪60—70年代）之后20世纪80年代开始使用的第四代新工艺衬布，已在服装生产中被广泛使用。其作用可归纳为以下几个方面：

（1）以粘代缝，简化了服装加工工艺，使服装加工更加合理化、省力化。

（2）改善面料和服装的服用性能，满足现代服装向轻、薄、软、挺、舒适和尺寸稳定方向发展的要求。

（3）具有加固补强作用，改善服装耐用度。

（4）防止因穿着和洗涤而变形，保持服装造型持久。

但是事物都具有两面性，粘合衬的使用会使面料的悬垂性、柔软性下降，其变化的程度与粘合衬本身的品质及粘合工艺有密切的关系。而粘合工艺制定得恰当与否还直接影响粘合强度等质量问题，甚至可能出现如服用起泡、脱壳等现象，这就需要我们根据服装的材质、部位及设计效果合理选择粘合衬料和粘合工艺。由此可见影响服装质量的因素除了面料和制作工艺外，其使用的粘合衬及其粘合效果也是不可忽视的一个重要因素。

第二节　粘合衬简介与分类

粘合衬是在各种底布上用一定工艺涂覆各种热熔胶而成的一种服装衬料。粘合衬底布为一般的机织布或无纺布，热熔胶多是以热塑性树脂为主要成分的粉状聚合物。涂胶工艺是将热熔胶均匀地涂在底布表面上的涂层方法。所以底布、热熔胶及涂胶工艺是决定粘合衬性能的三个重要因素。

粘合衬一般是按底布种类、热熔胶种类、热熔胶的涂布方式以及用途而分类的。

一、按基布（底布）分

粘合衬底布有非织造布（即无纺布）与机织布（即梭织布与针织布）两大类，通常也将其分为无纺粘合衬、梭织粘合衬和针织粘合衬三类。

（一）无纺粘合衬

无纺粘合衬，即底布为无纺布。无纺布是粘合衬的主要底布。无纺粘合衬占粘合衬总量的60%。

其底布原料大多是尼龙、涤纶或涤粘混合纤维。

其特点是重量轻、不缩水、不脱散、保形性良好、使用方便、价格便宜。

最初由于无纺衬手感及耐洗性差，热缩率高，大量用于皮革、装饰、鞋帽的底衬。而近几年新开发的无纺衬，手感柔软，热稳定性好，强力高，耐洗性能好，可用于高档服装衬。

无纺粘合衬的厚薄以 g/m^2 表示。不同厚薄的无纺粘合衬布的用途如表4-1所示。

表 4-1 不同厚薄无纺粘合衬布的用途

种　类	重量(g/m^2)	用　途
薄型	15～30	薄型毛、丝、针织面料的衣领、前身等部位
中型	30～50	雨衣、风衣、童装、茄克等制服的前身、衣领等
厚型	50～80	厚料大衣、套装的前身、衣领、腰带等

(二)梭织粘合衬

梭织粘合衬底布为梭织布。这是牢度较好的底布，这类粘合衬占粘合衬总量的 30%。

梭织布是由经纱、纬纱交织而成。常用织物组织有平纹和斜纹。平纹织物组织比较硬挺，适合做衣领、口袋、门襟衬。斜纹织物组织手感柔软悬垂性好，适合做各种服装胸衬。

其底布原料一般为棉、涤棉、粘胶和涤粘。

其特点为强度高，尺寸稳定，耐洗。它们各有优点：纯棉底布的热缩率小；涤棉混纺底布的弹性好、缩水率小；粘胶和涤粘交织底布的手感柔软、悬垂性好。

其多用于衬衫衬、外衣衬、裘皮衬。

梭织粘合衬的厚薄决定于纱支(tex 或 S)粗细和交织密度(根数/10 cm)，粘合衬基布常用的纱支：腰衬有 7S 和 10S；衬衣衬有 16S、20S、21S、40S、45S；胸衬有 16S、21S/2、28S/2、30S 和 40S。产品厚薄也以 g/m^2 表示。一般薄的为 60～110 g/m^2，中的为 120～150 g/m^2，厚的为 150～250 g/m^2。

(三)针织粘合衬

针织粘合衬的底布为针织布，分纬编和经编两类。经编又以经编衬纬衬为主，是弹性较好的底布，占粘合衬总量的 10%。

底布原料：

(1)纬编衬一般采用锦纶长丝。

(2)经编衬纬衬的经纱一般采用合纤长丝(以 50～75D 涤纶为主)；纬纱一般采用粘纤或棉纤维(16～24S)。

特点：

(1)纬编衬的弹性好，悬垂性优良，手感柔软；

(2)经编衬纬衬与梭织布性能相似，纵向尺寸稳定，横向弹性稍好，悬垂性优良。

用途：

(1)纬编衬常用于针织女衬衫等薄型面料。

(2)经编衬纬衬多用于丝绸、针织及纯毛面料外衣。

针织粘合衬厚薄也以 g/m^2 表示，一般经编衬纬衬底布重量 70～110 g/m^2。

二、按热熔胶种分

常用的粘合衬热熔胶有聚乙烯(PE)、聚酰胺(PA)、聚酯(PES)、乙烯一醋酸乙烯共聚物(EVA)(EVAL)等。

(一)聚乙烯(PE)粘合衬

低密度聚乙烯(LDPE)可以在较低温度下压烫粘合,但既不耐水洗也不耐干洗,故一般用于暂时性粘合。高密度聚乙烯(HDPE)要求较高的压烫条件,但价廉,有很好的耐水洗性,而耐干洗性较差,粘合强度低于聚酰胺、聚酯类粘合剂,手感稍硬。其适用于衬衫领衬,不适用于对热较敏感的面料如裘皮、丝绸。

(二)聚酰胺(PA)粘合衬

聚酰胺(PA)粘合衬有较好的耐干洗性能和粘合强度,但价高,不耐热水洗涤,如果要求耐 60 ℃以上的水洗,必须指定选用耐水洗的 PA 热熔胶。其适用于耐干洗的高档服装,耐久性好。低溶点聚酰胺粘合衬适用于毛皮、丝绸面料的粘合,用家用电烫斗在 95～120 ℃即可使衬布与面料牢固粘合。

(三)聚酯(PES)粘合衬

由于聚酰胺热熔胶对涤纶织物的粘合强度较低,耐水洗性能较差,因此人们用聚酯来克服上述存在的问题。其特点是价格低廉,对涤纶织物粘合强度较好,耐水洗略次于高密度聚乙烯,耐干洗性略次于 PA 热熔胶,手感较好。适用于聚酯仿真纤维以及涤纶长丝织物的衣料,可用于外衣、衬衫,特别适用于女装。

(四)乙烯—乙酸乙烯脂共聚物(EVA)(EVAL)粘合衬

这类粘衬的特点是价格适中,粘合性较好,手感柔软。EVA 耐水洗较差,EVAL 耐水洗性较好。其适用于皮革、裘皮、鞋帽和装饰用衬,以及对热敏感的织物用衬。EVAL 可用于真丝面料,应用广。

典型热熔胶衬的特性比较如表 4-2 所示。

表 4-2　典型热熔胶衬的特性比较

热熔胶	特性评价							
	粘合强度	柔软性	渗胶	耐水洗	耐干洗	抗老化性能	熔融温度	适用
聚乙烯(PE)								
HDPE	中	中	少	优	中	良	125～135℃	男衬衫
LDPE	中	中	中一多	中	差	良	90～110℃	暂时
聚酰胺(PA)								
高熔点	强	中	少	中一良	优	优	110～135℃	外衣
低熔点	强	中	中	差	优	优	75～90℃	皮革
聚酯(PES)	强	柔一中	中	良	良	良	105～130℃	聚脂仿真纤维
乙烯—乙酸乙烯脂共聚物								
(EVA)	中	柔	中一多	差一中	差	良	70～90℃	裘皮
(EVAL)	良	柔	中	良	中	良	100～120℃	真丝

三、按涂布方式分

热熔胶的涂布方式可分为薄膜法、网膜法、撒粉法、粉点法、浆点法、双点法等粘合衬，如图 4-1 所示。

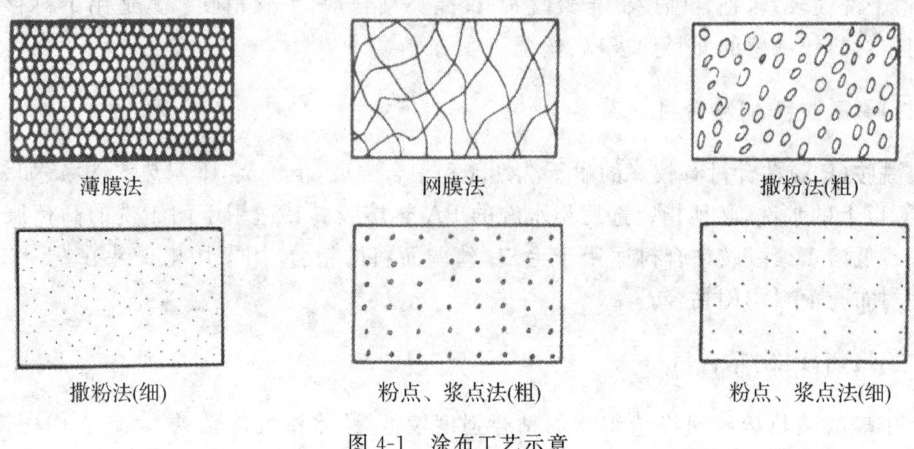

图 4-1　涂布工艺示意

(一)薄膜法粘合衬

薄膜法粘合衬的热熔胶为一层具有特别裂纹的薄膜，将其复合在底布上，以保证底布透气，产品强力很高，但手感较硬，适用于衬衫领衬。

(二)网膜法粘合衬

这类粘合衬有两种，一种是热熔胶本身制成网状的无纺布，成为双面粘合衬。另一种是以熔喷法成网状涂在底布上。特点是粘合牢度强，手感也较硬，适宜于服装要求硬挺部位的粘合。

(三)撒粉法粘合衬

此法热熔胶分布不够均匀，粉点大小、间距无规律，质量稳定性差，适用于生产较低档的暂时性粘合衬。

(四)粉点粘合衬

粉点粘合衬胶点分布规律，有较好的粘合效果，在柔软、透气性能上有很大的提高。此法目前应用最广。适合生产中、高档衬布，特别是机织物的永久性粘合衬布。

(五)浆点粘合衬

浆点粘合衬与粉点衬基本类似，其区别是粉点衬胶料呈粉末状，浆点衬呈悬漂液浆状；粉点衬底布一般为机织布，浆点衬底布为非织造布。此法较适用于生产中、高档无纺粘合衬以及有特殊要求的机织粘合衬。

(六)双点粘合衬

这种粘合衬是考虑到底布与面料的粘合性能不同,在底布上涂上两层不同胶粒重叠的热熔胶,下层与底布粘合,上层与面料粘合,以获得理想的粘合效果。有双粉点法、双浆点法、浆点撒粉法三种涂层方法,是目前国内外的较新品种。双点粘合衬适应性强,压烫加工条件范围较宽,适用于生产质量要求高和难粘合的服装衬布。

四、按粘合衬的用途分

根据我国纺织行业标准所定义的粘合衬的用途,粘合衬还可分为衬衣粘合衬、外衣粘合衬、丝绸粘合衬、裘皮粘合衬。

(一)衬衫粘合衬

这是指用于衬衫的领子、袖口和门襟等部位的衬布,要求耐水洗、缩水率小,硬挺而富有弹性。底布采用机织物,溶胶采用 PE 或 PES 胶。

(二)外衣粘合衬

这是指用于外衣的前身、胸、下摆、领、袋盖等部位的衬布,要求耐干洗及水洗,手感柔软,富有弹性。底布可用机织物、针织物、无纺织物,溶胶采用 PA、PES 或 PVC 胶。

(三)丝绸粘合衬

这是指用于真丝绸和化纤丝绸服装的衬布。要求薄、柔软、富有弹性,并且不能影响丝绸面料的手感和风格。底布可用无纺织物、针织物,溶胶采用 EVAL、PES 胶。

(四)裘皮粘合衬

这是指用于皮革、裘皮和人造革以及耐洗性能无要求的服装的衬布。要求压烫温度低,手感柔软。底布可用针织物、无纺织物,溶胶采用 EVA 或 PA 胶。

第三节 粘合机理及工艺参数

粘合衬是基布上涂热熔胶而成的。热熔胶在温度升高到熔点温度时,会从固态变成粘流态,慢慢浸润与之贴合的面料表面,此时,对粘合衬与面料施加外力,会加速溶胶对面料表面的浸润,待冷却后溶胶又会变成固态。利用这一特性,便可将粘衬与面料粘合在一起。而这一过程的快慢和形成的效果,与温度、压力和时间的选择密切相关。由此可见温度、压力和时间是粘合衬粘合不可缺少的工艺参数。生产中通常根据面料及衬料的特性,通过试验来确定其最佳值。各参数与考核粘合效果的主要物理指标——剥离强度有密切关系。

一、粘合温度(T)

根据所用的面料选定的粘合衬，其溶胶具有一定的熔融温度 T_m，如图 4-2 所示。只有当温度高于熔融温度 T_m 时溶胶变成粘流态才能进行粘合，因此熔压面的粘合温度 T_f 必须大于粘合衬的熔融温度。而由于粘合机的热损耗，通常粘合机的表温 T_p 又需大于熔压面的粘合温度。因此，三者温度的关系是 $T_p > T_f > T_m$，其中 $T_p = T_f + \Delta T$，而 T_f 由 T_m 决定。粘合温度 T 越高，粘合的剥离强度 F 也越大，意味着衬料与面料结合得越牢固。

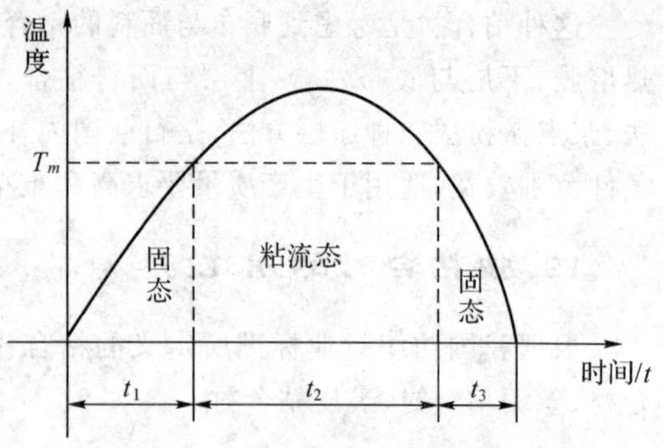

图 4-2　粘合过程的物理变化状态

但是，温度过高，会产生渗胶现象，且面料会损伤，影响服装的外观效果。

粘合衬布的压烫温度范围一般为：

衬衫粘合衬(PE 胶)150～170 ℃

外衣粘合衬(PA、PES 胶)130～170 ℃

丝绸粘合衬(EVAL、PES)130～150 ℃

裘皮粘合衬(PA、EVA 胶)100～130 ℃

二、粘合压力(P)

如果没有压力，热熔胶较难嵌入织物表面，达不到要求的粘合牢度。施加粘合压力的作用有：

(1)使衬布与面料紧贴，便于热的传导。

(2)给予热熔胶切向应力，使热熔胶的熔融粘度降低，便于热熔胶的流动渗透。

(3)减小热熔胶与面料之间的间隙，也便于热熔胶分子链段与纤维分子链段的相互扩散，可提高粘合强度。

随着粘合压力的提高，面料与衬料的剥离强度亦随之提高。但若压力过大，也会造成渗胶现象，影响服装的外观效果。

粘合衬布的压烫压力范围一般为：

衬衫粘合衬(PE 胶)2～3 kgf/ cm^2

外衣粘合衬(PA、PES 胶)0. 3～0. 5 kgf/ cm^2

丝绸粘合衬(EVAL、PES)0. 2～0. 3 kgf/cm^2

裘皮粘合衬(PA、EVA 胶)0. 2～0. 3 kgf/cm^2

三、粘合时间(T or V)

从图 4-2 所示的粘合过程溶胶的物理变化状态看，粘合过程可分为三个阶段，每个阶段所需的时间分别是升温时间 t_1，粘合时间 t_2 和固着时间 t_3。各阶段时间的长短会受到各种因素的影响。如升温时间 t_1 与热熔胶的熔点、织物厚薄、纤维导热性有关，也与粘合机的传热方式有关；粘合时间 t_2 与热熔胶的浸润及扩散快慢、粘流度、织物表面状态等有关；固着时间 t_3 受热熔胶的结晶速度和环境温度的影响。当使用自然冷却的粘合机时，实际粘合时间是 $T=t_1+t_2$，而 t_3 冷却固着时间不计入实际粘合时间，这是因为 t_3 是在机外实施，但它是达到预期剥离强度必需的，粘合后的产品只有冷却到室温后才能达到预期的剥离强度。

粘合时间 T 越长（粘合机输送带速度 V 越慢），剥离强度 F 越大，但粘合时间过长面料会脆化，也会造成渗胶现象，影响服装的外观效果，生产速度则变慢。

粘合衬布的粘合时间范围一般为：

衬衫粘合衬（PE 胶）10～15 s

外衣粘合衬（PA、PES 胶）12～20 s

丝绸粘合衬（EVAL、PES）10～15 s

裘皮粘合衬（PA、EVA 胶）8～15 s

温度、压力和时间这三个参数中，温度是最重要的参数。在实际生产中，当面料需要下限温度粘合时，可适当加大压力或延长时间，来达到相同的粘合效果，当面料可用上限温度粘合时，可缩短时间，提高生产效率，当面料怕压时可适当减轻压力，提高温度或延长时间加以调节，温度、压力和时间可根据面料情况进行互补性调整。

第四节 粘合设备与粘合方式

服装粘衬工艺有手工熨斗粘衬和粘合机粘衬两种。手工熨斗粘衬工艺参数尤其是压力较难准确掌握，凭经验粘合，适用于要求不高的小烫部位。粘合机粘衬温度、压力和时间可根据选定的最佳参数自动控制，达到可靠的效果。根据生产工艺的不同可选择不同类型和型号的粘合机。

一、粘合机的分类与型号

（一）粘合机分类

（1）按热源分，有电热、蒸汽、高频（微波）和红外线加热粘合机。

（2）按压力源分，有机械（弹簧或重锤）、液压（油压）、和汽动（压缩空气）加压粘合机。

（3）按加压方式分，有板式和辊式压烫粘合机。

（4）按冷却方式分，有自然冷、风冷和水冷粘合机。

与粘合工艺直接相关的分类是加压方式。板式粘合机与辊式粘合机如图 4-3、图 4-4 所示。

板式粘合机性能特点是：面接触加压、压力大、加压时间长、三要素在较大范围连续可调，适应性广，但相对效率较低。

辊式粘合机性能特点是：线接触加压、工作连续、粘合物长度不受限制、效率高、适合大面积的粘合，但加压时间调节范围小、粘合物易移位。

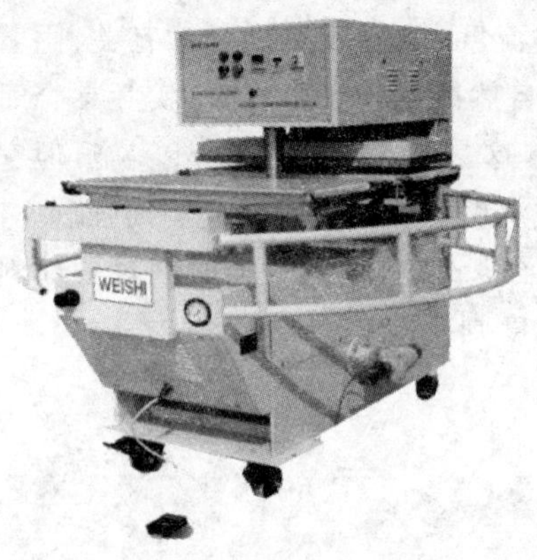

图 4-3　板式粘合机

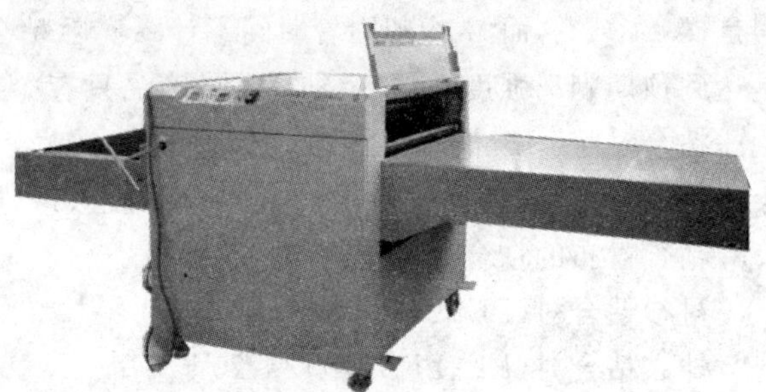

图 4-4　辊式粘合机

(二)粘合机型号

为了直观表示粘合机的类型、规格和性能，国产粘合机的型号由三部分组成。第一部分表示设备系列，用“粘合”这两个字的汉语拼音的第一个大写字母 NH 表示。第二部分表示加压方式，板式或辊式分别用其汉语拼音的第一个大写字母 B 和 G 表示，字母后面的数字对板式来说表示加热板面积，对辊式来说表示传送带的宽度(都以毫米为单位)。第三部分表示冷却方式，风冷用其汉语拼音的第一个大写字母 F 表示，水冷用其汉语拼音的第一个大写字母 S 表示，自然冷却则省略不予表示。

如 NHG 900 F 为一款辊式国产型号的粘合机，其表示含义分别为：

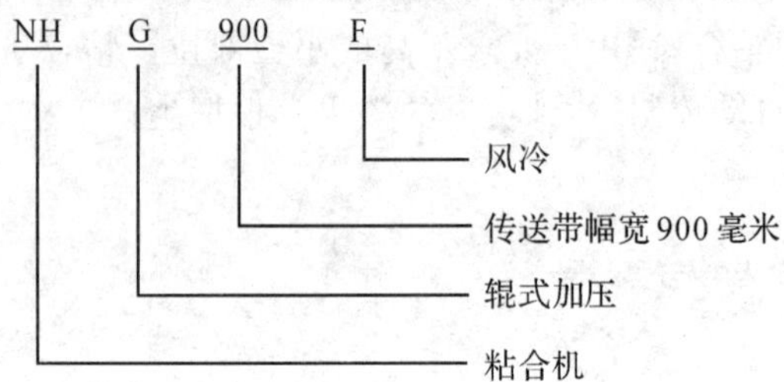

又如 NHB 1000×600 为一款板式国产型号的粘合机，其表示含义分别为：

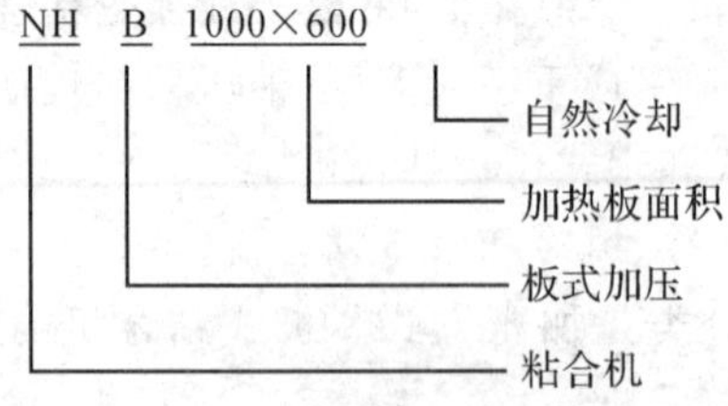

随着合资企业、民营企业粘合机产品的诞生，粘合机型号和规格的表示也各有不同。国外粘合机产品也有自己的型号，可根据产品说明书了解含义。

二、粘合方式

压烫时，由于面料与衬布的叠置方式不同而有以下四种形式(如图 4-5 所示)。

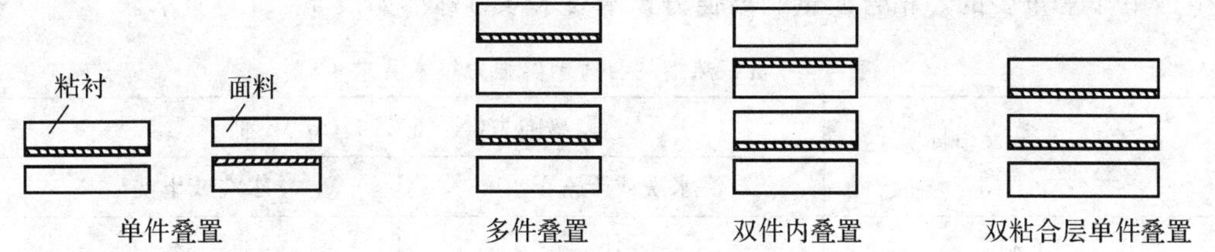

图 4-5　面料与衬布的叠置方式

1. 单件叠置

单件叠置是指一层面料一层粘衬叠置粘合，面料下粘衬上，面料不直接和加热板接触，可防止面料变形和变色；面料上粘衬下，面料直接和加热板接触。由于热熔胶是向受热方向泳移，故热熔胶容易渗透到面料纤维中去，可提高粘合强度，但要防止渗胶。

2. 多件叠置

多件叠置是指一层面料一层粘衬依次多层叠置粘合。这种方式采用高频热源粘合机，其热穿透力较强，一次可压烫 7 cm 厚的叠层。

3. 双件内叠置

这是指在上下都是加热板的压烫机上，可一次加工两块衬布和两块面料，面料在外，衬布在内，加热板直接和面料接触，这样可提高生产效率。只是压烫升温时间要比一块面料一块粘衬叠置粘合稍长些。

4. 双粘合层单件叠置

这是指一层面料和两层粘衬叠置粘合，如西服大身衬和胸衬一次粘合、衬衫领主衬和补强衬一次粘合。两层衬的选择和压烫工艺参数的试验确定很关键，选择不当会出现衬与衬粘合效果好而面料与衬粘合效果差的情况。如果面料紧靠加热板一侧，压烫温度不宜过高，压烫时间可稍长些；如果补强衬较面料薄，将面料放在最底层较好些。

粘合时必须注意粘衬不要放反，粘衬裁剪规格要比面料规格周边小 0.5 cm，以免熔胶污染设备。

三、压烫结果确认

压烫工艺参数一般是由供应商提供的，但由于粘合机和面料的不同，就会影响粘合效果。因此服装批量生产前，需做压烫先锋试验并对压烫结果进行检测。检测项目有：

(1)剥离强度的测定；

(2)干热尺寸变化的测定；

(3)渗胶试验及观察；

(4)干洗后的外观及尺寸变化；

(5)水洗后的外观及尺寸变化；

(6)面料外观和手感的变化；

(7)中间整烫试验。

以上任何一项不符合要求都不能投产，需要更换衬布或调整工艺参数。优等品还必须增加游离甲醛含量的测试。不作要求的检测项目可免试。压烫先锋试验和结果确认是实际生产中非常重要的。粘合质量剥离强力技术要求参考标准如表4-4、4-5所示。

表4-4 机织热熔粘合衬剥离强力技术要求

指标 衬布类别	剥离强力(N/(5×10)cm²)不低于	
	水洗或干洗前	水洗或干洗后
衬衣衬	15	12
外衣衬	10	8
丝绸衬	10	8
裘皮衬	8	—

表4-5 非织造热熔粘合衬剥离强力技术要求

指标 衬布类别	剥离强力(N/(5×10)cm²)不低于					
	水洗或干洗前			水洗或干洗后		
	优等品	一等品	合格品	优等品	一等品	合格品
衬衣衬	12	10	8	10	8	6
外衣衬	10	8	6	8	6	4
丝绸衬	6	5	4	4	3	2
裘皮衬	6	5	4	—	—	—

第五节 粘合衬的配伍与选用

一、粘合衬的配伍与选用原则

(1)衬与面料粘合后能达到一定的剥离强度;

(2)衬的缩水率与热缩率应与面料相一致;

(3)衬与面料的质地要相符合;

(4)有较好的透气性,保证穿着舒适;

(5)衬的粘合温度应与面料相符;

(6)有良好的可剪性与缝纫性。

二、粘合衬的配伍

(一)服装部位与粘合衬的配伍

粘合衬种类很多,性能、特点各不相同,在服装中的用途也不同,因此要恰当地选用。不同服装部位与粘合衬类型的配伍如表4-6所示。

表 4-6 不同服装部位与粘合衬类型的配伍

服装种类	粘合部位	服用要求	选用粘衬
衬衫	竖领、直领	硬挺度高、回弹性强、耐水洗	机织聚乙烯 HDPE 衬、聚酯 PES 衬
	翻领、袖口和门襟	挺而柔软、回弹性强、耐水洗	相应基布的聚乙烯 HDPE 衬、聚酯 PES 衬、EVAL 衬
外衣	前身、胸、挂面、下摆、领、袋盖	耐干洗及水洗，手感柔软，富有弹性	相应基布的高熔点聚酰胺 PA 衬、聚酯 PES 衬
丝绸	领、袖口和门襟	薄、柔软、富有弹性、干洗及水洗性较好	无纺、针织基布的 EVAL 衬、聚酯 PES 胶
裘皮	前身、下摆、领、袋口	压烫温度低，手感柔软	针织、无纺基布的 EVA 衬或低熔点聚酰胺 PA 衬。

(二)服装面料与粘合衬配伍

粘合衬主要通过热熔胶熔融对面料的附着、润湿和渗透达到与织物的粘着效果，因此在选择粘合衬与面料配伍时应注意以下几个问题：

1.注意面料的纤维成分

不同成分的面料有不同的性能特点，与粘合衬配伍时需区别对待。

(1)天然纤维织物一般具有较高的含水率，面料的含水率对粘合衬的粘合效果影响很大。若含水量过大，在粘着过程中要大量吸热，并产生气泡，给粘着带来困难。因此，在粘合前，要控制面料的含水率。

羊毛纤维织物吸水后尺寸会增大，导致服装尺寸的不稳定。因此，在压烫前需控制面料的含水率，同时搭配与面料性能相似的衬料。

丝绸织物在加热和压力作用下，容易产生表面印痕和极光，特别是缎类织物，所以在配伍时应选择基布薄、熔点低、胶粒细微的粘合衬。

棉织物具有较高的耐热性，在粘合过程中比较稳定，但要注意棉织物的缩率，在配伍粘合衬时，须保持面料和粘衬基布的缩水率一致或接近。

麻织物除了要注意缩水率之外，还要注意选择粘合力较强的胶种，麻织物通常不太容易粘着。

(2)再生纤维织物对温度和压力较为敏感，配伍时应选择熔点较低的粘合衬布，以免破坏织物的外观和手感。

(3)涤纶和锦纶等合成纤维织物，具有不吸水的特点，但具有热定型性，压烫的皱褶不易消除。因此，压烫温度应在定型温度之下，一般用粘合性较好的聚酯衬或聚酰胺衬。

(4)皮革和裘皮面料在高温下易产生质和色的改变，且不易回复，所以应采用低熔点的粘合衬。皮革和裘皮服装不经水洗，因此用 EVA 胶种的无纺粘合衬较为合适。

2.注意面料的质地

面料的厚薄、稀密、手感的软硬、弹性、织物的立体花纹等，对选择粘合衬都有不同的要求。

稀薄和半透明的面料最容易产生渗胶现象或胶粒的反光——“云纹”，造成色光的差异。因此，要注意选择纤维细的底布和细微的胶粒。如果是深色面料，应选择有色胶种。

弹性面料应选择相同弹性的衬料，并注意经纬向弹性的不同，根据服装的不同部位，控制弹性，防止衣服变形。

表面有立体花纹的面料，如泡泡纱等，在高压粘合时，很容易破坏面料的表面特征，因此，应选用低压的粘合衬布。

3. 注意面料的后整理工艺

面料经过不同的后整理，其粘合性可能会有不同的改变。如经过防水处理的面料、用有机酸树脂处理过的面料、防油处理过的面料等，都会产生难以粘合或粘合牢度低的问题，更要选用粘合力强的衬布，并试验不同的粘合条件，以获得较好的粘合效果(剥离强度和耐洗涤性能等)。

粘合衬是当今服装使用较多的衬料，有许多优点和特殊的性能，但是，如果使用不当也会产生较多的质量问题。粘合质量是提高服装档次的重要因素。因此要根据粘合过程中出现的质量问题，找其原因，设法解决。

粘合衬粘合时常见的异常情况与解决方法如表 4-7 所示。

表 4-7　粘衬粘合常见的异常情况与解决方法

序号	异常情况	产生原因	解决方法
1	粘合牢度差，易剥离	粘合温度未达到熔融温度	提高粘合温度
		温度过高，胶料流失	降低粘合温度
		粘合衬本身胶粒过小，涂层量低	改用胶粒大小适合面料的粘合衬
		粘衬储存不当受潮或日久胶粒老化	注意使用年限，储存时避免受潮和日光照射并远离干洗溶剂
		面料湿度过高	面料先烘干再粘合
		粘合机故障	检查修理机器
2	粘合后或洗涤后产品卷曲	粘合衬和面料的热缩率或缩水率差异较大，产品会向缩率大的一面卷曲	a. 调整粘合参数，降温、加压、延时； b. 面料先预烫预缩； c. 选择底布与面料质地相当的粘合衬。
3	粘合后产品起泡	胶料不匀或脱落	选择优质粘合衬
		面料或粘衬有皱痕	先消除皱痕再粘烫
		面料和粘衬缩率差异太大	重选配伍性好的粘衬
		粘合后未冷却就移动	务必冷却到室温后才可使用
		粘合面上有杂质	去除杂质
		设备熔压面有杂质	去除杂质
		输送带凹凸不平	调整输送带张力或更换输送带
4	胶渗出面料或基布	温度过高，压力过大	调整粘合参数
		面料薄，粘衬胶粒过大，涂层量太高	选择胶量适中的粘衬
		粘衬基布密度较疏松	更换衬布品种
5	面料变色	面料耐热度不够	冷却后观察是否能恢复或喷蒸汽试恢复或降低粘合温度

续表

序号	异常情况	产生原因	解决方法
6	粘合后面料呈橘皮状，粗糙不平	面料平滑，衬布胶粒过大	改用胶粒小，凹凸少的粘衬
7	粘合后面料呈现衬基布组织凹凸状	面料平滑，衬基布组织较粗	面料面喷蒸汽试恢复或改用基布平滑凹凸少的衬
8	面料缝隙透出胶料反光	胶料的光反射比面料颜色光反射大	选用胶料与面料同色的衬布或胶料反射小的衬布
9	面料风格遭破坏	温度过高、压力过大	选用低温、低压衬；产生极光喷蒸汽试恢复；绒毛倒毛可垫绒毛面料（毛对毛）压烫或利用针板压烫

三、粘合衬在女套装上的应用

根据粘衬的选用原则和配伍要求，女套装选配粘衬的参考程序如下：

1. 分析女套装的款式与面料

该范例女套装上衣为 8 片公主线分割西装，下装为西装裙。女套装要求可手工水洗和干洗，衣身挺而有形，但又不乏随动性。面料为 300 g/m^2 左右的薄型毛涤混纺机织物，平纹组织。

2. 确定粘衬部位

为了满足服装挺而有形，但又不乏随动性的需求，不但要使粘衬部位具有粘合牢度且富有弹性，更要注意粘衬部位的厚度。该款主要用衬部位如图 4-6、4-7 所示，上装有：前中、侧片、后中、侧片、挂面、领底、领面、袖口及袖衩、袋盖、嵌线布及门襟止口、翻折线、领圈、袖窿。裙装有腰、后开口和开衩。挂面和领角使用薄型无纺衬，挂面与领面不全粘，都是考虑尽量使服装粘衬后不会太厚变硬而死板。

3. 选用配伍粘合衬

根据面料材质和用衬部位及穿着要求该款女上装用衬需选粘合强度牢，耐水洗、耐干洗性能良好，手感较柔的聚酯熔胶粉点机织粘合衬。考虑到粘合后的轻薄与质感，补强部位可用薄型聚酯熔胶浆点无纺粘合衬。粘衬基布材质选用涤纶，组织可用平纹或斜纹，横向略有弹性更好。面料与粘衬克重比对机织衬以 4∶1、对无纺衬以 6∶1 左右为宜。而西装裙用衬部位不多，主要是腰衬，要求硬挺、补强和保形，可选机织平纹树脂粘合衬，基布材质可选用涤纶，面料与粘衬克重比以 3∶1 左右为宜，而后开口和开衩部位可选用与上装相同的无纺衬。

4. 选择粘合工艺参数

购买粘衬时，厂家会有各款粘合衬的参考粘合工艺参数。聚酯熔胶粘衬的参考工艺参数为：温度 140～160 ℃，压力 0.3～0.5 kgf/cm^2，时间 12～20 s。但根据不同的面料和粘合设备，对参考粘合工艺参数有不同的效果，因此在实际生产使用前，必须做先锋试验来获得最佳粘合工艺参数。

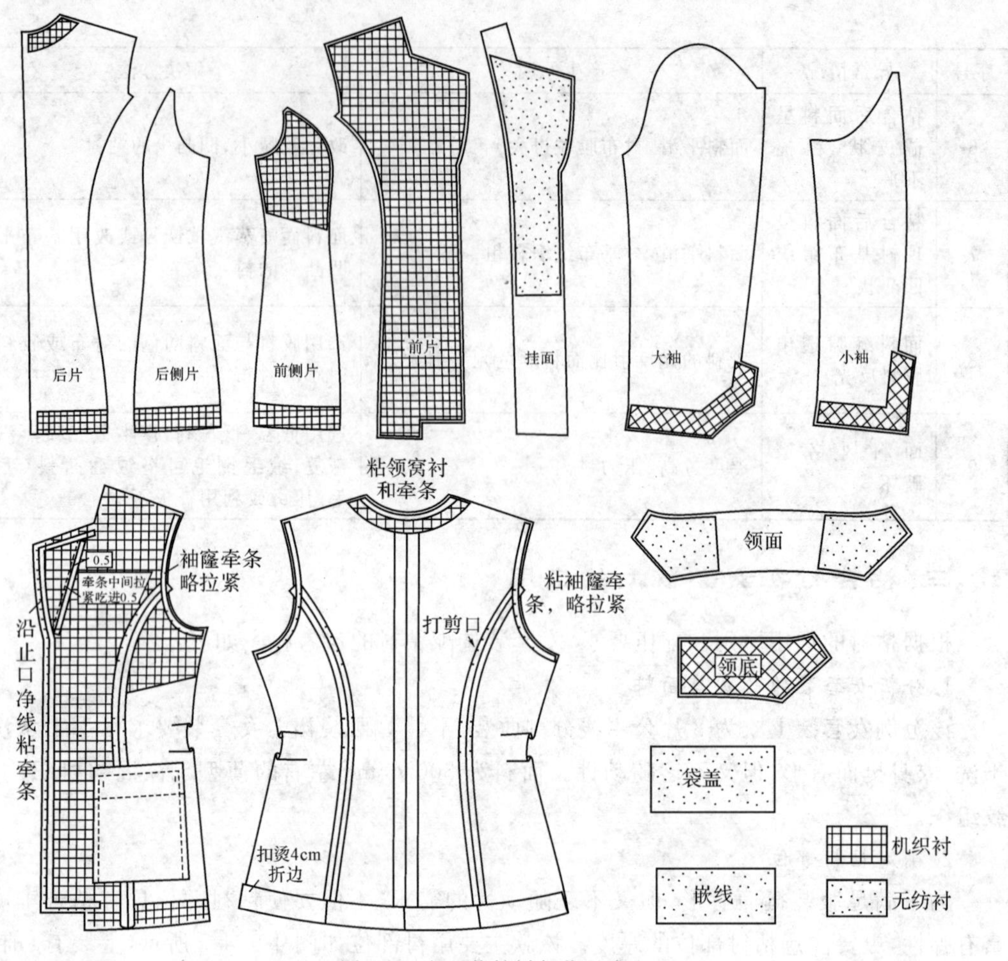

图 4-6　女西装粘衬部位示意

试验步骤如下：

先按参考粘合工艺参数确定参数值粘合，然后进行剥离强度试验，看其牢度是否符合要求，并看其外观与手感，如剥离强度达不到要求，可提高温度再试；在剥离强度较好的情况下，手感较硬，可考虑降低温度再试验，一般在符合剥离强度要求且粘合压力及时间适当的情况下，温度越低越好。温度、压力和时间三个参数可根据试验的情况进行调整，也可调整几种参数组合试验后进行比较选取最佳的工艺参数。如果粘合物有向面料方向卷曲，说明面料热缩率较大，需要先单烫一下。一般面料都要进行预缩处理，该情况较少。

再将选中的一种或几种参数粘合后的试样进行耐洗试验，洗后同样进行剥离强度试验，观察比较各试样是否符合要求，并看其外观与手感是否被破坏。如果有起泡或脱离，说明该粘衬溶胶的耐洗性不好或面料与粘衬的缩率差异太大，应考虑粘合温度是否不够，检查粘衬的型号是否正确，粘衬的使用年限是否可靠，面料有否做过预缩等，若是熔胶的性能不符，则需更换，直至试验符合要求。

然后做出样衣检验效果，将样衣试穿，看其粘衬部位的效果，厚薄是否恰当，随动性是否良好，挺而有形是否满意，洗涤保形是否持久。

通过试验和检验，最后确定投产的粘合工艺参数。

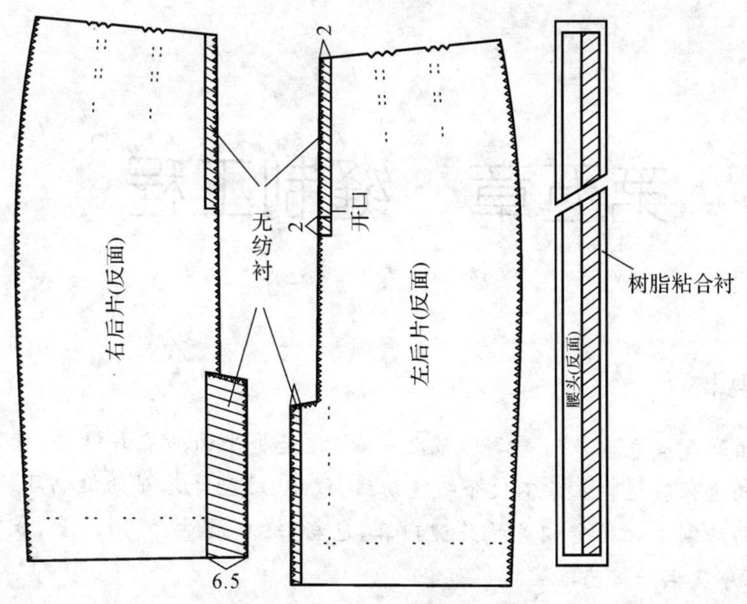

图 4-7　西装裙粘衬部位示意

四、粘衬的发展方向

随着服装面料的推陈出新，对粘衬的特性也带来更多新的要求。如低弹性面料在外套中的广泛应用，要求粘衬也具有弹性而不失挺括。为此，人们开发了涤纶低弹衬纬经编衬，经过防皱防缩整理，手感柔软，符合当前中、高档西服、外套衬布的要求。高支薄型面料和高档真丝或仿真丝轻薄型面料的发展要求配伍更薄型的粘合衬布，为此，人们生产出了超薄型无纺粘合衬，基布定量在 20 克/米^2 以下，配以高目数浆点涂胶，涂胶量约 10 克/米^2，手感优良，超薄型粘合衬与薄型面料粘合后增加了服装丰满感，提高了服装抗皱性、悬垂性和保形性并具有配色性。随着环保意识的增强，人们正注重低甲醛树脂整理，有效地降低衬布游离甲醛含量。南通海盟衬布有限公司开发出具有高科技含量、符合国际环保要求的形态记忆衬布，已经为雅戈尔等名牌服装配套，并取得成效。

高支毛料经过柔软及轧光整理，有的还经过有机硅树脂处理，难以与衬布粘合，人们正开发加 PU 材料的热熔胶。随着成衣染色技术的发展，粘衬更要经受各种复杂因素的考验，基布与面料要具有相同的缩水率、吸色率，熔胶须疏水性强，能耐受碱液和搅拌对粘合强度带来的影响，还有丝绸、羊毛等布料形态整理服装的进一步开发等，将为研制和开发与之相配伍的新型粘合衬带来许多新的课题。

[思考题]

1. 粘合衬有哪几种分类形式？意义何在？
2. 粘合工艺参数是如何确定的？
3. 选用粘合衬需考虑哪些因素？
4. 试验中剥离强度数值是如何计算得出的？试述离散系数的含义。
5. 粘合工艺为何要进行剥离强度测试？

第五章　缝制工程

[本章提要]

缝制工程是成衣生产的重要环节之一，它就是将平面的衣片缝合，使之成为适合穿着的主体服装。本章不仅介绍缝纫线、线迹、缝型等基础的缝制理论，而且还将讨论与缝制工程紧密相关的关键内容，包括：缝口质量、缝制质量、成衣辅助器、缝制工序及生产工艺单等。

[学习重点]

1. 掌握缝纫线、线迹与缝型的分类及功能
2. 了解缝口质量、缝制质量的相关要素
3. 了解常用的成衣辅助器的分类及用途
4. 掌握工序分析的步骤、方法
5. 学习成衣工艺的制作要领

[本章结构]

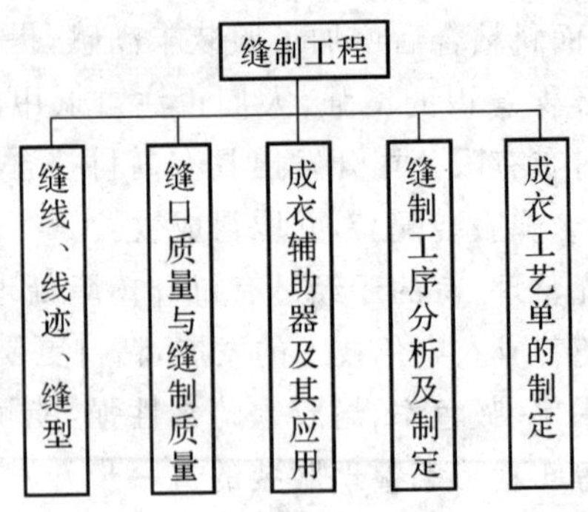

第一节　缝线、线迹与缝型

一、缝纫线

缝纫线是缝合服装部件必不可少的辅料。在缝制衣片时，缝纫线通常处于高速摩擦状态。为防止产生熔融、断线或其他问题，需要了解各类缝纫线的性能特征及使用范围。

(一)缝纫线的分类

缝纫线可以按原料类别划分,也可按卷装形式的差异来进行分类。根据前者的划分标准缝纫线可分为天然纤维缝纫线、合成纤维缝纫线、混纺缝纫线三类;根据后者的划分标准缝纫线可分为木芯线、纸管线、宝塔线、软球线、绞塔线五类(见表5-1)。

表5-1　缝纫线分类表

分类依据	类别明细
原料类别	天然纤维缝纫线
	合成纤维缝纫线
	混纺缝纫线
卷装形式	木芯线
	纸管线
	宝塔线
	软球线
	绞塔线

(二)缝纫线的特征及适用范围

缝纫线可由不同的原料加捻而成,如较常使用的棉线,就是经由棉纱加工成型的。当然,不同原料、质地的缝纫线,其性能具有较大差异。

1. 棉线

棉线由普通棉纱或精梳棉纱并捻加工而成。其特点是价格较低,且牢度较好,可以耐200 ℃以上的高温。棉线有丝光线、蜡光线和无光线三种。丝光线适用于棉织物缝纫;蜡光线强度高,适用于硬挺材料或皮革衣物的缝纫;无光线的特点是柔软坚韧,延伸性好。

2. 涤棉线

涤棉线一般由65%涤纶与35%棉混纺制成。其特点是强度高,耐磨性比棉线好,缩水率较小,仅为0.5%左右,耐热性比涤纶线高,能适应高速缝纫。涤棉线目前在国内使用最广泛,可用于化纤及混纺织物和部分天然纤维织物的缝纫。

3. 涤纶线

涤纶线多数由纯涤纶短纤维制成,少数由涤纶长丝制成。其特点是强度和耐磨性都优于棉线,熨烫温度可达150 ℃左右。涤纶长丝线的性能优于短纤维线。一般用于缝制化纤及混纺织物,也可用于皮革制品、毛毯的缝纫。

4. 丝线

丝线由多根2.2～2.4 tex蚕丝并捻而成。其特点是极富光泽,质地柔软,强度、弹性和耐磨性均高于棉线。丝线多用于呢绒、丝绸、毛皮服装的缝制和锁扣眼,也作刺绣用线。

5. 锦纶线

锦纶线由锦纶长丝制成。与涤纶线相比,其拉伸度大,弹性好,且轻,但耐磨性和耐光性不及涤纶线,吸湿性小,不耐热,熨烫温度不高于120 ℃,一般用于缝制化纤织物和呢绒织物。锦纶透明线可用于透明服装的缝制。

6. 维纶线

维纶线由维纶丝加捻而成。用维纶线缝制的成衣一般不喷水熨烫。维纶线有宝塔线和球线等卷绕形式。宝塔线用于缝制厚实的帆布制品和包装袋,球线一般用来锁眼和钉扣。

7. 绣花线

绣花线由优质的天然纤维或化学纤维纺纱加工而成,外形以绞线和小球线居多。按其原料组成分类,绣花线可分为棉绣花线、毛绣花线、丝绣花线和腈纶绣花线。

8. 金银线

金银线以用涤纶线作芯,外镀铝,再轧上颜色加工而成。其外观明亮,色彩艳丽,其缺点是线较脆易断裂,易氧化退色,不抗揉搓,不耐水洗,也不适合高速缝纫,因此,多用于绣制徽章及其他绣品。

(三)缝纫线的选配原则

在服装缝制加工过程中,缝纫线是一种必不可少的辅料。技术人员应根据面料颜色、性能及服装质量要求等因素,合理选择恰当的缝纫线。

(1)缝纫线的性能应与面辅料匹配。缝纫线的种类应尽可能和面辅料的种类一致或类似,以使其使用特征相近。例如,涤棉面料应选用涤纶线或涤棉混纺的缝纫线,以保证强度和缩水率等性能一致。对于特殊功能服装来说,就需选用经过特殊处理的缝纫线,比如耐高温、阻燃或防水整理等。

(2)缝纫线的颜色、质地应与服装面料一致或相似。一般缝纫线的颜色应与面料同色或近色,若用异色,则可产生装饰效果。细的缝纫线一般用在薄型面料上,粗的缝纫线用在厚型面料上。

(3)缝纫线的选用应符合接缝和线迹种类要求。例如对于链式线迹,需用坚牢度和延伸性较好的缝纫线。在现代工业生产中,服装的不同部位都可用专用设备来加工,这样一件成衣可选用好几种缝纫线,如裆缝、肩缝应考虑线的坚牢,锁扣线则应耐磨,撬边线可选用透明线等等。

(4)缝纫线的粗细应与针号相匹配,针号越小,缝纫线越细;反之,则越粗。

(5)缝纫线在选用时,应考虑服装质量、洗涤、熨烫及后整理、储存等要求。

表 5-2 描述了缝纫线与面料、针的配合关系。

二、线迹

缝合是服装成型的主要方法之一。缝合是将服装部件用一定形式的线迹固定再作为特定的缝型而组合。选择与材料具有良好配伍,并符合穿着强度要求的线迹,对缝合的质量是至关重要的。

(一)线迹的定义

缝制物上两个相邻针眼间所配置的缝线形式称为线迹,它是由一根或一根以上的缝线采用自链、互链、交织等方式在缝料表面或穿过缝料所形成的一个单元。

自链指缝线的线环依次穿入同一根缝线形成的前一个线环。

互链指一根缝线的线环穿入另一根缝线所形成的线环。

交织指一根缝线穿过另一根缝线的线环,或者围绕另一根缝线。

(二)线迹的分类

缝纫机种类很多,同种缝纫机又可以形成多种形式的线迹结构,以适应不同的用途,故线迹名称繁多,变化复杂。为了使用方便,根据线迹的形成方法和结构上的变化,将线迹分成多种类别和型号。

表 5-2 缝纫线与面料、针的配合关系

分类		用线种类及规格					缝纫线(针)	针距/针 (3cm/)$^{-1}$
		涤纶线	涤棉线	锦纶线	丝线	棉线		
棉麻类	薄	9.8tex×3				9.8tex×3 丝光线、蜡光线	9	13～15
	中厚	11.8tex×3				13.9tex×3 丝光线、蜡光线	11、14	14～16
丝绸类	薄	7.3tex×3			7.3tex×3		7、9	13～15
	中厚	7.3tex×3			7.3tex×3		7、9	14～16
	厚	9.8tex×3			9.8tex×3		9、11	14～16
毛料	薄	9.8tex×3			9.8tex×3		11	13～15
	中厚	14.8tex×3			14.8tex×3		11	14～16
	厚	29.2tex×3			29.2tex×3		11、14	14～16
化纤面料	薄	9.8tex×3		9.8tex×3			9	14～16
	中厚	14.8tex×3		14.8tex×3			9	14～16
	厚	29.2tex×3		29.2tex×3			11	14～16
涤棉布	薄	9.8tex×3	9.8tex×3				11	14～16
	中厚	11.8tex×3	13.0tex×3				11、14	14～16
裘皮	薄	19.7tex×3		19.7tex×3			11、14	14～16
	厚	29.2tex×3		29.2tex×3			11、14	14～6

资料来源:李艳梅,张渭源.服装面料缝纫配伍性研究的进展与趋势,上海纺织科技,2009(37),7:1—4.

在国际标准 ISO4915 中,服装加工较常使用的线迹被分为六大类(国际标准化组织于 1979 年 10 月拟定),共计 88 种不同类型。

(1)100 类——链式线迹,即由一根或一根以上缝线自链形成的线迹。其特点是一根缝线的线环穿入缝料后,依次同一个或几个线环自链。如图 5-1 所示。

(2)200 类——仿手工线迹,即起源于手工缝纫的线迹。其特点是由一根缝线穿过缝料,把缝料固定住。如图 5-2 所示。

(3)300 类——锁式线迹,即一组(一根或数根)缝线的线环,穿入缝料后与另一组(一根或数根)缝线交织而形成的线迹。如图 5-3 所示。

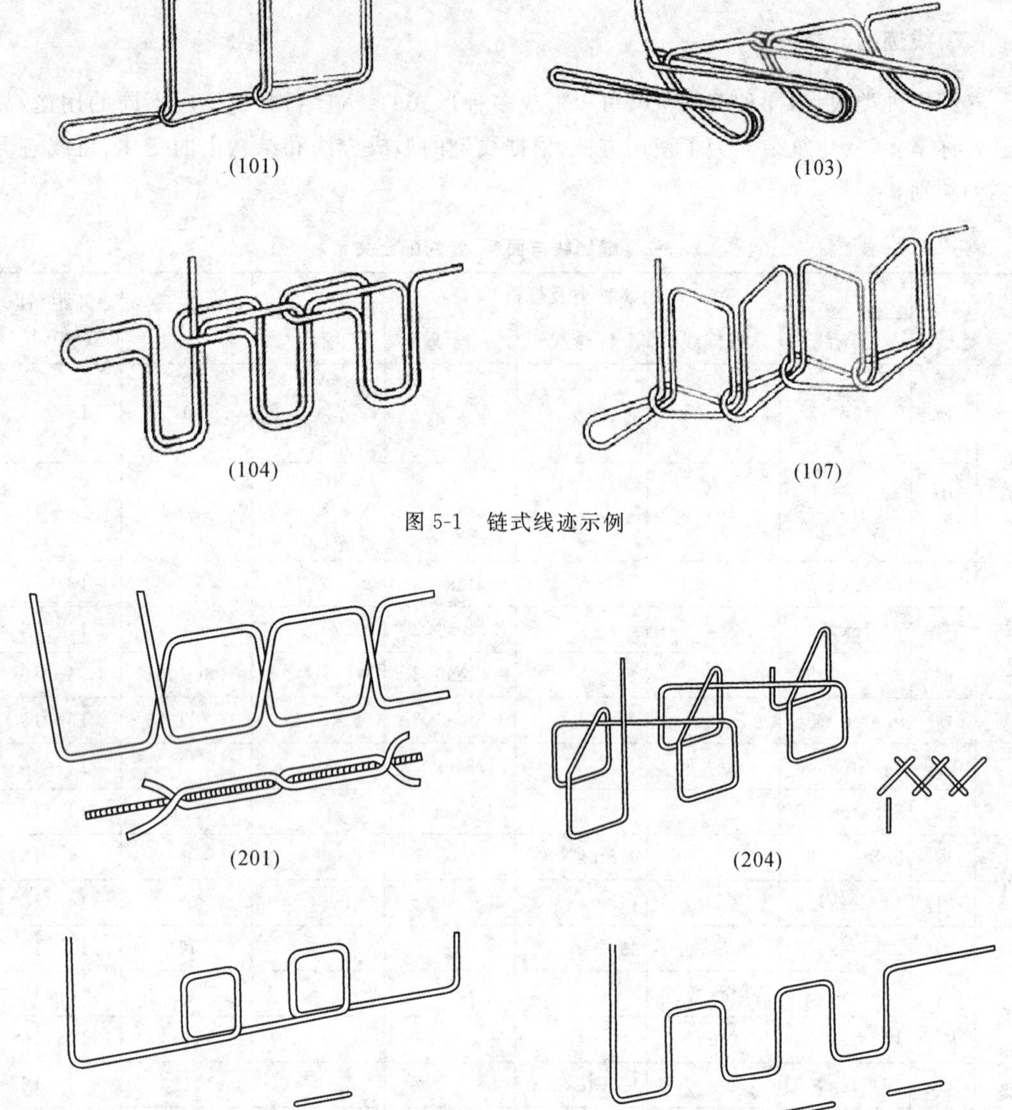

图 5-1　链式线迹示例

图 5-2　仿手工线迹示例

(4)400 类——多线链式线迹，即一组(一根或数根)缝线的线环，穿入缝料后，与另一组(一根或数根)缝线互链形成的线迹。如图 5-4 所示。

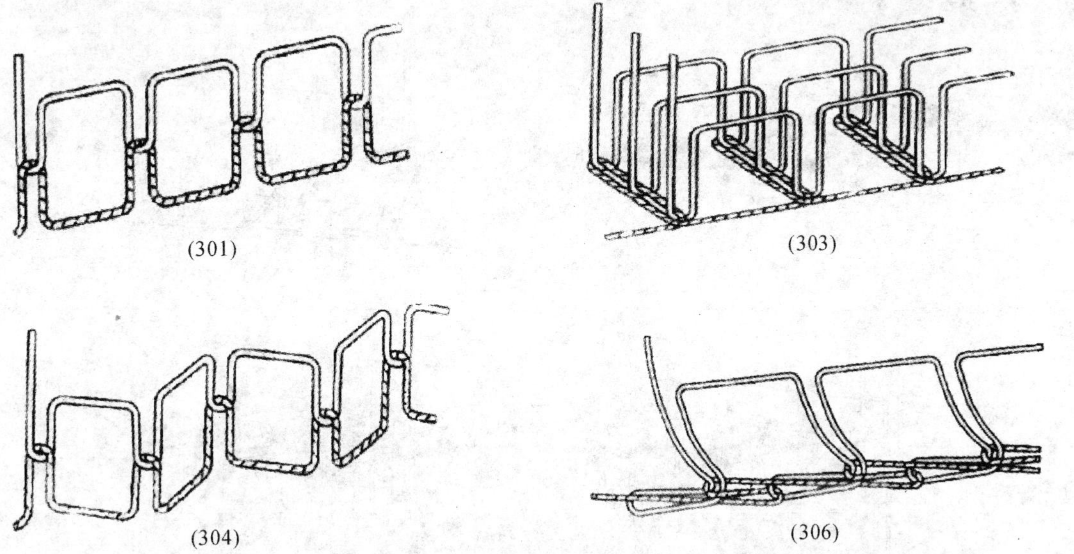

图 5-3　锁式线迹示例

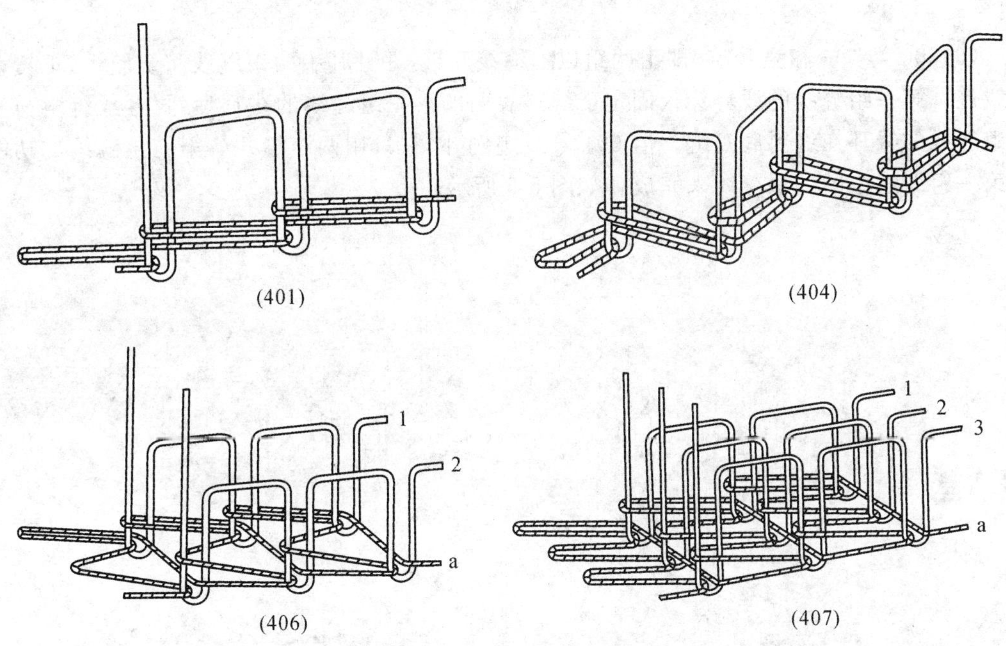

图 5-4　多线链式线迹示例

(5)500 类——包缝线迹，即一组(一根或数根)或一组以上缝线以自链或互链方式形成的线迹，至少一组缝线的线环包绕缝料边缘，一组缝线的线环穿入缝料以后，与一组或一组以上缝线的线环互链。如图 5-5 所示。

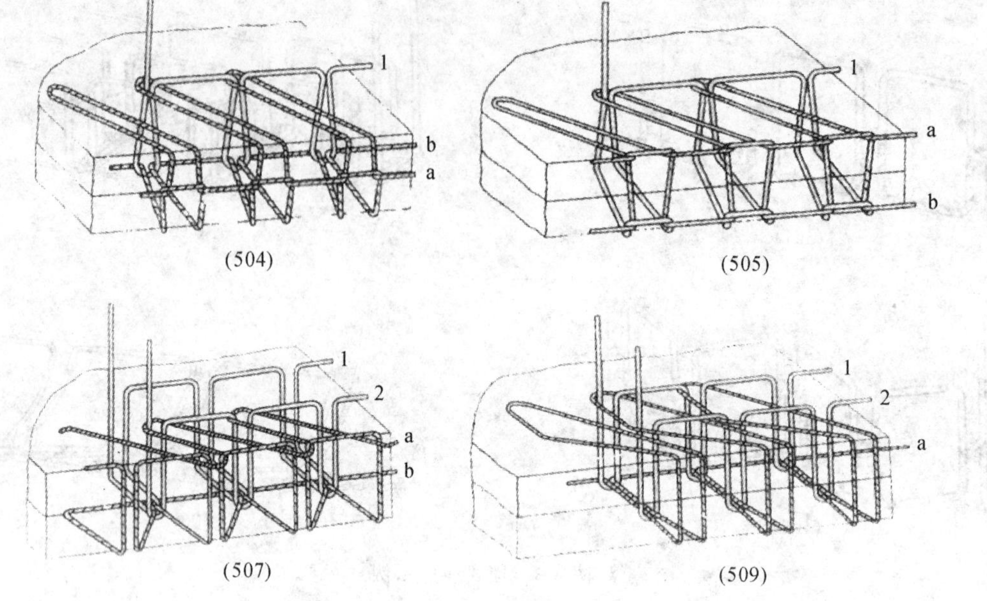

图 5-5　包缝线迹示例

(6)600 类——覆盖线迹，即由两组以上缝线互链，并且其中两组缝线将缝料上、下覆盖的线迹。第一组缝线的线环穿入固定于缝料表面的第三组缝线的线环后，再穿入缝料与第二组缝线的线环在缝料底互链。但 601 号线迹例外，它只用两组缝线。第三组缝线的功能由第一组缝线中的一根缝线来完成。如图 5-6 所示。

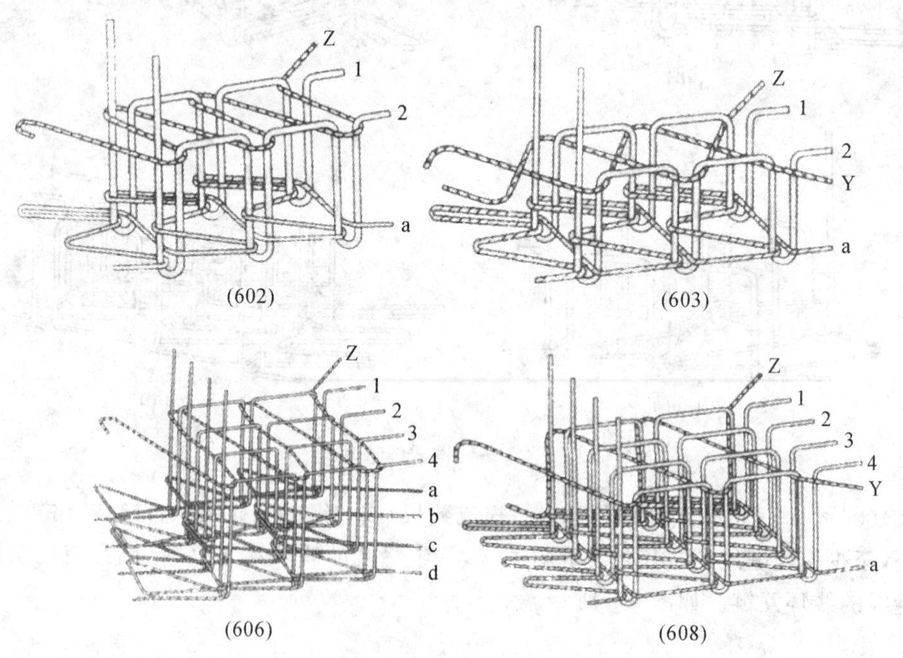

图 5-6　覆盖线迹示例

(三)线迹的功能及用途

线迹在服装生产中的功能包括五个方面:第一,连接裁片,使服装成型;第二,加固作用,利用线迹使服装某些部位形状保持相对稳定,如领子、袖口等处的明线、口袋两边的套结等;第三,保护作用,如包缝线迹即为保护衣片布边不脱纱、不破损;第四,辅助加工作用,在缝制过程中,有时为加工的方便和顺利,常利用一些线迹作辅助加工,如绷缝、抽褶等;第五,装饰作用,一些服装上利用缉明线等加工手段达到美化装饰的目的,有的则在线迹中加入花色线以起到装饰衣片的作用,如覆盖线迹。

下面具体介绍一下我国服装生产中常用的四种线迹的特点及用途。

1.锁式线迹

该线迹具有如下优点:结构简单、坚固,线迹不易脱散,用线量少。因此用这种线迹缝制服装比较经济,面料正反面的线迹完全一样,不需要分正反面,给生产带来了很大方便。这种线迹的缺点是伸缩性差、抵抗拉伸能力较小、容易被拉断、梭体容线量较少、生产中需换底线,所以给生产带来一定的不便。虽然如此,这种线迹应用还是极为广泛的,是服装生产中最基本的线迹,几乎服装所有缝合部位均可使用。曲折型锁式线迹较直线型线迹的缝线用量相对较多,其拉伸性也明显提高。

2.链式线迹

链式线迹包括单线链式线迹、双线链式线迹以及与各类包缝线迹复合形成的复合线迹。其中,单线链缝线迹因拉伸性一般,缝线断裂时会发生连锁的脱散,应用不广泛。一般用于缝制面袋、水泥袋口,在缝制针织服装时都与其他线迹结合使用,如缝制厚绒衣时须用绷缝线迹加固;而双线链缝线迹由于其正面线迹形态与锁式线迹相同,弹性和强力较锁式线迹为好,同时又不易脱散,因此常用在弹性较强的面料和受拉伸较多的部位(如牛仔裤、后裆缝等)。复合线迹,如五线包缝线迹、单针滚领机、双针滚领机、四针松紧带机及各种宽带、压带机等,均属此类线迹,其拥有直针数量最多已可达到30根针以上,且多数带有装饰线,缝迹美观,是缝制女装、童装及装饰缝效率极高的机种。

3.包缝线迹

包缝线迹包括单线、双线、三线、四线和五线包缝线迹等。单线包缝线迹只有一根缝线,是缝制毯子边缘的专用线迹,服装中一般不采用。双线包缝线迹适宜缝制强度大的部位,如弹力螺纹衫的袖口、底边常用这种线迹缝制。三线包缝线迹由于面料被抱住,所以三线包缝线迹能防止面料边缘脱散,当缝迹受到拉伸时,面线、底线和上线之间可以有一定程度的互相转移,因此缝迹的弹性较好,在服装加工中应用很广,如面料的包边、针织物衣片的缝合、下摆的卷边等。四线包缝(507号)和五线包缝称为安全缝线迹,四线包缝的缝迹较三线包缝好。五线包缝线迹实际上是由一个双线链式线迹和一个三线包缝线迹复合而成的,并各自保持其独立性,故可称为"复合线迹"。这种复合线迹可以由一个双线链式线迹和一个四线包缝线迹组成,构成三针六线包缝线迹。复合线迹的最大特点是强力大,工序可以简化,从而提高了缝迹的牢度和缝制的生产效率。五线或六线包缝多用于外衣(胸罩)等缝制。男衬衫袖笼及摆缝、袖底缝就是五线包缝。

4.绷缝线迹

绷缝线迹的特点是强力大,拉伸性较好,同时还能使缝迹平整,在某些场合(如拼接缝)

也可起到防止针织物边缘线圈脱散的作用，如覆盖由装饰线（一般用光泽好的人造丝线或彩色线），使缝迹外观非常漂亮，似有花边的效果。绷缝线迹多用于针织服装的滚领、滚边、折边、绷缝、拼接缝和饰边等。

三、缝型的分类及应用

缝型的结构形态对缝制品的品质（外观和强度）具有决定性的意义。由于缝制时衣片的数量和质量形成及缝针穿刺形式的不同，使缝型变化较线迹更为复杂。国际标准化组织于 1981 年 3 月拟定缝型标号的国际标准（ISO 4916）。

（一）缝型分类

缝型的国标用一个五位阿拉伯数字表示。

第一个数字表示缝型的分类。根据所缝合的布片数量和配置方式，将缝型分成八大类（见图 5-7）。其中按布片布边缝合时的位置分为"有限"和"无限"两种。缝迹直接配置其上的布边称为有限布边，远离线迹的布边称为无限布边。

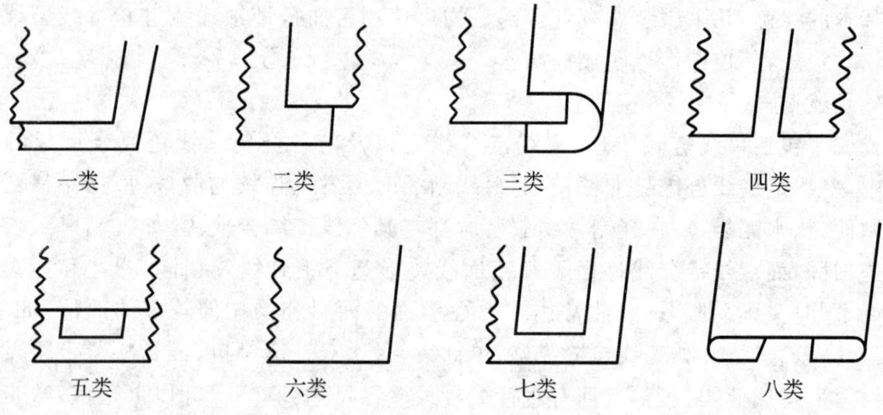

图 5-7　八大类缝型

（1）一类缝型。由两片或两片以上缝料组成，其有限布边全部位于同侧，其中包括两侧均为有限布边的缝料。

（2）二类缝型。由两片或两片以上缝料组成，其有限布边各处一侧，两片缝料相对配置并互相叠搭。若再有缝料时，其有限布边也随意位于一侧，或者两侧均为有限布边。

（3）三类缝型。由两片或两片以上的缝料组成，其中一片缝料有一侧布边是有限的，并把第一片缝料的有限布边夹裹其中。如再有缝料时，似同第一片或第二片缝料。

（4）四类缝型。由两片或两片以上缝料组成，其有限布边各处一侧，两片缝料相对配置于同一水平上。

（5）五类缝型。由一片或一片以上缝料组成，如缝料在两片以下，其两侧均为无限布边。

（6）六类缝型。只有一片缝料，其中一侧左或右均可为有限布边。

（7）七类缝型。由两片或两片以上缝料组成，其中一片的一侧为无限布边，其余缝料两侧均为有限布边。

(8)八类缝型。由一片或一片以上缝料组成,不管片数多少,所有缝料两侧均为有限布边。

第二、第三位数字用以表达排列的形态,用 01、02……99 等两位数字表示。

第四、第五位数字用以表示缝针穿刺布片的部位和形式,如图 5-8 所示。

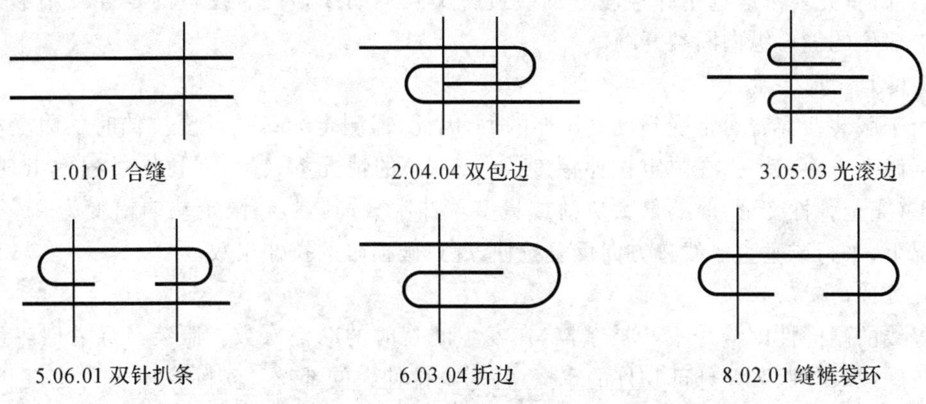

图 5-8　缝料排列形态及代号示意

有时也表示缝料位置排列关系,如图 5-9 所示,穿过所有缝料、未穿透所有缝料、成为缝料的切线。

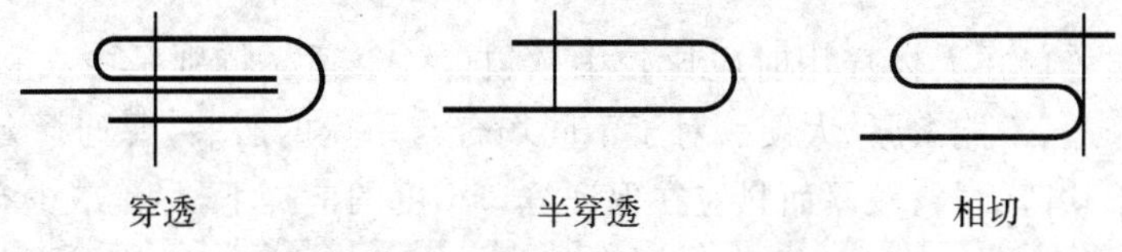

图 5-9　缝针穿刺布片的部位和形式

第二节　缝口质量与缝制质量

一、缝口质量要求

成衣外观质量很大程度上是由缝口质量决定的。缝纫加工时应对此进行严格要求和控制,即要达到缝口牢固、舒适、对位准确、美观等。

(一)缝口牢度

缝口应具有一定的牢固度,能承受一定的拉力,以保证服装缝口在穿用过程中不出现破裂、脱纱等现象,特别是活动较多、活动范围较大的部位,如袖窿、裤裆部位,其缝口一定要牢固。具体而言,决定缝口牢度的指标有缝口强度、延伸度、耐受牢度及缝线耐磨性。

1. 缝口强度

缝口强度指垂直于线迹方向拉伸,缝口破裂时所承受的最大负荷。影响缝口强度的因素有缝线强度、缝口的种类、面料的性能、线迹种类、线迹收紧程度及线迹密度等。该部分内容将在后续小节进行详细介绍。

2.缝口的延伸度

缝口的延伸度指沿缝口长度方向拉伸，缝口破坏时的最大伸长量。缝口延伸的原因是缝线本身具有一定的延伸度，此外线迹具有延伸度。对于服装经常受到拉伸的部位，如裤子后裆部，首先要考虑选用弹性较好的线迹种类及缝纫线，否则，缝口的延伸度不够，会造成相应部位的缝口纵向断裂开缝。

3.缝口耐受牢度

由于服装在穿着时常受到反复拉伸的力，因此，需测定缝口被反复拉伸时的耐受牢度。它包括两个方面：其一，在限定拉伸幅度(3%左右)的情况下，缝口在拉伸过程中出现无剩余变形(完全弹性变形)时的最大负荷或最多拉伸次数；其二，在限定拉伸幅度为5%～7%的情况下，平行或垂直于线迹方向反复拉伸，缝口破损时的拉伸次数。

4.缝线的耐磨性

缝线的耐磨性即缝线不断被摩擦，在发生断裂时的摩擦次数。服装在穿着时，缝口要受到皮肤或其他服装及外部物件的摩擦，特别是拉伸大的部位。实际穿用表明缝口开裂往往是因为缝线被磨断而发生线迹脱散，因此，缝线的耐磨性对缝口的牢度影响较大。选用缝线时需用耐磨性较高的缝线。

(二)舒适性

舒适性要求缝口在人体穿用时应比较柔软、自然、舒适。特别是内衣和夏季服装的缝口一定要保证舒适，不能太厚、太硬。对于不同场合与用途的服装，要选择合适的缝口。如来去缝只能用于软薄面料；较厚面料应在保证缝口牢度的前提下，尽量减少布边的折叠。

(三)对位、美观

对于一些有图案或条格的衣片，缝合时应注意缝口处对格对条。同时，缝口应具有良好的外观，不能出现皱缩、歪扭、露边、不齐等现象。

二、缝口强度

服装的衣片与衣片相互接合的部位称为缝口。缝口强度是服装缝制质量的决定因素之一，集中表现在缝口的性能上，而缝口强度是缝口性能中最为重要的。

(一)缝口强度及其测定

所谓缝口强度，是指缝口的牢固程度。在服装穿用过程中，缝口处总会受到各种拉力。缝口所能经受的最大拉力就是缝口的强度。除特殊规定外，缝口强度一般指垂直于缝口的作用力。

缝口强度可以利用织物拉伸强力机，参照织物断裂强度的测定方法进行测定。因为缝口强度与缝口的长度有关，因此测定缝口强度前要确定试样的宽度。一般试样的宽度确定为5 cm。缝制试样时，先将面料剪成35 cm宽，按规定的缝口条件将两片面料缝合，使缝迹距布边1.25 cm，然后将缝好的试样剪成5 cm宽。选用中间的五块做为正式试样，将五块试样分别在强力机上进行拉伸，测出缝口开始发生破裂时的拉力大小，测试时应注意将试样放平直并使缝口处于两只夹持器的中央部位。五块测定值的平均值即为此缝口的强度。

(二)缝口破坏类型

当缝口承受的拉力过大导致缝口产生破损时,缝口位置的缝纫线或面料将发生断裂或破裂。一般将缝口破坏的类型分为缝纫线断裂型和面料破裂型两类。

(1)缝纫线断裂型。在构成缝口的面料具有较高的强度而缝纫线的相对强度较低、缝口的受力过度的情况下,将首先产生缝纫线断裂,其次才是面料的破裂。

(2)面料破裂型。当采用高强度的缝纫线缝合强度比较低的面料时,一旦缝口受力过度,则缝口附近的面料纱线发生位移或滑脱,进而面料被拉破。此时缝纫线不一定会断裂。

根据成衣的实际穿用情况,如果一定会产生缝口破损,则缝纫线断裂型破损更可行,因其易于弥补。

(三)针织物的缝口强度

由于针织物横直丝方向的伸缩性都较好,因此,在穿用过程中,垂直缝口方向和沿缝口方向同时受到拉伸,尤其是纬编织物。当针织物缝口沿线迹方向受到拉力时,缝纫线与面料都将会产生较大的伸长变形,当伸长变形达到缝纫线断裂伸长率时,缝纫线将被拉断,而此时的面料因为具有良好的伸缩性,一般都保持完好无损。对于针织物来说,此种缝纫线断裂型的破坏更常见,因此,针织物沿缝口方向的缝纫线断裂强度是需要重点关注的。

由于针织物沿缝口方向的缝线断裂较常发生,因此,成衣企业需选择合适的线迹与之相匹配。针织服装多采用三线包缝线迹缝制。这是因为其具有较大的伸缩性,沿缝口方向承受拉伸力作用时不易发生断裂,保证了针织物的缝口具有较大的拉伸强度。

(四)缝合效率

缝口强度与构成缝口的面料本身强度之比即为缝合效率。举例如下:

某缝口强度 P 为 193.06 N,构成这一缝口的面料的强度 T 为 245 N,求该缝口的缝合效率 Q。

解　$Q=\frac{P}{T}=\frac{193.06}{245}-78.8\%$

在缝制服装过程中,需要选用合适的缝纫线,强度高低并不适合用于衡量面料与缝线的配伍,而缝合效率则可作为缝口强度的评价标准。理想的缝口强度是缝纫线与面料受拉力后同时发生断裂,但现实情况下,往往是其中之一首先发生破损。如果是前者发生断裂,衣服还可以重新缝合继续穿用,而如果面料破损,则难以修补,衣服一般不能再穿用。因此,缝制服装时最好能控制到使缝纫线在面料即将断裂前发生断裂。根据理论及经验值,一般是按缝合效率的85%来确定该标准,也就是要求缝口的强度应达到面料本身强度的85%左右,如美国企业的女衬衫标准。而日本制定的棉织物缝口强度标准,其缝合效率一般在75%左右。

三、缝口缩皱

服装质量的优劣关系着服装成品的外观好坏和服用性能。因此,对影响缝制质量的各种因素加以科学的控制是生产中重要的问题。缝制质量的影响因素是多方面的,下面重点介绍缝口缩皱及其原因。

(一)缝口缩皱现象

服装面料经过缝制加工后沿缝口产生的变形现象即为缝口缩皱。例如缝口凹凸不平、缝口长度缩小、缝口起皱、产生波纹、上下两层面料移位等都属于缝口缩皱。缝口缩皱是缝制中经常出现的问题,它对服装产品的外观质量有很大的影响。

(二)缝口缩皱的测定与评价

1. 目测分级法

目测分级法是一种定性的测定方法,多用于服装成品质量评定。具体做法是:将被检验的缝口剪为9段,放在灯光下分别与标准照片进行对比,由有经验的检验人员进行观察。该段缝口与哪一级缝口缩皱的标准照片一致,其等级即为此缝口缩皱等级。9段缝口分别由3名检验人员观测,每人观察3段,最后取平均值作为测定结果。

标准照片共分为5级,缝口缩皱最严重的为5级,没有缩皱现象的为1级。

2. 测量计算法

这是一种定量的测定方法,多用于缝制质量的分析与技术管理。缝口缩皱既然是面料在缝口方向上的变形,则必定可以测量出其物理量的变化。其中最简单的物理量是缝口的长度。把缝口长度的变化量作为缩皱大小的标志,可用下列公式计算缝口的缩率大小:

$$SP(\%) = \frac{L - L'}{L} \times 100\%$$

式中:SP——缝口缩率(%);

L——缝合前缝口长度;

L'——缝合后缝口长度。

(三)缝口缩皱因素

缝口缩皱由多种因素造成,主要因素包括缝纫机械的作用、面料的性能以及缝制时的操作技术等三类。

1. 缝纫机的作用

在生产中,缝口是依靠缝纫机进行缝制的,需根据缝制面料的性能和缝口的特点,选择合适的缝纫针和机器转速,调节缝纫机的上线张力、送布牙高度和线迹密度。

在各种影响因素中,上线张力与送布牙高度这两个因素对缝口缩皱的影响是最显著的。因此,在生产中需着重根据产品特点调节上线张力和送布牙的高度。一般情况下,在保证线迹形状良好的前提下,上线张力应尽量减小,送布牙的高度应尽量降低。同时,要选择合适粗细的机针,不宜过粗,压脚压力适中,适当降低车速。上述措施对于减小缝口缩皱可起到一定的作用。

2. 面料性能特点

不同质地、性能的面料经过缝制后产生缩皱的情况不同。一般情况下,在缝制轻薄柔软的面料时容易产生缩皱,而在缝制针织面料时易产生上下层位移现象。另外,同一面料不同方向的尺寸稳定性不同,因此,车缝方向不同时,产生缩皱的程度也不同。一般地,面料沿经向车缝缩皱较大，而沿纬向车缝缩皱较小。

为了减少缝制中产生缩皱现象，除了在产品设计和制定工艺过程中合理选择面料和加工工艺外，也可采取必要的措施来减少缩皱现象的产生。例如车缝薄软面料时选用细机针和孔径小的针板，或在面料上垫上薄纸以增加缝合厚度，缝后将纸除去，以减小缝纫线张力的作用。

3. 操作技术

掌握正确的操作技术也是避免缝合缩皱的重要方面。目前进行的缝制加工，除了机械作用外，一般都需手工加以辅助。因此，在操作时双手的手势动作与机械配合等都会影响缝制质量。然而，操作技术是人为的、难以绝对控制的因素。最理想的途径是研制性能更加全面、自动化程度更高的机械代替手工操作，从而保证缝制质量。例如，采用上下差动送布缝纫机就可以克服手工操作技术上的不足，有效地防止缝口缩皱的产生。目前，已有大量的特种缝纫设备被开发出来用于提供缝制质量，同时也提高了缝制效率。

四、面辅料损伤

（一）面辅料热损伤

在现代生产中，缝制加工使用的高速缝纫机的速度多在 5000 r/min，相应地，机针穿透面料的速度达到 4 m/s。在这样高的车缝速度下，针与面辅料之间将产生剧烈的摩擦，从而产生大量的热，使机针的温度急剧升高。根据测定，当机速为 1200 r/min 时，机针温度可达 217～239 ℃，当缝纫机转速为 2200 r/min 时，机针温度达到 275～285 ℃。在此高温情况下，一些常用服装材料将受到严重损伤。尤其是耐热性差的面料，如涤纶织物，极易熔融变质。而一些化纤面料，如浅色的确凉面料，经过车缝，针孔周围会变成黄褐色，出现面料炭化现象，对外观质量造成严重影响。而一些缝纫线也会因高温出现频繁断线，影响生产正常进行。

防止热损伤的主要方法就是减少摩擦，加速散热。生产过程中，可通过改进机针的构造设计来降低摩擦力。另外，缝制耐热性差的化纤面料时应适当降低车速。而在缝纫线方面，可采取柔软剂、润滑剂进行特殊处理，提高其耐热性。

（二）面辅料机械损伤

缝制过程中的面辅料机械损伤，主要是指机针穿透面料时面料中的经纬纱线被刺断而造成的面辅料损坏。

对于机织面料，如果有少数纱线被刺断，除影响缝口强度以外，一般尚不会造成十分严重的后果。但是，对于针织面料，如果有少数纱线被刺伤就会导致脱散，最终发展成很大的破洞。因此，缝制针织面料时尤其要注意防止机针刺伤的问题。

根据生产经验，机针刺伤面料多发生在以下情况：缝制得比较硬板；组成面料的纱线较细，密度较高；缝合面料的层数较多；缝合层数突然变化的部位；使用机针较粗，针尖锋利；缝纫机速度太高；在面料局部位置反复进行车缝，等等。

在上述情况中，面料过于硬板和纱线密度过高这两种情况属于面料自身的问题，需在生产前进行改进，其余情况属于面料之外的问题，需在生产过程中加以调节、控制，使各种因素达到恰当状态，以防止缝制过程中机针对面料的损伤。

五、缝纫技术的新发展——智能缝纫系统

可缝性的发展在于智能缝纫。现在国内外均在集中力量进行可缝性集成环境系统的开发。可缝性集成环境系统由三个相互连接的在线系统组成，即可缝性预测系统、智能缝纫系统及安全品质系统，目的在于使产品质量标准化，通过消除服装面料带来的缝纫问题，提高生产效率，从而降低对操作人员的技能要求。

可缝性集成环境系统根据服装面料的低应力下的力学性能(拉伸剪切性能、弯曲性能、厚度及压缩性能)，通过传感器和驱动器设置缝纫参数，预测服装面料的缝纫损伤和接缝起皱的严重程度，并对织物整理提出合理的建议，使面料适应高质量的缝纫。

在智能缝纫系统中，缝纫机可自动通过传感器和驱动器设置缝纫参数，以优化缝纫质量和提高生产效率，并降低对操作人员的技能要求。在有些缝纫机上还设有缝纫损伤系统和激光检测接缝起皱系统，缝纫损伤系统可测量机针的穿透力以检测缝纫过程的损伤，激光检测接缝起皱系统可测量沿缝纫线的起皱变形以确保缝纫质缝质量。当这些参数满足要求时，人工智能技术将完成对缝纫参数的优化设置，包括压脚压力、缝纫线张力、线迹密度和缝纫线号数。

第三节　成衣辅助器及其应用

由于成衣是通过成批生产的方式制成的，因此成衣辅助器的应用显得格外重要。充分而适当地应用辅助器，不仅可提升服装的品质水平，更可以提高车缝效率，帮助成衣生产实现高效运作。

一、辅助器及其意义

车缝辅助器(sewing attachments)统称为车缝附件，在香港的成衣厂里称为“蝴蝶”，东南亚地区称为“筒”，而在我们国内则称为“喇叭”。它是一种安装在缝纫机上用于协助缝纫机及人手操作的特别零件，主要用途是协助布料的输送，使布料经过辅助器后能自动随着预定的位置平放或卷褶车缝出所需要的式样。其优点是可在高速车缝的情况下快而准确地车缝出所要求之品质，并可把两至三道工序合并，以达到精简工段、节省工时、简化工作的目的。

二、辅助器的制造技巧

一般所使用之“喇叭”大部分是使用不锈钢片，将之弯曲、扭转而成卷筒状。在制作时，按照所需形状先画出设计图，再用硬纸板实样来试验，成功后依实样形状以不锈钢片制作，经卷曲、焊锡、打磨后，便可使用。设计时应特别注意车缝完成时的尺寸及车缝方式、布片出入口尺寸、布料厚薄、衣车种类等问题。制造时要保证不锈钢筒内的空间与布料的厚薄相配合，从而使其能顺利地输入布片、褶或车成所需要的缝口。

三、辅助器的种类

车缝辅助器的形状及种类非常多，按照一般性质及用途分类，大致分为以下六种类别：卷边类辅助器（hemmer）、包边类辅助器（binder）、打褶类辅助器（pleating sewing attachments）、导引类辅助器（guide）、叠缝类辅助器（folder）、复式组合类辅助器（device）。

（一）卷边类辅助器

卷边类辅助器的主要功能是将布边卷褶。一般成衣业常用的卷边辅助器可分两种：其一为压脚式卷边器，即卷边压脚（如图 5-10 所示），适用于较细之卷边，如荷叶边的包光处理；其二为喇叭型卷边器。喇叭型卷边器一般可分为褶一褶的折边型喇叭（如图 5-11 所示），及折两次的包光型喇叭（如图 5-11 所示）两种，在缝制成衣时经常使用此喇叭。除此之外，尚有一种适合雨伞折边用的喇叭（如图 5-12 所示）。

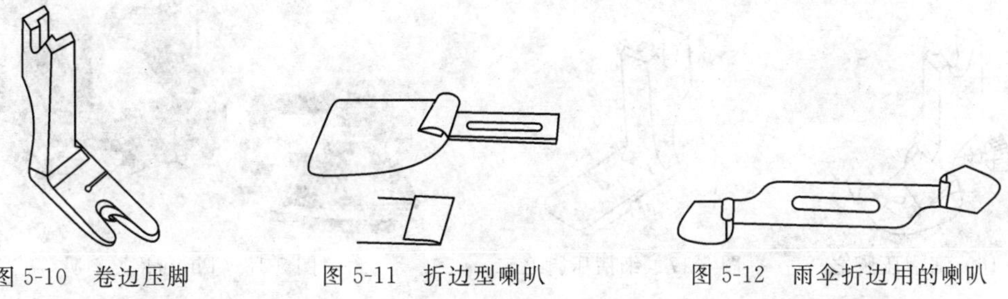

图 5-10　卷边压脚　　图 5-11　折边型喇叭　　图 5-12　雨伞折边用的喇叭

（二）包边类辅助器

包边类辅助器如图 5-13 所示。使用时将预先裁好的布条，经由喇叭可准确且快速地将布边包好。因此它又称为滚边喇叭。滚边喇叭常用于滚袖叉、滚领口等处。使用此喇叭时针板、压脚、车牙必须随之更换。也可随客户的要求，将喇叭调成上层较宽、下层较宽或上下层等宽三种情况（如图 5-14 所示）。除此之外，常有专门为双针车而设计的包边喇叭（如图 5-15 所示）。

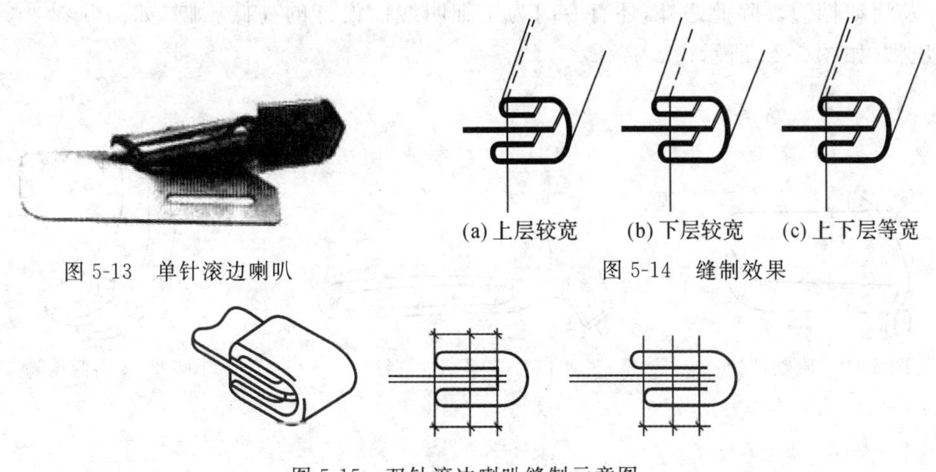

图 5-13　单针滚边喇叭　　图 5-14　缝制效果

图 5-15　双针滚边喇叭缝制示意图

(三)打折类辅助器

打折类辅助器一般可分为打细褶压脚及车 Pintuck 的喇叭两大类。

1. 细褶类辅具

细褶压脚有两种(如图 5-16、图 5-17 所示),操作时以调整压脚后方的螺丝及上、下线的配合来决定其细褶的疏密。一般所设计款式的细褶不是很密的情形下皆可使用此种压脚,其优点为使用较轻巧,缺点为细褶度不如图 5-17 高。而图 5-17 之细褶压脚,其优点为细褶度高,缺点为压脚较大,使用时较不便。

2. Pintuck 类喇叭(如图 5-18)

此种喇叭通常装设在多针锁链车上,又称为特种 Pintuck 车。布料喂入喇叭后,可车成既规律又平整的褶子来,且一次可车数道褶子(目前国内进口最多针数为 33 针)。

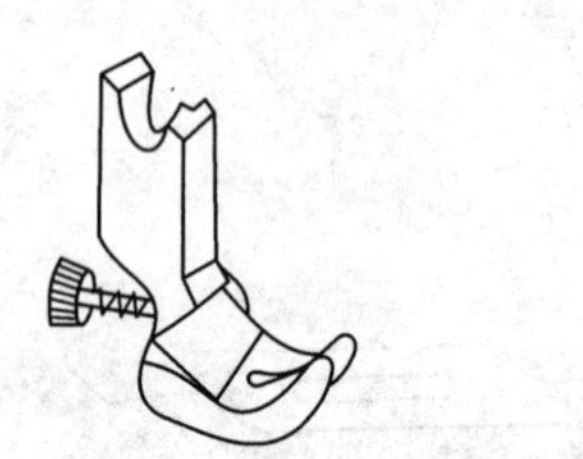
图 5-16 细褶压脚之一

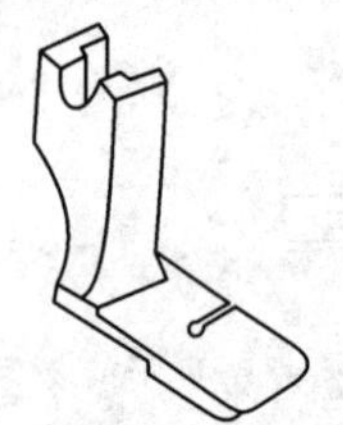
图 5-17 细褶压脚之二

图 5-18 Pintuck 类喇叭

(四)导引类辅助器

导引类辅助器可分三种类型。

1. 傍边型

傍边型导引类辅助器又称为挡边,其主要目的是使操作人员易于控制缝份大小。如磁铁挡边(如图 5-19 所示),找出正确缝份后,将磁铁挡边附着在机器上,作业员即可依据磁铁挡边车出既快又直的线条来。与磁铁挡边的目的和功用相同的还有 T 字型挡边(如图 5-20 所示)及活动挡边。除此之外,还有专门为压细明线而设计的高低压脚(如图 5-21 所示)及靠边压脚(如图 5-22 所示)。

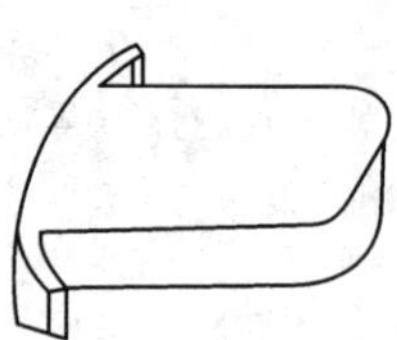
图 5-19 磁铁挡边

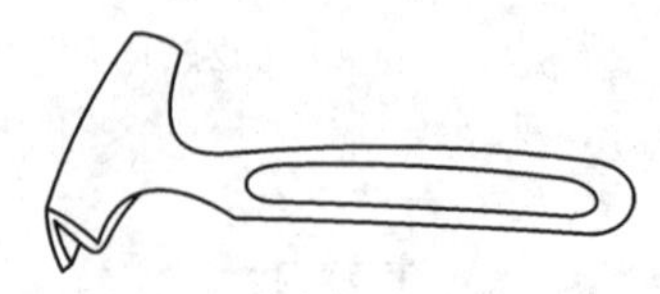
图 5-20 T 字型挡边

图 5-21 高低压脚

图 5-22　靠边压脚

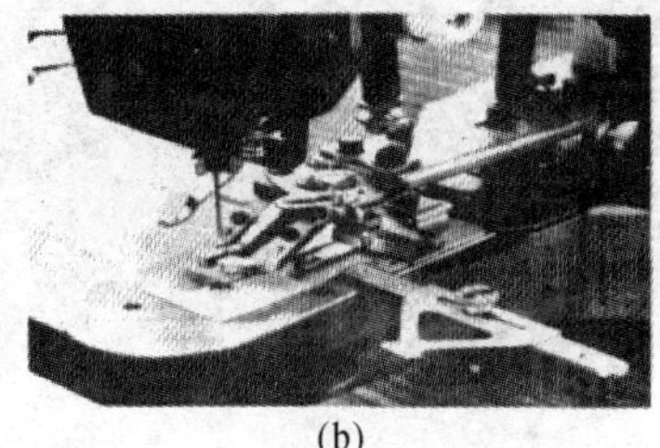

图 5-23　定位器

2. 视觉型

视觉型导引类辅助器又称为关刀靴，是在平面压脚的旁边加装一靴，以控制线与线之距离。此关刀靴专在线与线间距较宽时使用。

3. 定位型

此类辅助器大多用于锁眼或钉扣车上。使用时将扣距用锁眼尺标出，直接由锁眼尺控制，不须再做记号，以节省时间（如图 5-23）。

（五）叠缝类辅助器

叠缝类辅助器也称为叠缝类喇叭。此类车缝附件的主要作用是将一块布（布条或布片）的边线，先经卷褶后再叠缝至另一块布上，其目的是防止缝口散边（如图 5-24 所示）。除此之外，还有双包喇叭（如图 5-25 所示）等。

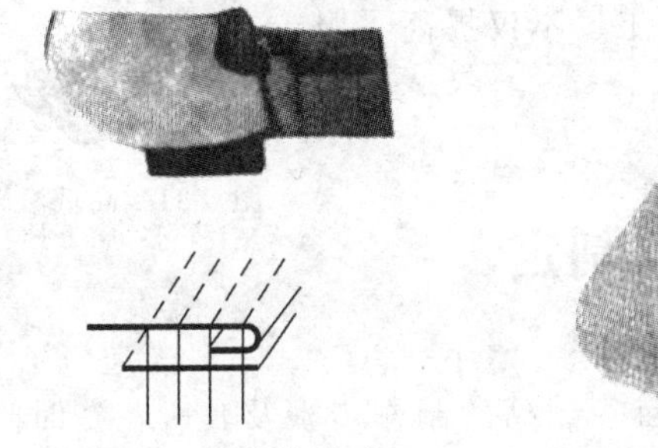

图 5-24　叠缝类喇叭

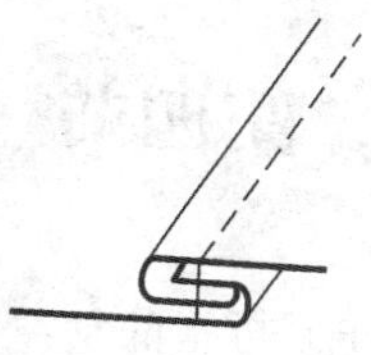

图 5-25　双包喇叭

（六）复式组合类辅助器

复式组合类辅助器是将以上所介绍的五种辅助器加以组合或混合在一起使用。这类辅助器所涵盖的意义很广，但凡可直接增加车缝效果，还有提高生产品质的车缝附件均属此类。因此，除了以上所介绍的各式喇叭之外，还有专为车滚条而设计的压脚（如图 5-26 所示）及专为上裙头或上拉链而设计的半边压脚（如图 5-27 所示），还有为增加车缝速度而设计的平面滚轮压脚（如图 5-28 所示）、半边滚轮压脚（如图 5-29 所示）、靠边滚轮压脚（如图 5-30 所示）、高低滚轮式压脚（如图 5-31 所示）。

图 5-26　滚条用压脚

图 5-27　左半边压脚

图 5-28　平面滚轮压脚

图 5-29　半边轮压脚

图 5-30　靠边滚轮压脚

车缝辅助器是配合缝纫机及面料的特点,以手工操作技巧为原则,随款式变化而设计制造出来的。一般较普遍且常用的是喇叭,这种辅助器在市场上有现货出售。一些特殊的辅助器在市场上并无现货出售,此时需自行研制或向外定制。因此,许多大型工厂都设有专门机构以自行研制或协助外部设备企业开发各类车缝辅助器。通过使用符合服装缝制需要的车缝辅助器,工厂不仅提高了服装的缝制效率,也提升了服装的缝制品质。

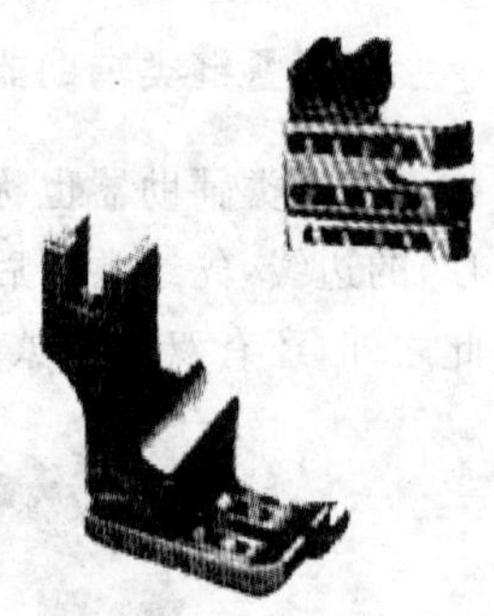

图 5-31　高低滚轮压脚

第四节　缝制工序分析及制定

工序分析指的是在成衣制作的过程中描述每一制品的制作步骤及其所花费时间的一种程序。一般工序分析都应尽量采用图表及分析符号,必要时使用文字说明,其目的是使阅读者能一目了然。不论任何一款成衣,在大量缝制前若能有周全的分析图表,并配合厂内现有的机器设备及人员做合理调配,不但可缩短各步骤的操作时间,使工作得以顺利进行,而且可提高工作效率。除此之外,还可利用工序分析图表来预估日产量、周产量及月产量,进而预估交货期,达到准时交货的目的。

一、工序分析的表示方法

1. 工序分析符号

为使工序分析图表更详细、易懂,产生了许多工序符号。现将已普遍为成衣业者所使用的工序分析符号及其意义详述如下:

○　主工程,平车缝制作业

◎　附属工程,蒸汽熨斗,小烫作业

Ⓐ　附属工程,手工作业

◍ 特殊工程，除平车外的特种机器，如拷克车

▽ 未加工状态或半加工状态，如裁片、零件制品停滞或储存状态

□ 量检查，即制品的数量检查

◇ 质检查，即品质检查

◉ 附属特殊工程，如特种整烫

△ 完成品

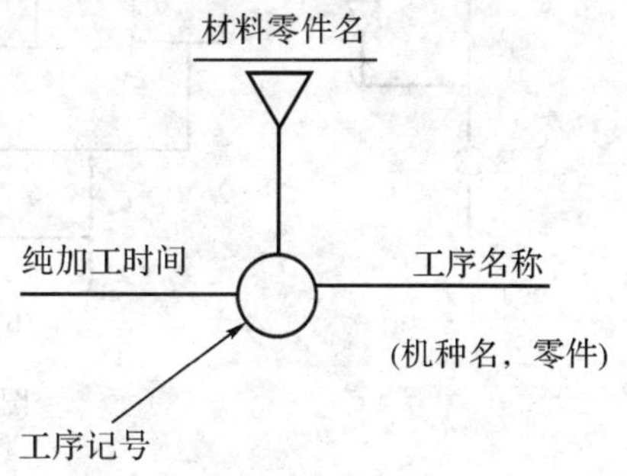

图 5-32 工序分析表的基本单元

2. 工序分析图的基本结构

在绘制工序分析图表时，首先要将裁片或零件名称列出，然后再写上工程名称，画出工程符号，并注明操作时所需的时间，其基本结构如图 5-32 所示。

二、工序分析的基本步骤

1. 准备基础材料

工序分析的第一个步骤是准备所需的相关资料及工具。这些资料包括产品款式结构图、与缝制相关的工艺文件、样衣等，从而明确该服装的制作工艺及加工顺序。这些工具包括绘制工序分析表所需的纸张、尺子、笔等。上述材料准备齐全后，还需在图纸上方填写产品名称、编制日期、编制人姓名等标识性内容。

2. 列出基本裁片及碎料

详细列出基础裁片、碎料及附件的名称和数量，确保后续工序分析时不遗漏任何项目。表 5-3 所示为女西装裙的裁片一览表。

表 5-3 女西装裙裁片一览表

基本裁片	碎料	附 件
前片(面) 后片(面) 前片(里) 后片(里)	裙腰	主唛、尺唛、 成分唛、钮 扣、拉链

3. 决定填写形式

在进行工序分析时，一般将"基本裁片"设定为大部件，"碎料"、"附件"设定为小部件。填写工序时，大部件与小部件的位置摆放可根据服装款式或企业习惯来填写(如图 5-33 所示)。

4. 划分工序，编制工艺流程

将服装的制作过程划分成各个作业单元，即工序。编制工艺流程时，应尽可能将作业性质相同或类似的工序相对集中，减少生产过程中半成品的传送。工序划分的程度与服装种类、生产方式、作业员水平以及机器设备有关，可选择粗分工序或细分工序。

5. 填入设备名称或机种型号

设备将直接影响缝制加工的工艺方法、加工时间和工序流程。图 5-34 所示为缝合口袋布的工序。

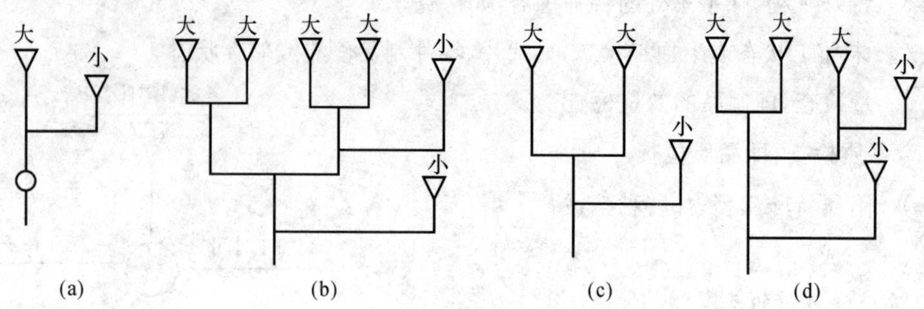

图 5-33　工艺流程图填写形式

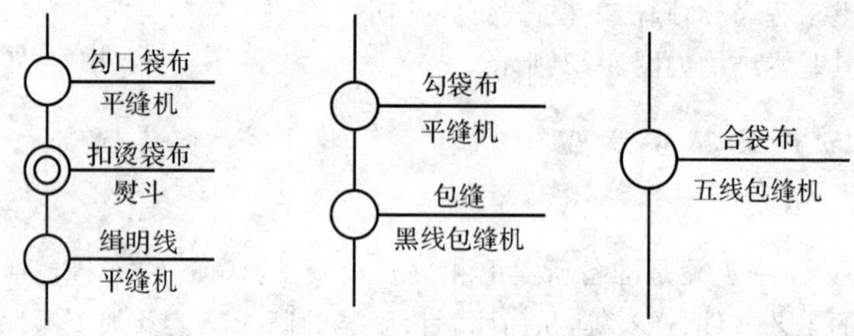

图 5-34　工序简化示例

6. 确定加工时间

根据企业实际情况进行时间研究，将纯加工时间或标准加工时间填入工序分析图中，并统计各种不同作业时间，见表 5-4。

表 5-4　工序时间明细表

时间明细表	
平车作业	秒
手工作业	秒
小烫作业	秒
特殊作业	秒
整烫作业	秒
总加工时间	秒

7. 编写工序号

根据工艺流程的复杂程度和流水线的组织形式，可有两种编写形式：一种是按整个工艺流程图顺序统一编号；另外一种是按各大部件分别编号。

8. 核对检查

核对检查工艺流程图加工顺序是否正确，有否漏序、漏件等。

9. 整理存档

将生产过的各种服装部件，按一定规律加以分类，编成标准工序分析表或工艺流程图，作为资料存档。

图 5-35 所示为西装裙细分工序图例。

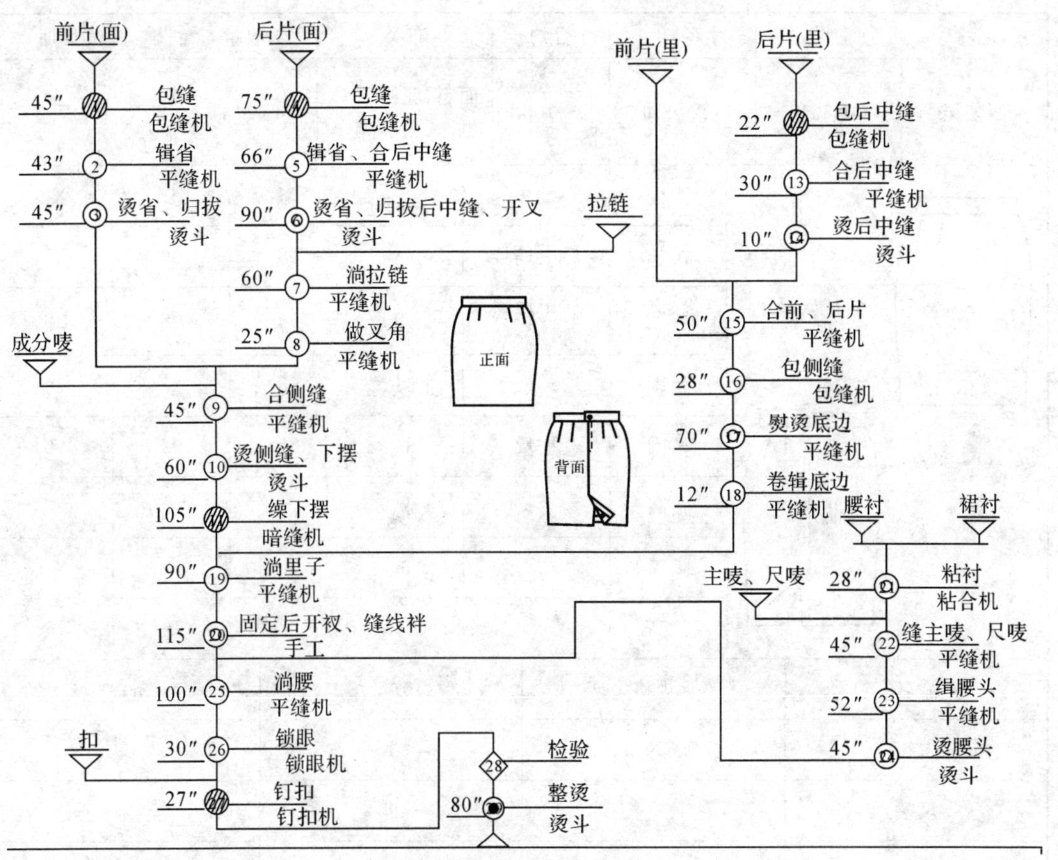

图 5-35　西装裙细分工序示例

第五节　成衣工艺单的制定

服装生产工艺单(如表 5-5 所示)是服装生产中的一个重要的技术文件。它规定某一具体款式服装的工艺要求及技术指标,是服装生产及产品检验的依据。工艺单编制得是否正确规范,直接决定了服装生产是否能符合产品的规格设置和质量要求,是否能合理利用原材料、降低成本、缩短产品的设计和生产周期。

服装生产工艺单主要是根据客户提供的文字说明及企业试制的确认样编制的。完整性、准确性、适应性及可操作性是工艺单的基本要求。工艺单的具体内容包括:产品规格、裁剪工艺、缝纫工艺、锁钉工艺和整烫、包装等工艺的全部规定。

一、结构图

结构图要规范、端正,并有正面图、背视图。结构图的长短、宽窄的比例以及位置要与实物相符,复杂的部位或关键的工序还应该配解剖图。

表 5-5　女士西装裙工艺单示例

名称	款号	客户	合约	布类	数量	交货日期
西装裙	QA3040	TA 公司	1—1002	面料:花呢 里布:美丽绸	2160 件	00.9.28 00.10.25 00.12.15

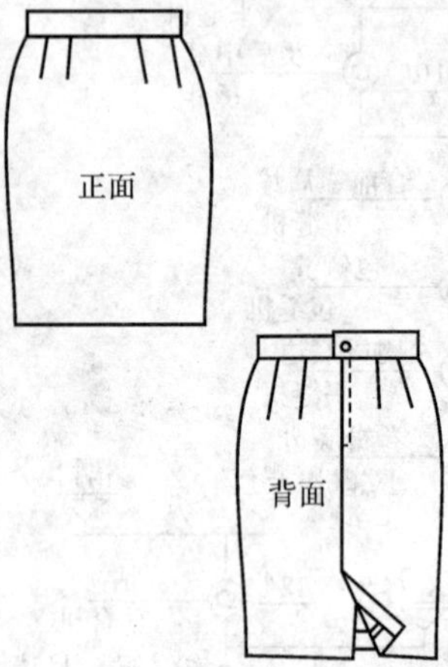

部位	量法	S	M	L	XL
裙长	后中连腰	56	58	60	62
臀围	后中连腰下 20cm	90	94	98	102
腰围		64	68	72	76
摆围	平量	84	88	92	96
腰高		3	3	3	3
腰嘴		3	3	3	3
衩高		18	8	19	19

品名	规格	数量	备注
主唛	6.5×1.3	1	
尺唛		1	
洗水唛		1	
线	40S/2		配色
扣	24L	2	配色,每钮一枚
拉链	21 cm	1	配色,隐形拉链
挂牌		1	
成分唛		1	
备钮袋		1	
胶袋	40×58	1	折装
拷贝纸	1/8	1	

裁剪要求

1.单向朝上铺料,上下层松紧一致,平整,丝缕规正;
2.开刀准,标记齐,裁剪上下层误差不超过 0.3 cm;
3.每件编号,20 件分包。

续表

缝制要求 1.针距:平车 14 针/3cm,拷边 12 针/3cm,缲边 6 针/英寸; 2.缝头:除后中缝均为 1cm,后中缝头见刀眼; 3.落朴:腰面,拉链门襟、里襟,衩; 4.拷边:除腰部外,面、里均拷边,里侧缝合缝后拷,其余单片拷边; 5.前后裙片省道均内倒,里布省位处折裥,与面省道反向倒,省尖线头留 3cm 打结; 6.后中按止口位绱拉链,封口处来回缝四次,里布有 0.5cm 的吃势,均匀缝合; 7.衩口缝合时,打 1cm 回针,来回总四次; 8.主唛、尺唛订于腰里面,主唛边缘距后中线 5cm,上下居中缝四周,尺唛对折夹钉于中下侧,洗水唛在裙左后片拷边时钉于反面侧缝处,洗水唛边缘距净底边 10cm; 9.绱腰腰面漏落缝,里上坑 0.1cm; 10.裙面机缲边,裙里平缝捲边,侧缝处拉 3cm 长线襻。
锁钉要求 门襟片腰上下居中,距腰边缘 1cm 处锁横眼一只,孔长 15.5mm,里襟片腰对应位置钉 24L 钮扣一枚,配备用钮一枚装于备钮袋。
整烫要求 裙里侧缝倒向后片,其余缝份分缝烫,省道内倒,折裥 7cm 长,面子平挺。
包装要求 挂牌和备钮袋一套,用吊牌抢订于尺码上,单条对折套胶袋,一打一箱,按平均比例混色分码大包装。

二、产品基本数据

为避免工艺单用错,工艺单一般需要详细注明品名、批号、客户、生产数、样板号、面料、交货期、制板、复核、制单、日期等等。

三、产品规格

规格有成衣规格和样板规格,如只标一个就是成衣规格。测量方法需要用示意图或文字说明度量法,否则会造成次品。允许误差一般按照产品标准执行,不必写在工艺单上(订单型生产按客户要求执行,需要做特别说明)。在产品上还有一些部位是固定的,不随尺码的推放而放大或缩小,这些规格应另列一个各部位规格表。

四、面辅料耗用

面料以技术科一级排料的核定用料领用,一般包括了损耗。辅料按实用加损耗或以废换新。

五、裁剪工艺要求

在工艺单上一般要告知铺料方式(如单向铺料或双向铺料)、套排件数、铺料层数、裁剪中对某些关键部位的技术要求(如使用条格面料时,前中、后中等关键部位必须定为挂针)、倒顺毛要求、是否避色差、精度要求(公差范围)、打号形式、分包件数等内容。

六、缝纫工艺要求

(1)缝制顺序(作业指导书)——缝制的先后步骤,可由工序分析流程图得知。如是先绱袖还是先合下缝。

(2)工艺要求——要表明缝型、缝份、针距(机缝、手缝)、包边部位、封口形状做法、缉线要求(0.1,0.2 等)、商标唛头织带等所钉位置等。

(3)质量要求——根据合格的标准,特别客户有要求的内容,如止口不外露、线顺直、可否接线、接线重叠要求、无针孔、窝服等。

七、锁钉工艺要求

工序单上关于锁钉的工艺要求一般告知锁钉位置、锁眼方向、扣与眼的对准度等。纽扣的大小用“号”表示。号(L)与直径(mm)的换算关系如下:$40L=25.4$mm(1 英寸),即,$L=25.4/40=0.635$(mm)。例如,24 号的纽扣,其直径大小为 $24L\times0.635=15.24$(mm)。

八、整烫包装工艺要求

工序单上关于整烫包装的工艺要求一般包括整烫工艺参数、整烫部位(如后挺缝线烫至臀围线)和方法(劈烫、扣烫、点烫);挂装还是折叠装、折叠状态、尺寸(如裤是对折还是三折);大包装要根据小包装定尺寸,规格颜色要按客户要求装箱。

[思考题]

1. 试述各类线迹、缝型的特点及应用。
2. 明确常用服装的成品部位划分。
3. 试述影响缝制质量的因素。
4. 试述成衣辅助器的种类及其应用。
5. 对既定款式制作成衣工艺。

第六章　熨烫定型工艺

[本章提要]

在服装行业,熨烫定型有着“化妆师”的美誉。因为通过熨烫定型,不仅可以给缝纫制作带来方便,而且还能实现缝制工艺中所不能完成的“造型”工作,所以熨烫定型对最终的服装质量起着关键的作用。在现代熨烫定型设备诞生之前,服装制作主要依靠手工完成。所谓熨烫定型是由有经验的师傅一边用熨斗烫一边用尺子敲打,或一边熨烫一边用方铁压住完成的。进入20世纪70年代以来,随着纺织服装科学技术的不断发展,熨烫定型设备才有了飞速的发展,服装熨烫工艺也因此有了“质”的飞跃。

熨烫定型工艺包括原理、符号与典型服装熨烫定型工艺两大方面,其中原理与符号包含熨烫定型作用与分类、熨烫定型机理、熨烫定型的工艺条件、国际公定熨烫符号;典型服装熨烫定型工艺包含手工熨烫定型工艺、机械熨烫定型工艺等内容。

[学习重点]

1. 服装熨烫定型作用
2. 服装熨烫定型分类
3. 服装熨烫定型机理
4. 服装手工熨烫定型工艺
5. 服装机械熨烫定型工艺

[本章结构]

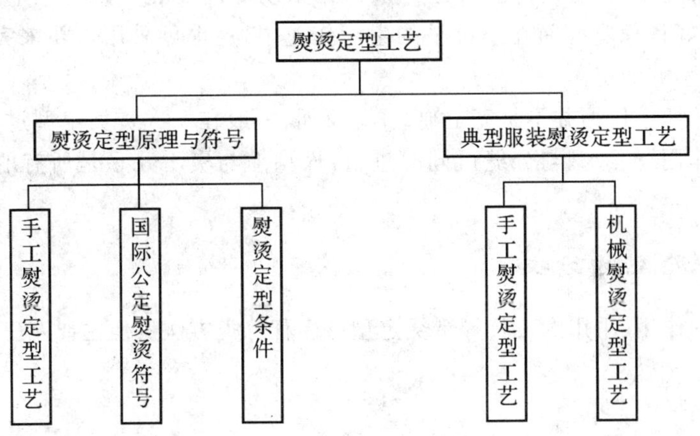

第一节 熨烫定型的作用与分类

随着人们物质文化生活水平的不断提高，对服装的质量要求也越来越高，每个人都希望能穿上美观舒适、能充分体现自己个性的服装。服装行业素有“三分做工，七分烫工”之说，可见熨烫定型是服装加工中一道重要工序。一件高档次的服装，不但应具有高质量的材质、缝制工艺，还应有高质量的熨烫定型。

一、熨烫定型的作用

熨烫定型是服装制作工艺中一个重要工序。通过整烫定型，不仅能弥补缝制工艺中的缺陷，还能完成制作工艺中所不能完成的“造型”功能。熨烫定型主要有预缩与熨平、造型、分缝与粘合等四个作用。

1. 预缩与熨平

不同的服装材料具有各自的热缩性能与缩水性能。为保证服装成品尺寸的稳定性，可以通过蒸汽熨烫或预缩机使服装材料缩水，并消除材料上的皱褶，便于后续裁剪制作。

2. 造型

造型就是利用熨烫定型来完成塑造服装立体形状的过程，它是在不损伤服装材料外观风格与服用性能的前提下，对服装施以一定的温度、湿度、压力等条件，通过改变织物组织密度与纱线形态等结构因素，来达到塑造服装的立体造型的目的。当然，在服装尤其是在女装的样板设计中可通过省道或剖缝等手段，也能达到一定的立体效果。但仅仅靠结构上的设计是不够的，尤其对于高档的男装造型，必须借助熨烫定型工艺。

3. 分缝

分缝是指对服装衣片缝合处进行的分缝熨烫，它在缝制车间中间熨烫中占据较大比例。通过分缝熨烫定型使得服装造型稳定，降低缝纫难度，提高缝纫速度与质量。

4. 粘合

衬在服装中起着的“骨架”的作用。衬中的粘合衬是利用热熔粘合的原理，通过压烫将粘合衬与服装合为一体的。热熔粘合是通过一定的温度、压力的作用，并经过一定的时间来完成。在大批量服装生产作业中，这一般都是采用专门的热熔粘合机来完成的，这种方法效率高、质量好且稳定。而在小批量的生产作业中，这也可采用熨斗来完成。但这种方法效率低、质量不够稳定。

熨烫定型的四个作用并不是完全独立的，反而，一般在一次熨烫定型过程中，可同时实现几个不同的作用，如造型与分缝可同时进行，而预缩与熨平几乎是所有的服装生产过程中需要完成。

二、熨烫定型的分类

根据所起的作用、采用的工具等熨烫定型有多种分类方法。但主要有三种。

(一)按其在服装生产工艺流程中的顺序可分为产前熨烫、粘合熨烫、中间熨烫和成品熨烫

1. 产前熨烫

产前熨烫是指在面辅料裁剪之前对其进行热缩与湿缩处理,并除去皱痕,使服装材料在以后的加工和穿着、洗涤过程中保持尺寸的稳定性。

产前熨烫一般用在高档的缩水率较大的天然面料,如毛、棉等,服装材料中。对于用于制作西装、西裤等的羊毛面料,可采用预缩机进行预缩。其他的材料也可用熨斗作产前熨烫。由于形成服装的纺织品材料不同、加工工艺流程不同,其收缩率也不同。这里的收缩率主要体现在织物的缩水率与热缩率上。常见织物的收缩率见表 6-1。

表 6-1 常见织物收缩率

<table>
<tr><th colspan="4" rowspan="2">织物品种</th><th colspan="2">收缩率(%)</th></tr>
<tr><th>经向</th><th>纬向</th></tr>
<tr><td colspan="2" rowspan="4">色织棉布</td><td colspan="2">男女线呢</td><td>8</td><td>8</td></tr>
<tr><td colspan="2">条格府绸</td><td>5</td><td>2</td></tr>
<tr><td colspan="2">被单布</td><td>9</td><td>5</td></tr>
<tr><td colspan="2">劳动布(预缩)</td><td>5</td><td>5</td></tr>
<tr><td rowspan="8">印染棉布</td><td rowspan="5">丝光布</td><td colspan="2">平布</td><td>3.5</td><td>3.5</td></tr>
<tr><td colspan="2">斜纹、哔叽、贡呢</td><td>4</td><td>3</td></tr>
<tr><td colspan="2">府绸</td><td>4.5</td><td>2</td></tr>
<tr><td colspan="2">纱卡其、纱华达呢</td><td>5</td><td>2</td></tr>
<tr><td colspan="2">线卡其、线华达呢</td><td>5.5</td><td>2</td></tr>
<tr><td rowspan="2">本光布</td><td colspan="2">平布</td><td>6</td><td>2.5</td></tr>
<tr><td colspan="2">纱卡其、纱华达呢、纱斜纹</td><td>6.5</td><td>2</td></tr>
<tr><td colspan="3">经过防缩整理的各类印染布</td><td>1～2</td><td>1～2</td></tr>
<tr><td rowspan="3">丝绸</td><td colspan="3">桑蚕丝织物</td><td>5</td><td>2</td></tr>
<tr><td colspan="3">桑蚕丝与其他纤维交织</td><td>5</td><td>3</td></tr>
<tr><td colspan="3">绉线织品和绞纱织物</td><td>10</td><td>3</td></tr>
<tr><td rowspan="7">呢绒</td><td rowspan="2">精纺呢绒</td><td colspan="2">纯毛或含毛量在 70%以上</td><td>3.5</td><td>3</td></tr>
<tr><td colspan="2">一般织品</td><td>4</td><td>3.5</td></tr>
<tr><td rowspan="5">粗纺呢绒</td><td rowspan="2">呢面紧密的露纹织物</td><td>羊毛含量在 60%以上</td><td>3.5</td><td>3.5</td></tr>
<tr><td>羊毛含量在 60%以下及交织品</td><td>4</td><td>4</td></tr>
<tr><td rowspan="2">绒面织物</td><td>羊毛含量在 60%以上</td><td>4.5</td><td>4.5</td></tr>
<tr><td>羊毛含量在 60%以下</td><td>5</td><td>5</td></tr>
<tr><td colspan="2">组织结构比较稀松的织物</td><td>>5</td><td>>5</td></tr>
</table>

续表

织物品种			收缩率(%)	
			经向	纬向
化纤	粘胶纤维织物		10	8
	涤棉混纺织物	平布,细纺,府绸	1	1
		卡其,华达呢	1.5	1.2
	涤粘混纺织物(涤含量65%)		2.5	2.5
	富涤混纺织物(富纤含量65%)		3	3
	棉维混纺织物(维纶含量50%)	卡其,华达呢	5.5	2
		府绸	4.5	2
		平布	3.5	3.5
	涤腈混纺织物(中长化纤织品,涤含量50%)		1	1
	涤粘混纺织物(中长化纤织品,涤含量65%)		3	3
	棉丙混纺织物(丙纶含量50%)		3	3
	粗纺羊毛化纤混纺呢绒	化纤含量在40%以下	3.5	4.5
		化纤含量在40%以上	4	5
	精纺羊毛化纤混纺呢绒(涤纶含量在40%以上)		1	1
	精纺化纤织物	涤纶含量在40%以上	2	1.5
	精纺化纤织物	锦纶含量在40%以上或腈纶含量在50%以上或涤锦腈含量在50%以上	3.5	3
	化纤丝织物	醋纤织品	5	3
		纯人造丝织品及各种交织品	8	3
		涤纶长丝织品	2	2
		涤粘绢混纺织品	3	3

2. 中间熨烫

中间熨烫又称小烫,是指服装缝制加工过程中对部件进行熨烫处理,如分缝熨烫、粘合熨烫、归拔推熨烫等。中间熨烫的作用在于通过熨烫可以使得缝纫工序能够顺利进行,提高缝纫的质量与效率。分缝熨烫是将缝头烫开、烫平,或将要缝制的缝头折转、烫倒、扣缝等;粘合熨烫是对需用粘合衬的衣片进行粘合处理;归拔推熨烫是使平面的布料通过熨烫塑造成三维立体。"归"就是使布料的组织归拢;"拔"就是使布料的组织拔开;"推"则是"归"的继续,将归拢的余量推向一定的位置。如西装前衣片的推门、后衣片的归拔、裤子的拔裆等运用的都是归拔推熨烫工艺。

3. 成品熨烫

成品熨烫又称大烫,是指服装缝制完成后所做的整理与熨烫,它对整个服装外观造型起着关键的"美容"作用。成品熨烫是对缝制完成的服装作最后的定型与保型处理,是对服装进行最后的美容处理。它的技术要求是整件服装线条流畅,外观丰满、平服,有较好的服用性能。

(二)按熨烫定型所保持的时间可分为暂时性熨烫、永久性熨烫和半永久性熨烫

1.暂时性熨烫

暂时性熨烫是指受轻微机械力的作用或在低温、湿度变化或浸湿条件下定型的效果就消失的熨烫。

2.永久性熨烫

永久性熨烫是指纤维或织物的组织结构发生了变化,定型的效果无法再次改变的定型。

3.半永久性熨烫

半永久性熨烫是指可以抵抗一般的外界机械力、温湿度变化的影响,但给予外界强烈因素的处理就会逐渐消失的那种定型。

(三)按熨烫定型所采用的作业方式可分为手工熨烫和机械熨烫

手工熨烫是指以电熨斗为主要工具使织物受热,再配合手工技巧而达到塑造服装造型的目的。

机械熨烫是指利用蒸汽熨烫机喷出的高温高压的蒸汽给织物湿热,再施加压力予以变形。

第二节 熨烫定型机理

一、熨烫定型的物理过程

要使得服装达到熨烫定型的预定效果,服装中的纤维首先受到的是伸展或收缩,以形成新的造型,然后迅速被冷却,使其固定在新的造型上。其具体的物理过程可归纳为以下三步:

1.给湿热

该过程是指通过给予织物一定的湿与热,使纤维大分子间的作用力减少,从而使分子链段可以自由转动,纤维的变形能力加大,而刚度却发生明显的降低。不同的服装材料,通过给予不同特征与数量的湿与热,可以达到不同的变形能力。

2.造型

如果服装材料具有变形的条件,就可使用一定的外力使其变形,塑造符合要求的服装造型。

3.抽湿

通过变形完成的造型,其稳定性较差。我们还需要通过迅速抽湿,使其冷却干燥,从而对造型进行固定与保护。

以上熨烫定型的物理过程相互联系、相互作用,是缺一不可的连续过程。在实际操作过程中需根据面料、制作工艺等条件加以合理控制。

二、服装材料的热湿性能

服装熨烫必须在有热湿的状态下才能完成,所以根据材料的热湿性能确定服装的熨烫工艺，这是保证熨烫定型质量的重要条件。

（一）比热

所谓材料的比热是指质量 1 g 的物质，温度变化 1 ℃所吸收或放出的热量。水的比热为 1，而服装材料的比热是水的 1/3～1/2，所以服装材料吸收水分后，其比热会相应增大。而服装熨烫是一个热湿变形过程，需要一定的湿度，否则熨烫效果会很差，但也不能过湿，否则会造成能源浪费，而且也起不到好的熨烫效果。

（二）导热

服装材料的导热性能相差较大，因为组成材料的纤维内部之间存在很多空隙，这就导致服装材料的导热过程较为复杂。水的导热系数较大，约为服装材料的 10 倍左右，所以在熨烫过程中，随着湿度的增加，对热量的传播起到了积极的推动作用，使得熨烫的效果变得均匀。同时，导热性好的材料，冷却定型的时间短，效果好。

（三）材料纤维的力学状态

组成服装材料的纤维大分子在不同的温度下具有三种不同的力学状态：

1. 玻璃态

服装材料在较低温度时，分子的热运动低于分子间的结合能，相邻分子的各链节在相应位置上互相结合固定，链段处于被“冻结”的状态。在这个状态下的纤维在外力的作用下，拉伸变形很小，产生的变形主要来自分子链价键的伸长或弯曲，所以材料表现为拉伸刚度很大。

2. 高弹态

服装材料在中等温度时，分子链节的热运动能高于分子间部分基团的结合能，使某些大分子可以自由旋转或对相邻分子移动，但另一些链节或链段仍能与分子处于相互稳定的或瞬间牢固结合的状态。这时的纤维在外力的作用下，相当大的部分能够自由旋转、弯曲、伸展。在这个状态下的纤维在较小外力的作用下就可能发生很大的变形，而在外力去除时，形变可以恢复。

3. 黏流态

服装材料在较高温度时，分子的热运动高于分子间的结合能，使相邻大分子在外力的作用下可以自由旋转或移位。由于此时大分子间的结合能大，阻止了大分子间的相互滑动，所以此时表现出较大的黏滞性。

服装材料的玻璃态温度一般高于室温，所以在室温下服装材料能保持一定的尺寸稳定与挺括性。在玻璃态以上，服装材料只要稍加外力就可以发生很大的变形。

服装熨烫时所采用的温度通常在玻璃态以上，但不可超过危险温度。服装熨烫变形实际上属热变形。热变形的温度又称软化温度。对于无定型高分子材料，这个温度在玻璃态温度附近，而高结晶度高分子的软化温度却在熔点附近。由于组成服装材料的高聚物由某一平衡状态到另一平衡状态可以在较高温度较短时间达到，也可以在较低温度经较长时间达到，所以熨烫温度的选择范围较大。表 6-2 所示为服装材料的热学性能和熨烫温度。表 6-2 中的熨烫温度只是一个参考，具体还要根据设备、工艺等作一些调整。

表 6-2　服装材料熨烫控制温度

材料	温度(℃)					
	软化温度	熔点温度	分解温度	玻璃化温度	熨烫温度	危险温度
棉	—	—	150	—	160～180	240
麻	—	—	200	—	175～195	240
丝	—	—	150	—	120～160	210
毛	—	—	135	—	140～160	200
粘胶	不软化	不溶解	260～300	—	120～160	200～230
锦纶	180	215～220	—	47,65	120～140	170
涤纶	235～240	256～260	—	80,67,90	120～160	190
晴纶	190～240	不明显		90	120～140	180
维纶	干 235～240					
水 110	不明显	—	85	～140	180	
丙纶	145～150	165～173	—	35	90～100	200～230
氯纶	90～100	200～210	—	82	60 以下	—

对于两种或两种以上纤维混纺或交织的服装材料，熨烫温度应按其中耐温较低的纤维确定。

第三节　熨烫定型的工艺条件

熨烫定型是用熨斗对服装施加适当的温度、湿度、压力和时间等工艺条件，使纤维结构发生变化，产生热塑变形，因而熨烫的基本工艺条件是温度、湿度、压力、时间及冷却方法。

一、温度

组成服装材料的各类纤维都具有热塑性。而材料的热塑定型和热塑变性，必须通过一定温度的作用才能实现。材料在低温时，纤维的分子结构比较稳定，分子链上的分子活动困难；一旦温度升高，分子链上的分子相对活动就多，变形就容易，定型效果就越好。各种服装材料的熨烫温度应低于其危险温度(分解温度和熔化点)，以免损伤服装的外观及性能。构成衣料的各种纤维由于其耐热性能不同，所能承受的温度也是不同的，所以各种面料的整烫温度各有不同，见表 6-2。

二、湿度

湿度的作用是使水分子进入纤维内部，纤维被润湿、膨胀、伸展，服装材料就易变形和定型。湿度应控制在一定范围，太大太小都不利于服装定型。

熨烫的方式有干烫和湿烫。所谓干烫是用熨斗不加水分进行熨烫。主要用于遇湿易出水印的柞丝绸或遇湿热会发生高收缩的维纶织物的熨烫，而对于较厚的大衣呢料和羊毛衫等服装，先用湿烫，然后再干熨，这样可使服装各部位平服挺括、不起壳、不起吊，并且使服装保型时间较长。

三、压力

一定的整烫压力有助于克服纤维分子间、纤维纱线间的阻力，使织物按照要求进行变形和定型。随着压力的增大，服装的保型性均有增加。如果压力过大，纱线与织物易被压扁，面料的厚度变薄，对比光泽度增大而造成服装的极光，所以整烫压力应随服装的材料及造型等要求而定。对于要求挺括的西裤挺缝线、百折裥裙的折裥等，采用的压力可加大；而对于灯芯绒等起绒衣料，压力要小或汽烫，避免使绒毛倒伏或产生极光而影响质量。

四、时间

由于织物的导热性较差，所以织物上下层的受热都有一定的时间差，因此熨烫需要一定的延续时间才能达到熨烫定型的作用。

五、冷却方法

在温度、湿度、压力下通过一定时间的熨烫达到变形，但定型必须在冷却下才得以实现。一般使用的冷却方法有自然冷却、冷压冷却及抽湿冷却。采用合理的冷却方法，可以提高定型效果。

第四节　国际公定熨烫符号

熨斗是最常用一种熨烫设备。大部分工业用熨斗，都装有温度调节装置，可以实施各种不同温度的调节。目前国际上通用的公定熨烫符号，是以熨斗为标志的，即熨斗符号。图 6-1所示即为 1973 年 7 月 4 日起实行的关于纺织品熨烫的国际公定熨烫符号。

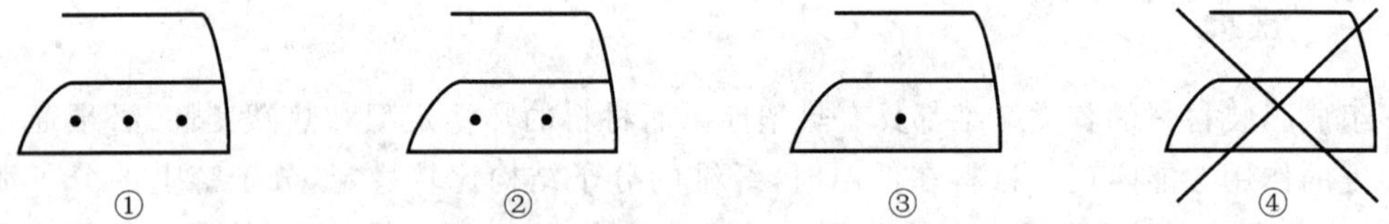

①强级处理，多为棉、麻衣物的熨烫；②中级处理，多为羊毛、丝、聚酯、粘胶纤维衣物的熨烫；③弱级处理，多为化学纤维衣物的熨烫；④不熨烫。

图 6-1　国际公定熨烫符号

第五节　典型服装手工熨烫定型工艺

手工熨烫是指用熨斗在服装的不同部位，采用合适的温度、湿度、压力等工艺条件，并用归拔推等不同手法，使服装达到熨烫平整、符合立体人体的效果。

一、手工熨烫工具

手工熨烫主要工具有电熨斗、烫台、烫毯、烫枕、马凳、铁凳、烫布、喷水壶和刷子等，见图 6-2 所示。

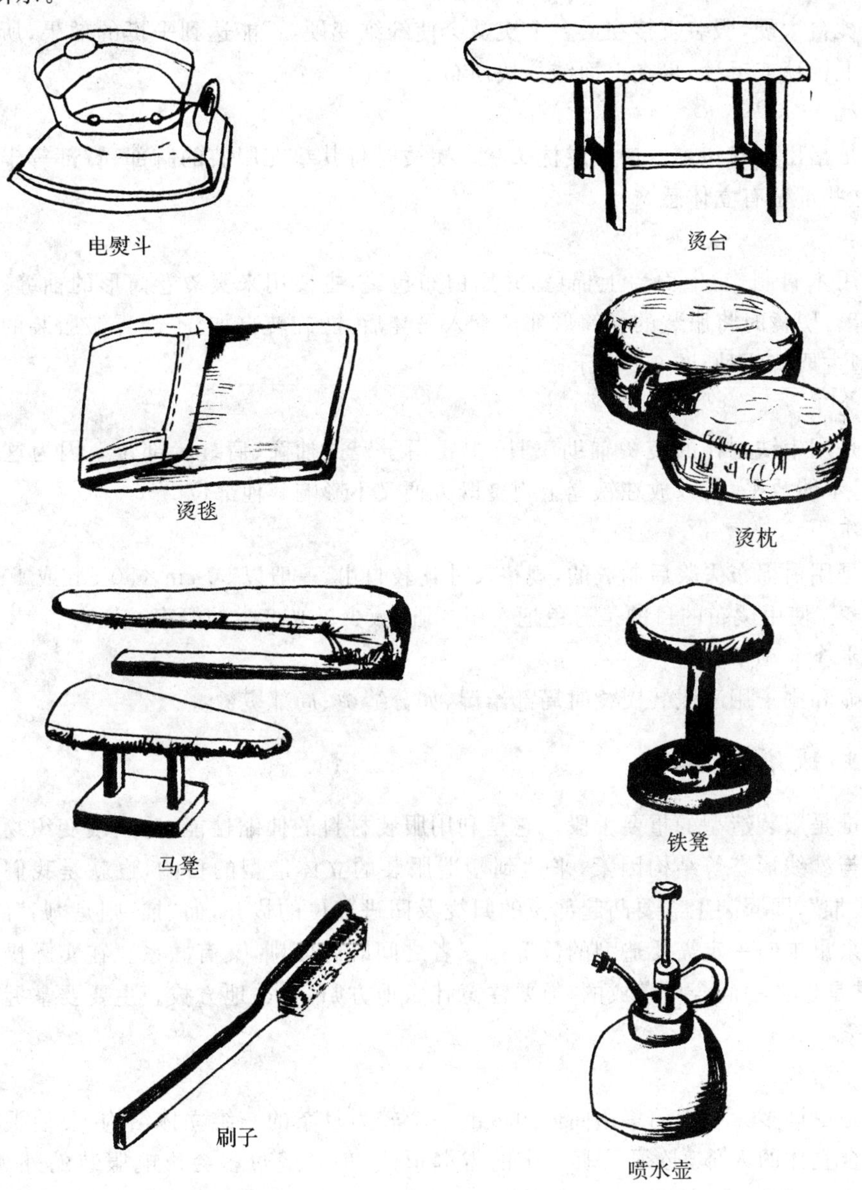

图 6-2 手工熨烫工具

1. 电熨斗

电熨斗是在熨烫定型过程中运用得最多的工具。手工熨烫电熨斗可分为普通电熨斗、调温电熨斗及蒸汽电熨斗。电熨斗以电流作为热源，使用时通过电源使熨斗温度逐渐升高，功率有 300～1000 W 等多种，常用的为 500～800 W，并以蒸汽电熨斗为多。

2. 烫台

烫台是用来垫烫的工具，要求台面高度适中，以可使熨烫操作者较为省力为宜，长度约为 1.2 m，宽度约为 0.8 m。

3. 烫毯

由于烫台太硬，服装直接在烫台上熨烫会使纤维变硬，不能达到平挺的效果，所以要在烫台上垫上棉毯或毛毯，再在上面铺一块白布。

4. 烫枕

烫枕是指用白布包裹木屑做成枕头状。熨烫时将其垫在服装的胸部、臀部等丰满突出部位，使这些部位有立体感。

5. 马凳

马凳用木料制作，上面盖上棉毯，并用白布包裹，主要用来熨烫卷筒形的袖缝、裤子裆缝、侧缝等。熨烫时将服装的卷筒形部位套入马凳后，能旋转自如，不会弄皱服装的其他部位，其造型主要有两种，图 6-2 所示。

6. 铁凳

铁凳是用生铁制作的熨烫辅助工具，主要用于熨烫袖窿、肩缝等部位。因为这些部位带有弧度，不能放平，所以放在铁凳上熨烫既方便又不影响其他部位。

7. 烫布

烫布是用白棉布去浆后制成的，规格尺寸比较自由，一般以 90 cm×50 cm 或 100 cm×60 cm 为多。使用烫布的目的是避免把衣服弄脏，减少极光产生的概率。

8. 喷水壶和刷子

喷水壶和刷子用于服装熨烫时局部给湿，如分缝烫、局部熨烫。

二、归拔推的原理

归拔推是服装造型的重要手段。它是利用服装材料的伸缩性能，适当改变织物的经纬组织密度与纱线形态等结构因素，来达到塑造服装的立体造型的目的，也就是我们通常所说的"归拔推"，即服装上需要凸起部位的归拢及凹进部位的拔开，而"推"则是"归"的继续，将归拢的余量推向一定需要造型的位置。三者之间既有区别，又有联系。在实际操作过程中，归拔推是连在一起合作完成的，但要注意什么地方归，什么地方拔。主要要掌握以下三个影响因素：

1. 人体结构

人体是由许多无规则的多角曲面组成的一个较为复杂的三维立体结构，要使平面的服装材料符合立体的人体，必须采取一定的省缝形式，但省缝过多会影响服装的外观造型。而且人体曲面属于不可展曲面，仅靠省缝结构不可能塑造出理想的合体结构，尤其是曲面变化不强烈的男体，更加适合使用归拔推工艺来适应人体。省缝结构与归拔推工艺相结合，使得平面的面料适合复杂的男女人体。

2. 服装材料

并不是所有的服装材料都适合于采用归拔推工艺。可以采用归拔推工艺的前提是材料具有可塑性。一般这类材料应含有羊毛的成分，而且即使是伸缩性很好的面料，归拔推也不能过量，否则会损坏织物的性能。

3. 服装的款式造型

归拔推工艺采用与否与款式造型有直接的关系，对于宽松的款式，没有必要采用复杂的归拔推工艺。一般来说，归拔推工艺在复杂的男女西装、西裤中采用，尤其是用于男装。

三、服装归拔推熨烫定型方法

(一)男西裤归拔推方法

由于人体臀部丰满突出，所以后裤片裆缝的弯曲度较大，而前裤片相对平缓。为了满足人体曲面的过渡，对于前后裤片需要进行归拔推。

1. 后裤片归拔熨烫

后裤片归拔熨烫过程，如图 6-3～6-5 所示，其程序如下：

(1)在中裆部位用力拔开，中裆以上部位要向上拔推，中裆以下部位要向下拔推，同时将中裆里口归拢至中裆挺缝线，小腿处略为归拢；窿门以下 10 cm 要归拢，窿门横丝处拔开，后缝中段归拢一些，形成臀部胖势，如图 6-3 所示。

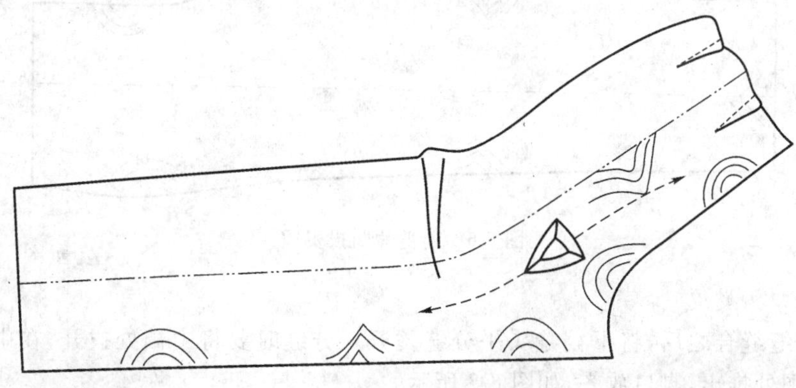

图 6-3 后裤片归拔熨烫步骤(1)

(2)将中裆部位的凹势略为拔开，并将里口归拢至中裆挺缝线；将侧缝臀围处归直，中裆以下略微归拢，脚口中部处略微归拢，如图 6-4 所示。

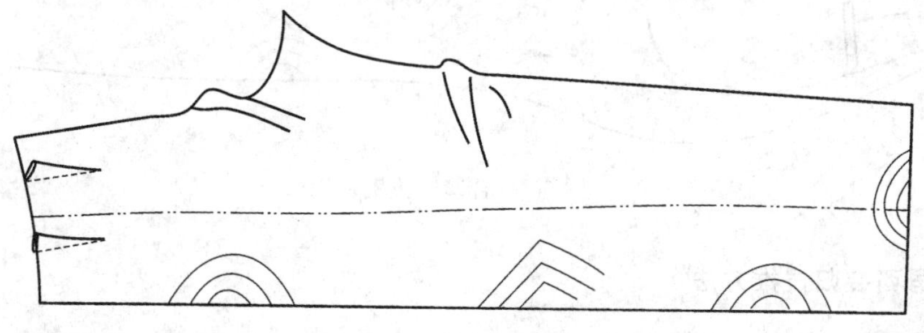

图 6-4 后裤片归拔熨烫步骤(2)

(3)将侧缝与下裆缝拼合，把后挺缝线归拔成曲线状，用左手伸进裤子的臀围处，用力向外推出，再用熨斗在推出的胖势处来回熨烫。注意归拔要到位，要将后臀部烫出来，臀部以下的挺缝线要归，下裆和侧缝重合烫成一条直线，如图 6-5 所示。

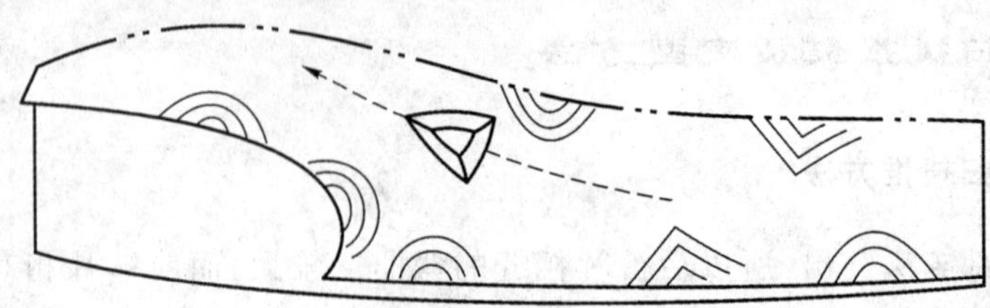

图 6-5　后裤片归拔熨烫步骤(3)

2. 前裤片归拔熨烫

前裤片归拔较为简单，在臀围侧缝胖势处、前裆胖势处归拢，在中裆两侧拔开，使侧缝和下裆缝烫成直线；在中裆处拔开；脚口中部略微拔开，如图 6-6 所示。

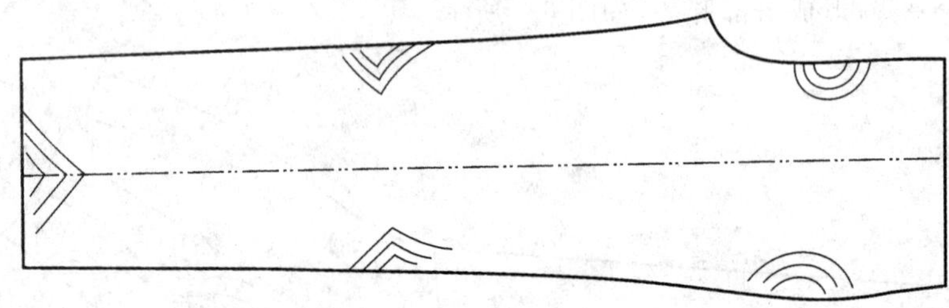

图 6-6　前裢片归拔熨烫

3. 合缝归拔熨烫

将下裆缝缝合之后，将下裆缝头平分缝烫开。分缝时要将中裆处拔开，在中裆挺缝线归平，后臀围处推出，脚口放齐，如图 6-7 所示。

图 6-7　合缝归拔熨烫

(二)男西装归拔推方法

男西装归拔推工艺比较复杂，同西裤一样有衣片归拔与缝纫过程中的归拔两部分。

1. 前衣片归拔推方法

(1)前衣片有收省，略有凹凸起伏，但与男子体形不贴服，需要采用归拔熨烫工艺使衣片符合人体。其步骤如图 6-8～6-12 所示。

(2)在归拔之前应先将省缝分开,分开时省尖不能拉伸,只能略微归缩。

(3)由胸省向门里襟止口推弹 0.5～0.6 cm,将止口丝缕归直并烫平顺,然后将驳口线中段归拢,如图 6-8 所示。

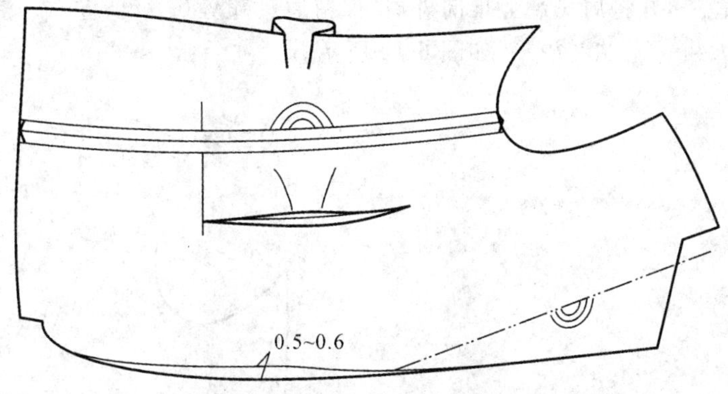

图 6-8　男西装前衣片归拔(3)

(4)将大袋中间的丝缕归正,并从胸省上端顺着省的里口来回熨烫,将胁势归拢,归到胸省与胁省之间的一半位置。并顺着胁省缝头熨烫,在腰部处来回归拢熨烫,将胁省缝头熨烫顺直,如图 6-9 所示。

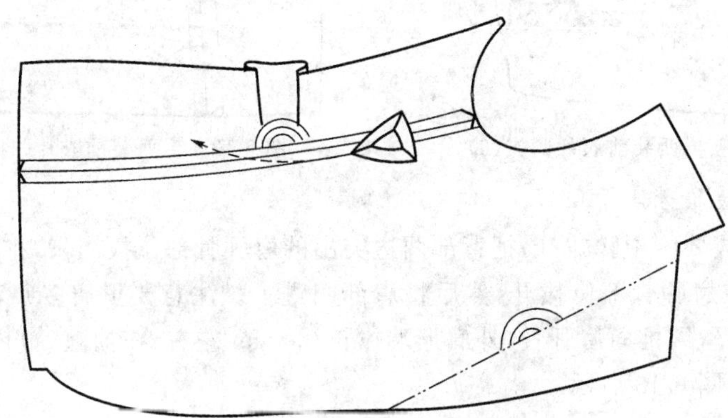

图 6-9　男西装前衣片归拔(4)

(5)将腰上段侧缝处横丝缕抹平熨烫;归烫侧缝臀部至下摆,推直;在腰部将回势作归拢,并注意横丝缕的均匀,如图 6-10 所示。

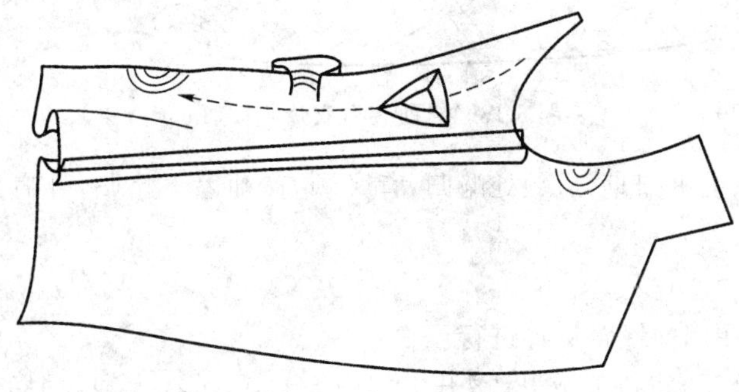

图 6-10　男西装前衣片归拔(5)

(6)在驳口线靠近胸高点处，斜丝归拢 0.3～0.5 cm，然后将胸部略微拔开一点，然后将腰胁以上的直丝向前推，袖窿下的横丝归平，直丝不能向后弯，如图 6-11 所示。

(7)将领圈横丝烫平，直向丝缕向肩外拔开 0.6 cm，再将外肩袖窿上端 7 cm 处直丝延伸，使肩头产生翘势，并将肩头翘势推向外肩，保持肩头翘势 0.8 cm 左右。然后将下摆略微归拢，向上推至大袋一半左右烫平，如图 6-12 所示。

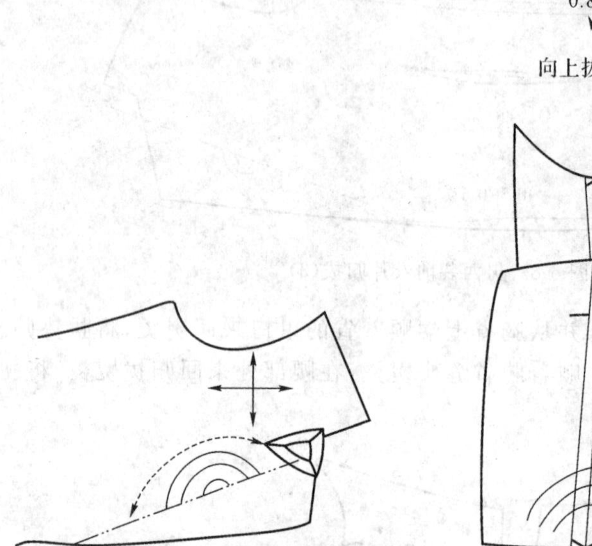

图 6-11　男西装前衣片归拔(6)

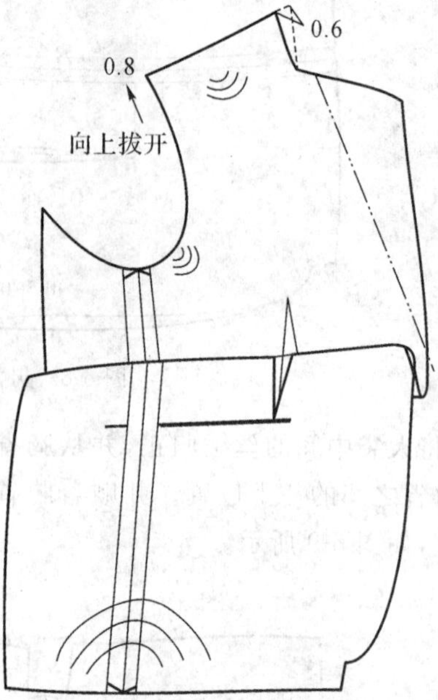

图 6-12　男西装前衣片归拔(7)

2.后衣片归拔推方法

后衣片的归拔要将中腰拨开，把背部两边突出的肩胛骨部位拔出来，将肩部归进去。

(1)用熨斗在肩胛骨部位拔开，然后将肩部归进去。注意要里肩多归，外肩少归，并在外肩上角，将横向丝缕推向肩胛骨，外肩上端拔长 0.5 cm 左右；在袖窿处归拢，腰节处拔开，侧缝臀部略归，如图 6-13 所示。

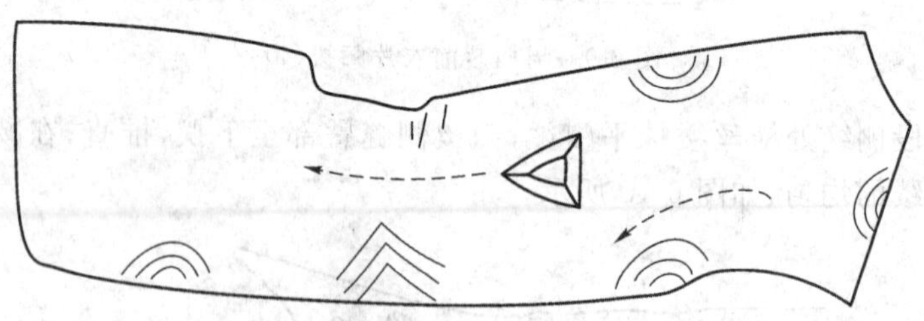

图 6-13　男西装后衣片归拔(1)

(2)将背缝分开烫平归直，后领处略归，背叉顺直，袖窿下略归，外肩拉直，里肩归拢，如图 6-14 所示。

3.袖子归拔推方法

袖子的归拔放在偏袖缝合后再进行。

(1)将偏袖缝合后，将拼缝分开、烫开。如图 6-15 所示在大袖袖肘处拔开，将偏袖缝向里弯的弧线拔成向外弯的弧线，并在其大袖两端上部 10 cm 处略微归拢。

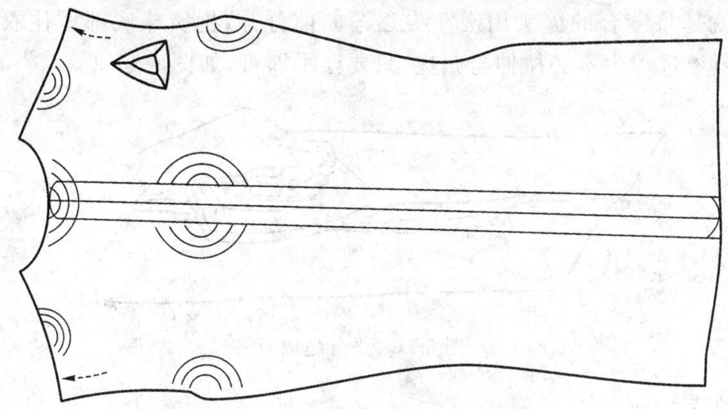

图 6-14　男西装后衣片归拔(2)

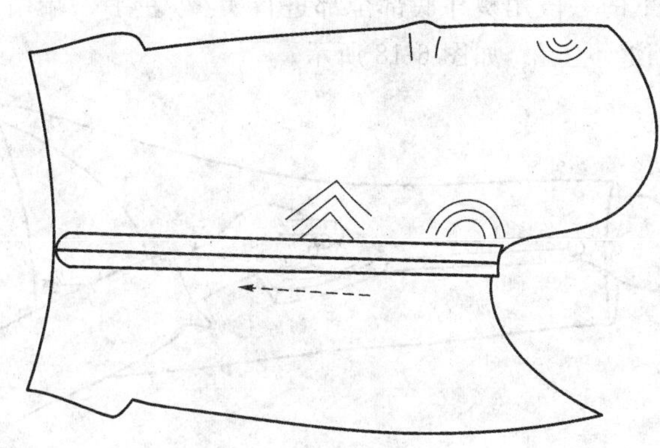

图 6-15　袖子归拔(1)

(2)两条袖缝完归拔后呈如图 6-16 所示造型。

图 6-16　袖子归拔(2)

四、缝头熨烫方法

服装缝头熨烫的方法主要有分烫与扣烫两种：

(一)分烫

分烫又称分缝熨烫，即将缝合的两个衣片的缝头分开、烫平。根据缝合部位的造型不同，又可以分成平分缝、伸分缝、缩分缝三种，它们在实际服装中往往相互配合使用。

1. 平分缝烫

平分缝烫就是将缝合的缝头用熨斗尖逐渐向前分开，把熨斗底部压住衣料，往复熨烫达到平服。在熨烫过程中不必拉伸与归拢，只要摆平即可，如图 6-17 所示。

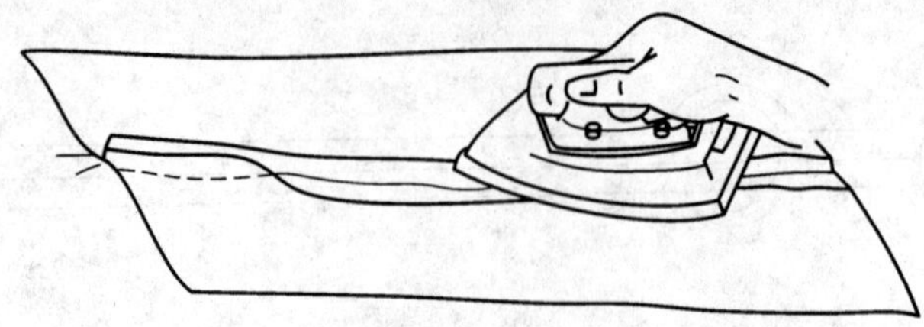

图 6-17　平分缝烫

2. 伸分缝烫

伸分缝烫就是在熨烫时带有拉伸力，左手一端用力拉住，右手一端熨烫。如在熨烫裤子下裆缝时，在中裆以下的一段用熨斗底部全部进行熨烫，左手一端用力拉紧缝头，这样往复熨烫就能使裤子下裆缝不上吊，如图 6-18 所示。

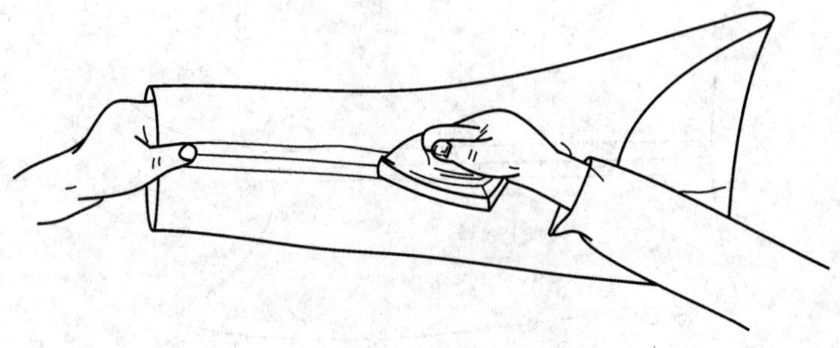

图 6-18　伸分缝烫

3. 缩分缝烫

缩分缝烫就是在熨烫时用熨斗尖分烫，左手中指和拇指按住缝头两侧，用食指靠向熨斗尖，边分边烫。其目的是为了使衣料的丝缕归平，斜丝松开，烫出胖型弧线。如在服装的肩缝、袖子的外袖缝等。在熨烫过程中，为防止熨烫不匀，可采用铁凳、马凳等工具加以辅助，如图 6-19 所示。

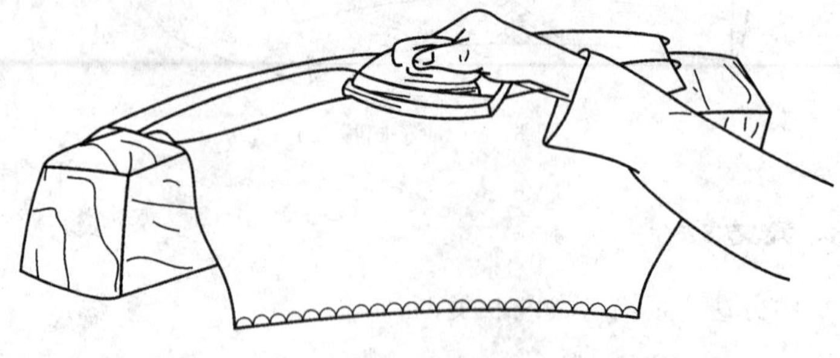

图 6-19　缩分缝烫

(二)扣烫

扣烫又称扣缝，是指将缝合的衣服缝头折转熨烫。根据部位的造型需要，可以分成平扣烫与缩扣烫两种。

(1)平扣烫。用于对平直的衣服缝头的折转，如裤腰、裙腰的缝头的扣烫。

(2)缩扣烫。用于对衣裙、大衣、圆贴袋等底部带有弧度的缝头的折转，如图 6-20 所示为缩扣烫弧线底摆，其方法是用左手的食指和拇指捏住缝头，右手用熨斗尖在折转的缝头处熨烫，动作要灵活，使弧线自然圆顺。

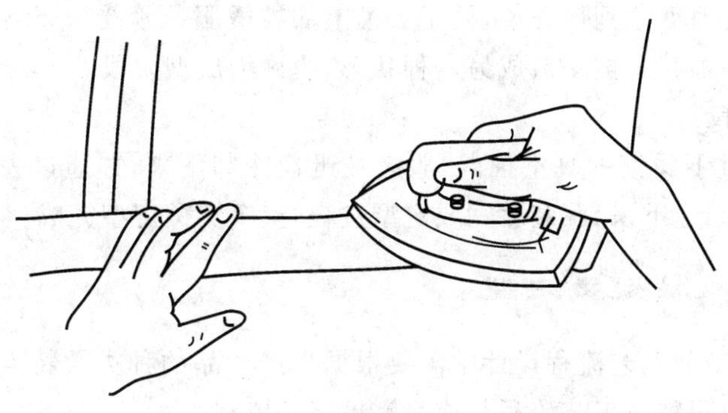

图 6-20　缩扣烫

第六节　典型服装机械熨烫定型工艺

机械熨烫就是通过机械来提供熨烫所需的温度、湿度、压力、冷却方法，并运用符合人体各部位造型的烫模完成熨烫定型的整个过程。

一、机械熨烫工具

机械熨烫最主要的工具是蒸汽熨烫机，其由上下烫模组成。大部分熨烫机的下模都是静止的，依靠上模的运动完成开启动作，并施加压力。熨烫机大部分都由上模释放蒸汽，下模完成抽湿干燥作用，也有上下模均可释放蒸汽和进行抽湿的机械。蒸汽熨烫机的工作原理是将需要熨烫的部件或整体放在熨烫机的下模上，在合模的同时由上模喷出高温高压的蒸汽，然后加压，抽湿冷却，达到定型的效果。

此外，服装工厂在用的熨烫定型设备有电熨斗、蒸汽熨斗、模熨机、夹熨机、人像熨烫机以及粘合机。整烫定型设备的种类很多。尽管不同的设备具有不同的熨烫效果与效率，但熨烫的工作原理是大致相同的，基本都遵循“(蒸汽)加湿升温一压力成型——去湿迅速冷却”的物理过程。先进的熨烫定型设备可以将这些人为因素导致的误差率降到最低，而且能大幅度提高生产效率。比如，热熔粘合机能很好地解决里衬粘合问题，只需在电脑中设置一定的温度、压力，经过一定的时间便可完成。这种方法效率高、质量好且稳定，适合大批量生产。熨烫机成型模具能代替手工熨烫的造型要求，可大幅度减少工艺难度。近几年开发的整烫定型设备一般都带有微处理器控制器，可以自行确定工艺参数，自动完成整个物理过程，这不仅提高了工作效率，还能获得稳定的熨烫质量。

二、机械熨烫工艺过程

机械熨烫基本工艺流程分为三个阶段，即给蒸汽→成型→去湿干燥。

1. 给蒸汽阶段

在该阶段，上烫模放出高温蒸汽，使服装开始升温且获取一定的湿度，达到定型前的准备状态。

2. 成型阶段

在该阶段，熨烫温度达到最高值，处于下模上的被烫服装承受上下烫模所施加的压力。此时，服装材料由一种状态被塑造成另一种状态，故称为成型阶段。

3. 去湿干燥阶段

在该阶段，通过下烫模的真空抽湿，服装被迅速冷却下来，并通过去湿干燥，将在成型阶段所塑造的造型固定下来，服装就完成定型过程，整个熨烫定型完成。

三、男西裤机械熨烫定型

在服装熨烫定型的工艺流程设计中需要根据生产产品的种类及特点，合理选择工艺流程，而基本流程有中间熨烫工艺流程与成品熨烫工艺流程。

(一)男西裤机械熨烫定型工序

男西裤熨烫定型比较简单，图 6-21 所示为男西裤的中间熨烫和成品熨烫工序名称示意图。不同的工厂采用的熨烫设备型号不同、技术人员的习惯不同、工厂条件不同等都会带来熨烫工序的差异。熨烫定型的原则是要避免不必要的重复熨烫，根据实际因地制宜、保证质量、提高产量。

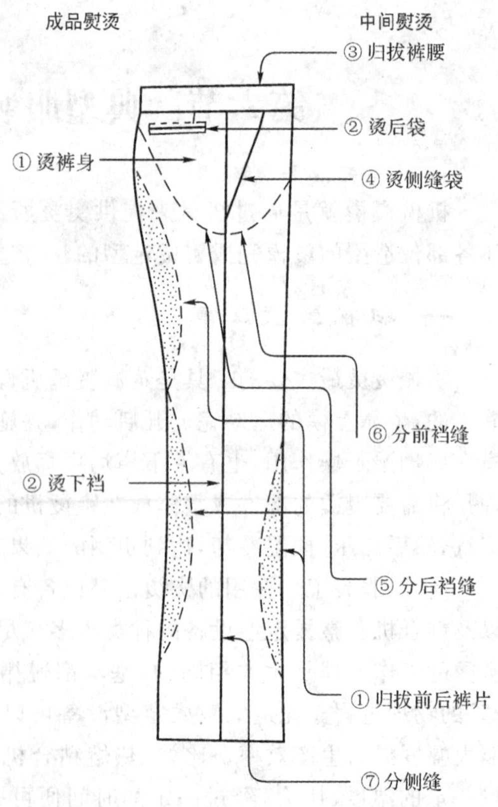

图 6-21 男西裤中间熨烫和成品熨烫工序

(二)男西裤机械熨烫定型工艺流程

1. 中间熨烫

归拔前后裤片→烫后袋→归拔裤腰→烫侧缝袋→分后裆缝→分前裆缝→分侧缝

2. 成品熨烫

烫腰身——烫下裆

四、男西装机械熨烫定型

男西装熨烫定型较为复杂，通常也分为中间熨烫工艺流程与成品熨烫工艺流程。

(一)男西装机械熨烫定型工序

图 6-22 所示为男西装的中间熨烫和成品熨烫工序名称示意图。

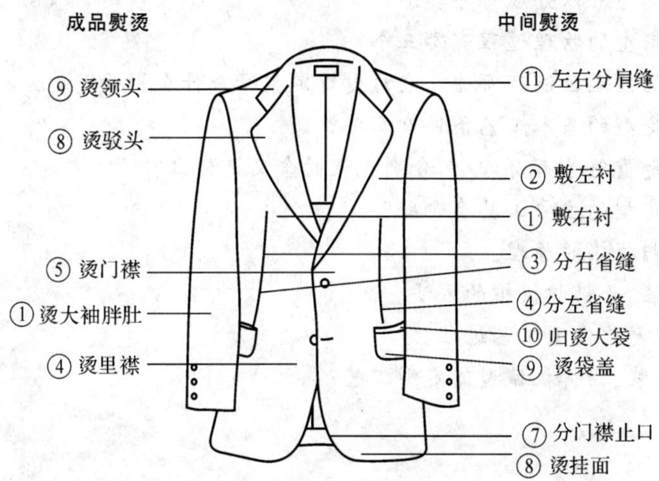

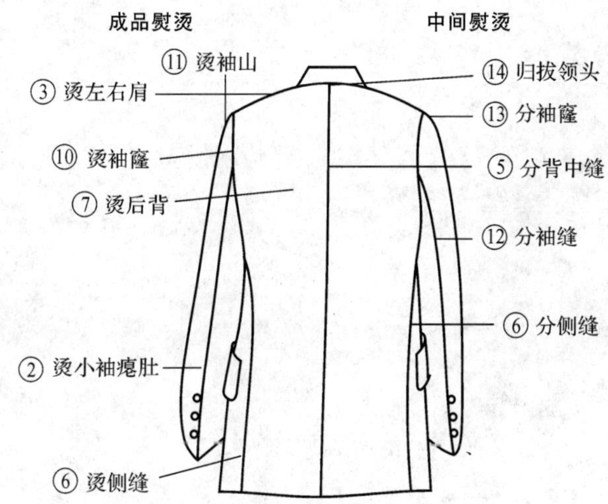

图 6-22 男西装中间熨烫和成品熨烫工序

(二)男西装机械熨烫定型工艺流程

1. 中间熨烫

敷右衬→敷左衬→分右省缝→分左省缝→分背中缝→分侧缝→分门襟止口→烫挂面→烫袋盖→归烫大袋→左右分肩缝→分袖缝→分袖窿→归拔领头

2. 成品熨烫

烫大袖胖肚→烫小袖瘪肚→烫左右肩→烫里襟→烫门襟→烫侧缝→烫后背→烫驳头→烫领头→烫袖窿→烫袖山

[思考题]

1. 服装熨烫定型的作用是什么?
2. 服装熨烫定型可以分成哪些类别?
3. 服装熨烫定型的物理过程有哪三个?
4. 服装材料的热湿性能有哪些?它对熨烫定型带来什么影响?
5. 服装熨烫定型的基本工艺条件有哪些?
6. 国际公定熨烫符号有哪四个,分别代表的含义是什么?
7. 手工熨烫定型的主要工具有哪些?
8. 简述服装归拔推的原理。
9. 简述男西装、西裤归拔推的方法。
10. 简述机械熨烫定型工艺过程。
11. 简述男西装、西裤机械熨烫定型工艺。

第七章　成衣后整理工艺

［本章提要］

面辅料进厂后，要进行数量清点以及外观和内在质量的检验，符合生产要求的才能投产使用。在批量生产前首先要进行技术准备，包括工艺单、样板的制定和样衣制作。样衣经客户确认后方能进入下一道生产流程。面辅料经过裁剪、缝制制成半成品后，根据服装质量的要求以及服装特殊效果的需求，服装还需进行成衣后整理处理。

成衣后整理工艺主要包括服装加工后整理与服装染整加工两大方面。为了保证服装的质量，提高服装的档次，成衣必须经过色差识辨、毛梢整理、断针检验、褶皱平整、布疵修理、污渍清除等服装加工后整理。随着消费水平的变更，人们对服装的追求越来越高，款式时装化、面料新奇化、色泽多样化已成为时代追求的目标，从而也促进了成衣染整加工的迅速发展。服装染整加工可分为成衣洗水、成衣染色与印花、成衣染色后整理三大部分。成衣染整加工目前已成为提高服装品位与附加价值的现代化新技术，符合当今流行速度快、变化大的时尚服装业的需求。

［学习重点］

1. 服装加工后整理的内容及方法
2. 成衣洗水的目的和种类
3. 成衣染色后整理的种类及其特点
4. 掌握牛仔服装洗涤工艺
5. 针织羊绒衫洗缩及其他后整理工艺与特点

［本章结构］

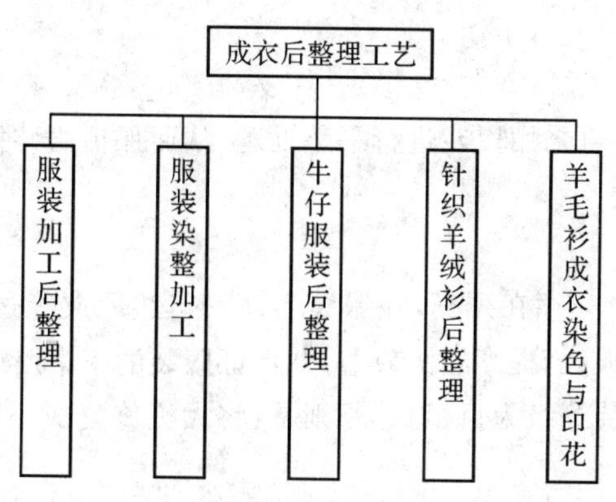

第一节　服装加工后整理

服装缝制加工完成后，出厂前还必须经过严格的质量检验与整理、包装等工序，保证出厂的服装不仅外观平整挺括、干净整洁，而且没有污渍、线头等影响产品质量的杂物，从而提高服装的质量与档次。

服装加工后整理主要包括色差识辨、毛梢整理、断针检验、褶皱平整、布疵修理、污渍清除等。

一、色差识辨

审查服装不同部位是否存在色差，不同部位的色差级别是否超过标准等级，并对其做出降级等相应处理。

二、毛梢整理

毛梢又称线头，分死毛梢和活毛梢两种。死毛梢是指服装缝制加工过程中未将缝纫线剪除干净而残存在服装上的缝纫线头，以及由于包缝不净造成的布纱头。尽管大多数缝纫机都备有自动或半自动剪线器，可以保证缝纫线头长小于 4mm，但大多数线头仍需由人工修剪。活毛梢是指已剪断但还留在服装上没有去除的线头，以及服装在生产过程中粘上的线头和纱头。

通常，采用手工处理、粘去法和收取法三种方法进行毛梢整理。手工处理是指用手将线头拿掉后放入水盒或其他不易使其飞跑的容器内，适合于死线头处理；粘去法是指采用不干胶纸或胶滚轮粘去毛梢，适合于活线头处理，工厂常用此法；收取法是指利用吸刷毛机，先将活线头刷掉，同时通过抽风箱吸走。

三、断针检验

服装生产过程中，如果由于疏忽致使断针残留在服装中，不仅会对消费者的服用安全造成影响，还会使企业的信誉大打折扣。因此，必须进行断针检验。通常可配备验针机辅助完成。

四、褶皱平整

服装表面若有褶皱，可采用熨斗进行平整处理，从而保证服装挺括、平服、圆顺。

五、布疵修理

一般，服装衣料自身会存在残疵，在服装生产、搬运、取放等过程中也会造成不同程度的残疵。为了降低布料损耗，提高经济效益，并保证服装的正常服用，应对布疵进行修复。

布疵修理以提高服装等级为目标，其原则是：将大疵修复成小疵或无疵，小疵修理成完好状态。

六、污渍整理

服装在生产过程中可能由于接触到有油、有色物质等而被污染。因此，在服装加工中应严格控制污染源，但也应具备切实可行的去污措施。

(一)污渍的类别及其特征

服装上的污渍主要有蛋白质类、油污类和水化物类三种类型，它们在衣料上都有较明显的特征。像血、乳、昆虫、痰、涕等蛋白质类污渍在衣料上一般无固定的形状，但干后却发硬，血渍、昆虫渍有较深的边缘，其余多数呈淡黄色的边缘痕迹；像机油、食物油、油漆、药膏等油污类污渍较易识别，它们在衣料上往往呈菱形，经向长纬向短，一般油渍边缘逐渐淡化；水化物类污渍，如墨水、碘酒等都有鲜明的颜色；茶渍、水渍呈淡黄色，有较深的边缘，但干后不发硬。

(二)污渍整理原则

(1)及时去除污渍。服装上一旦沾有污渍，要及时处理。处理得越及时，去污渍的效果越好。相反，拖延的时间越长，污渍会渗透到纤维内部，与纤维牢固地结合，甚至发生化学反应，使得去污渍的难度变大。

(2)合理选用去污剂。应根据污渍的种类和面料的类别，选择合适的去污剂和去污方法。一般毛织物宜选用中性或酸性去污剂，纤维素纤维织物宜选用中性或碱性去污剂，合成纤维织物宜选用去污能力较强的去污剂。表 7-1 所列的是服装生产过程中常出现的污渍及其去除方法。

表 7-1 常见污渍及其去除方法

污渍名称	去污方法
血、奶渍	胡萝卜捻碎后拌上盐，涂在污渍上，揉搓，再用清水漂净；或者，先用生姜擦洗，然后蘸冷水搓擦，可不留痕迹。
咖啡、茶渍	新渍可用热水搓洗干净。对于已干污渍，可采用甘油、蛋黄混合液涂拭，稍干后再用清水洗涤；或用稀氨水、硼砂和温开水涂擦除去污渍。对于羊毛混纺织物，用10%甘油溶液洗涤。
果汁渍	新渍可先撒些食盐，用水润湿，再浸在肥皂水中洗涤。对于轻微的果渍，可用冷水多次洗涤，直至洗净。对于较重的果渍，先用 5%稀氨水搓洗，再用洗涤剂洗净。或者，在果汁渍上滴些食醋揉搓，再用清水洗净。
口香糖渍	先用生鸡蛋清去除衣物表面上的胶，并擦去残余的粒点，再放入肥皂液中洗涤，最后用清水漂净。对于不能水洗的衣料，可用四氯化碳涂抹，除去残留污液。或将衣物放入冰箱的冷藏室中冷冻一段时间，糖渍变脆，用小刀刮去剥离。
酱油渍	在微温的洗衣粉溶液中加少量氨水和硼砂，搓洗织物即可去除。
番茄酱渍	先刮去干的污渍，再用微温的洗衣粉溶液洗净。
动植物油渍	采用汽油、香蕉水、四氯化碳等溶剂去除。或者，涂些牙膏于渍处，搓擦后用清水搓洗。
圆珠笔油渍	先用温水浸湿，用苯或丙酮或四氯化碳拭擦，再用洗涤剂洗净。也可涂些牙膏加少量肥皂揉搓，若有残痕，再用酒精擦拭。注意不能用汽油洗。
红墨水渍	先用洗涤剂清洗，再用 10%酒精擦洗，最后用清水洗净。也可用 0.25%的高锰酸钾溶液清洗。或者，在污渍处涂些芥子末，经过几小时，红墨水迹会消退。

续表

污渍名称	去污方法
蓝墨水渍	新渍可先在冷水中浸泡，然后用肥皂搓洗。陈渍则要在20%的草酸溶液中浸泡几分钟，然后用洗涤剂洗除。
墨汁渍	先用清水洗，再用洗涤剂和饭粒一起搓揉，然后用纱布或脱脂棉一点一点粘吸，残迹可用氨水洗涤。也可用牙膏、牛奶等擦洗，再用清水洗净。
水彩渍	先用热水把污渍中的胶质溶解去除，再用洗涤剂或淡氨水脱色，最后用清水漂净。白色的衣物可用双氧水脱色。
复写纸、蜡笔色渍	先在温热的洗涤剂中搓洗，再用汽油、煤油清洗，最后用酒精擦除。
胶水渍	用温水浸泡污渍，揉搓，再用温热的洗涤液洗一遍，最后用清水冲净。
口红渍	先浸透汽油，再用肥皂水擦洗。
汗渍	在汗渍处喷上一些食醋，过一会儿洗涤即可。或者，在清水里加几滴氨水，把有汗渍的衣服放进去漂洗一下，再用清水洗净。
锈渍	用1%的草酸溶液擦拭，再用清水漂洗。
红药水渍	先用温热洗衣粉溶液洗涤，再分别用草酸、高锰酸钾处理，最后用草酸脱色，用清水漂净。
碘酒渍	先用温热亚硫酸钠溶液处理，再用清水反复漂洗。也可用酒精擦洗。
药膏渍	先用汽油、煤油刷洗，也可用酒精搓擦，待起污后用洗涤剂浸洗，再用清水漂净。

(3)正确使用去污方法。去污方法分为干洗和水洗两种。一般，水溶性污渍多用水洗；油污、蛋白质类污渍多用干洗。洗涤时应从四周向中心慢慢刷洗，以防止污渍扩散，不能用力过大，以免织物起毛。除污后，在衣物未干前尽量不要熨烫，否则会使药剂成为新的污点沾在衣服上。

(4)防止残留污渍团。去污的织物局部洗涤后容易形成明显的水迹边缘。所以在去除污渍后，应马上用清水把织物去污部位的面积刷得大些，然后再在周围喷些水，使其逐渐淡化，以清除这个明显的边缘。

(5)避免褪色与花色。去渍前要先检查织物的色牢度。对于色牢度差、极易脱色的衣物，要谨慎处理，以免造成衣物褪色或花色。对于化纤织物，尤其是化纤印花织物，在用有机溶剂去除污渍时，要防止有机溶剂溶解织物纤维、印花染料而造成衣物的褪色或搭色。有些化学药剂是强氧化剂，会破坏颜色，建议先在面料边缘试一下，以确保安全去渍。

(6)避免损伤织物。去除污渍时必须要先保护好面料质地、色泽不受损坏，即使污渍去不净也不能损伤织物。对于稀薄类织物，注意避免较大的机械外力所造成的面料机械损伤。

去污过程中应合理掌控酸碱度，以免造成织物的损伤。例如棉麻织物遇强酸或浓酸会使纤维炭化，织物发生脆损，因此当用草酸、冰醋酸类物质进行去渍时，应控制浓度与温度都不宜过高，去渍后还一定要用水漂洗干净，再用稀碱溶液中和。丝毛纤维耐酸不耐碱，当用碱进行去渍时，一定要注意碱的浓度与温度都不可过高，去渍后的衣物应用水洗干净，再用稀酸溶液中和残留在织物上的碱液。此外，去污过程中还应慎用漂白。通常有色织物不用氧化剂去渍，以免织物褪色。次氯酸钠、次氯酸钙、高锰酸钾等溶液的氧化作用很强，对丝毛织物有较大的破坏作用，因此不能用这些药剂对丝毛织物进行脱色、去渍和漂白，可用双氧水和过硼酸钠进行去渍或漂白。在对棉麻织物进行去渍或漂白时，也要控制好浓度、温度和时间。

(三)污渍清除操作原则

为了确保去污效果，去除污渍前必须进行污渍类别的判断，以便选择好合适的去污剂和去污方法，也有利于清除污渍。污渍清除的操作原则为：

(1)先水后药。无论什么污渍，都应该先采用水进行处理，以便去除溶解于水的污渍。

(2)先弱后强。去污过程中药剂和工具的使用都要遵循先柔和、后强劲的手段，包括去污的机械外力、去污药剂的浓度、去污的温度等。在去污台上也不能贸然使用蒸汽，温度的控制要本着由低到高的原则。

(3)先碱后酸。由于多数污垢在酸的作用下会与衣物结合得更加牢固，因此，酸性去污剂应放在最后使用。不过，若对污渍类别判断准确的话，也可以立即使用某种去污剂。

(4)先试后除。为避免去污剂的选用不当对衣物造成损害，在去除污渍前，应先试验一下面料的承受能力。

(5)去污后处理。去污处理后要注意彻底清除去污剂，以保证衣物上没有任何残留物，可以采用洗涤的方法。确保污渍处理干净后再进行熨烫整理。

(四)污渍整理工具

污渍整理中，常采用毛刷、玻璃板、垫布、盖布等工具。垫布必须是白色的棉布，要注意经常洗涤，以保持清洁。除污时，先将浸水挤干的垫布折成8～10层平放在玻璃板上，再把有污渍的织物放在垫布上面，涂上清水、去污剂，用毛刷沿垂直方向敲击，或加热使污垢和去污剂逐渐脱落到垫布上。有的污渍要反复多次才能清除干净。

使用水清洗的去污，还可以使用高压去污喷枪，如图7-1所示，它采用真空原理，利用活塞式运动产生高压，也可以适当加入清洁剂，如三氯乙烷等，以提高清洁去污效果。市场上还有蒸汽去渍枪、气动去渍枪等去污枪，见图7-2。

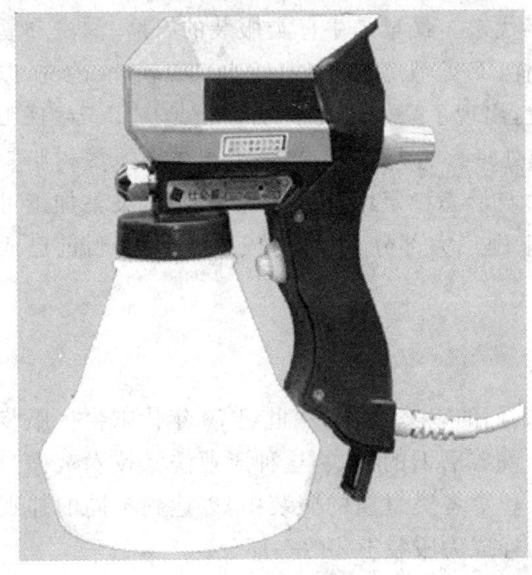

图7-1　清洁枪

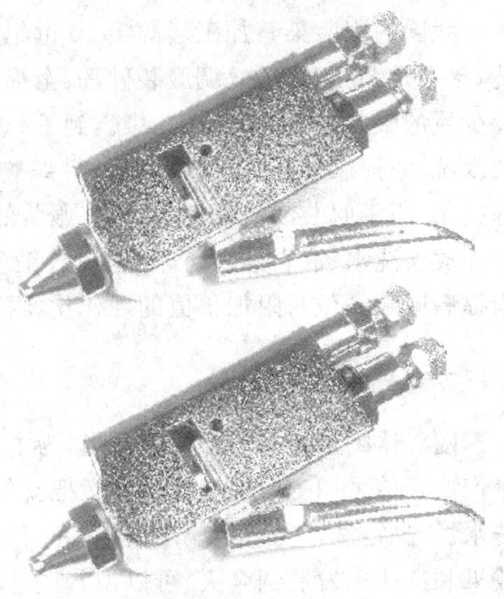

图7-2　去污枪

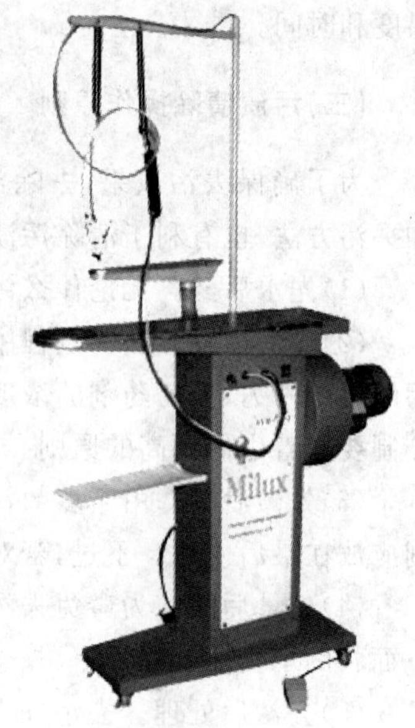

图 7-3　去污机

为了适应不同的去污方法，达到快速去污的效果，还可以使用去污台、去污机（如图 7-3 所示）。去污机通常由负压抽湿工作台、清水喷枪（或蒸汽喷枪）和去污剂喷枪等构成。使用抽湿台可以瞬时吸收溶剂，防止渍斑。

近年来，市场上还出现了超声波去污设备与工具。超声波清洗的原理是利用超声波在液体中的空化作用、直进流作用和加速度作用对液体及污物进行直接、间接的作用，使污物层被分散、乳化、剥离，达到清洗的目的。所谓空化作用就是超声波以每秒两万次以上的压缩力和减压力交互性的高频变换方式向液体进行透射。在减压力作用时，液体中产生真空核群泡的现象，在压缩力作用时，真空核群泡受压力压碎时产生强大的冲击力，由此剥离被清洗物表面的污垢，从而达到精密洗净的目的。直进流作用是利用直进流现象达到清洗污物的目的。超声波在液体中沿声的传播方向产生流动的现象称为直进流。声波强度在 0.5 W/cm^2 时肉眼能看到直进流垂直于振动面产生的流动，其流速约为 10 cm/s。通过此直进流，可使得被清洗物表面的微油污垢被搅拌，污垢表面的清洗液也随之产生对流，溶解污物的溶解液与新液混合，使溶解速度加快，从而对污物的搬运起到作用。加速度作用是利用液体粒子推动产生的加速度达到清洗的目的。对于频率较高的超声波清洗机，空化作用就很不显著了，这时的清洗主要靠液体粒子超声作用下的加速度撞击粒子对污物进行超精密清洗。目前所用的超声波清洗机中，以空化作用和直进流作用应用得更多。

第二节　服装染整加工

我国的服装染整加工起源于 20 世纪 70 年代末。最早是牛仔类服装的石磨、漂洗和雪洗，接着是 80 年代的丝绸服装砂洗、全棉与涤棉（T/C）服装的水洗（缩水）、柔软洗、砂洗，以及少量的服装染色、印花和扎染。到了 90 年代，出现了酶处理技术，并广泛地应用于牛仔服装水洗、纯棉服装超级柔软洗以及针织物抛光处理。近些年来，兴起了永久性压烫树脂整理技术，用于服装浸渍处理，以提高服装的尺寸与形态稳定性。概括起来，服装染整加工可分为成衣洗水、成衣染色与印花、成衣染色后整理三大部分，也称为成衣湿加工，目前已成为提高服装品位与附加价值的现代化新技术。

一、成衣洗水

随着休闲装的兴起并成为时尚，为了满足人们的审美追求，20 世纪 70 年代末牛仔服装生产商开始采用工业洗涤技术故意把新的裤子洗成磨旧的样式，这种工业洗涤技术被称为洗水。之后，洗水工艺还应用于棉、麻、化纤、天丝等各类材质的服装中，以达到不同的外观效果和特征。发展到今天，可以说，成衣洗水已经成为服装工艺的一部分。

(一)成衣洗水的目的

纺织品经过纺纱、染整、制衣多道工序的加工处理后一般都要经过洗水处理,以达到去污、防缩、加柔、去毛或某些特殊的视觉效果,使成衣的综合性能更接近于常态,颜色更为自然。归纳起来,成衣洗水有以下几大目的。

1. 洗缩水

当面料缩水率超标时,先测出面料的经纬向缩水率,并按比例加放到裁片中,制作样衣,进行水洗测试,使服装的缩水率符合标准。因此,这类服装都要经过成衣洗水,使洗水后服装缩水率降至3%或客户要求达到的标准。通常,洗缩水工艺可采用如下方法:将服装放入40 ℃温水池内浸泡,中途不时用棍子压一压,使之全部浸湿,30分钟后取出脱水、烘干。

2. 洗柔软

大多数服装要求手感柔软,可以在洗缩水时加入柔软剂调节服装的手感,洗后不仅服装的缩水率下降,手感也略显柔软。洗柔软一般安排在洗水的最后一道工序进行,或者与其他的洗水工序同时进行。通常,洗柔软的工艺为:将服装放在40 ℃、加有2 g/L柔软剂的温水池内,洗涤一定时间,脱水、烘干。

3. 洗保洁

出口到某些国家的服装产品,要求保证无甲醛或低甲醛。目前,染整加工行业较为广泛地采用树脂加工技术进行防皱防缩整理,这些有甲醛的织物散发甲醛味,使原本无甲醛的服装吸入少量甲醛,若稍不注意,则会造成违约。因此,洗保洁的要求是布上无异味、无甲醛,其工艺通常为:40～50 ℃皂洗(洗衣粉1 g/L,纯碱2 g/L),水洗、脱水、烘干。

4. 去毛

棉织物在染整、制衣等多道生产加工工序中经受各种摩擦,致使其布面的毛羽突出不齐,影响外观与手感。常采用酶洗工艺,去毛,改善外观,提高抗起球能力。通常去毛的工艺为:酶洗(酸性条件,1～2 g/L),水洗、脱水、烘干。要求达到布面毛羽平整,织物强力、颜色达标。

5. 免烫(防皱)

棉织物服装在穿着过程中易起皱,可对其进行免烫整理,即在湿加工过程中加入树脂的处理方法。根据所使用的树脂类型,其加工的工艺流程有所差异。典型的棉免烫整理工艺为:树脂约60 g/L加催化剂洗涤(可根据要求有所不同),脱水、烫布、烘干。整理后应达到织物平整、不易起皱,强力、颜色达标的要求。

6. 牛仔洗水

例如,应用纤维素酶对牛仔布进行类石磨整理,其原理是用纤维素酶水解部分纤维素,使停留在纤维素无定形区的溴化靛兰随之脱落,使牛仔布的表面效果与石磨一样。也可以应用石磨对牛仔布洗水,依靠机械磨损纤维。通常牛仔洗水的工艺为酶洗(或加石)、水洗、烘干。工艺要求减少布面毛头,有石磨效果(褪色、起花),防回染。

7. 综合洗

结合上述几种洗水方法,进行多重水洗。

(二)成衣洗水的种类

根据洗水的过程和应用的主要材料,成衣洗水可分为以下几种类型:

1.普洗

普洗即普通的洗涤,就是将日常生活中的洗涤机械化而已。一般水温保持在60~70 ℃之间,加入一定的洗涤剂,洗涤约15分钟后过清水加入柔软剂即可。根据洗涤时间的长短和化学药品的用量,普洗可分为轻普洗、普洗和重普洗。轻普洗为5分钟左右,普洗15分钟左右,重普洗30分钟左右。经普洗后的服装自然、干净、柔软舒适。

2.化学洗

化学洗是指在洗涤过程中加入氢氧化钠、硅酸钠等化学药品,使得洗涤后的衣物达到某些特殊效果。一般化学洗涤后的服装具有明显的褪色、仿旧、柔软丰满的效果。

3.石洗

采用黄石、白石、人造石等多种石头进行石洗,可使服装达到虽新如旧、干净如新的特殊效果。自从牛仔服装出现以来,石洗一直占有重要的位置。近些年来,由于生物酶技术的发展,石洗逐渐被酶洗所替代。

4.破坏洗

破坏洗是指成衣经过浮石打磨(同时加入一定份量的酶)后,在某些部位产生一定程度的破损,然后进行柔软处理,使得洗后的衣服产生很“破”的效果,以及柔软滑腻的感觉。一般多用于斜纹布等布身较厚的衣服。

5.漂洗

根据使用的漂白剂,漂洗分为氧漂和氯漂。一般在普洗过清水之后,加温到60 ℃,根据所需要的颜色深浅,加入相应的漂白剂,约10分钟后,将衣物与样板对色。衣物对板后,采用大苏打或小苏打进行中和,使漂白停止。漂白后衣服有洁白、鲜艳的外观和柔软的手感。

6.砂洗

砂洗是指服装在松弛状态下膨化、松散,借助机械摩擦作用,添加特殊柔软剂,使织物柔软,身骨飘逸,缩水降低,抗皱性提高,表面覆盖一层柔和雪白的绒毛。砂洗时应根据衣料的组织结构、经纬密度、纱支粗细和捻度等工艺条件,选取合适的膨化剂、砂洗剂和柔软剂及适当的工艺条件。

7.酵素洗

酵素洗又称酶洗。经酵素洗后的衣服手感柔软、舒服。根据使用的酵素种类和衣服的类型,酵素洗可分为去毛(多用于斜纹布)和类石磨效果洗(多用于牛仔布);根据酵素的分量、洗涤时间和风格,酵素洗又可分为重酵和轻酵。

8.成衣染色

成衣染色即在成衣洗水过程中加入一定的染料进行成衣染色(或加色)的染色方法。

尽管洗水工艺赋予了服装各具特色的成衣效果,提高了产品附加值,但是洗水对成衣的外观和物理指标的影响也不容忽视。例如,普洗使得服装颜色稍显陈旧,但尺寸稳定性提高。化学洗使得服装颜色产生很大的变化,布面陈旧,且带有较多的不规则毛;虽然尺寸稳定性得到提高,但拉伸、撕破强力均有一定的下降。酶洗使服装颜色变化,布面显得陈旧,但表面光洁,绒毛平整,有类似石磨的效果,同时尺寸稳定性提高,但拉伸、撕破强力有一定的下降,布身也存在重量损失。

二、成衣染色

(一)概 况

成衣染色是先将织物按缩水率放大尺寸缝制成衣物,然后将衣物进行染色和整理的工艺技术。它是一种将服装、染色、整理三种加工技术结合在一起的生产方式。与织物染色相比,成衣染色有自己独特的优势:对服装生产商来说,可以减少纯色服装新款式的开发费用,节约染化料,减少对环境的污染,还可以紧跟服装流行色的发展趋势;对服装销售商来说,颜色销量较好的成衣可以及时进行补货;对消费者来说,衣服的前片、后片和衣袖不会出现色差,等等。因而,成衣染色有着广阔的市场前景。

成衣染色适用范围广泛,就其面料而言,可选用棉、毛、丝、麻等天然纤维和粘胶、涤纶、锦纶、腈纶等化学纤维以及它们的混纺纤维织成的针织和机织等面料;就其服装而言,适用于风衣、茄克、衬衫、裙子、西裤、牛仔衣裤、T 恤衫、内衣以及羊毛衫、纱衫、运动服、手套、袜子、围巾等产品。

(二)成衣染色的特点

成衣染色具有如下特点:

(1)产品尺寸稳定、手感优异。这是由于成衣染色加工全过程采用的是松式设备,产品在松弛的状态下翻滚,整个加工过程中成衣不受张力作用,使得染色后成衣具有柔软、蓬松、良好的悬垂性和抗皱性、尺寸稳定、缩水小等特点。

(2)有利于成衣各部位染色均匀一致,减少色差,同时,也避免了传统服装加工中缝纫工序对色泽鲜艳度的影响,有利于成衣色泽的鲜艳度。

(3)生产周期短。传统的服装生产都是利用预先染色并整理好的面料制造服装,其生产周期约需 8~12 周,而成衣染色采用白色坯布制成服装后染色、整理,节省了面料染色工序,缩短了工艺流程,也缩短了从订货到交货的时间,约需 2 周。生产周期可缩短 2/3~3/4。

(4)小批量、多色泽、市场反应迅速。成衣染色是在一定容量的染色机中进行,每一锅加工均可独立选择品种、颜色,特别适合小批量、多品种、快交货。成衣染色生产流程短,工艺灵活,能对市场需求做出立即反应。

(5)投资成本相对较低。主要体现在:占用机台少、生产场地小、生产流程短,节约了大量的资源消耗;避免了染色织物不必要的库存;降低了染色织物废料的损失,其织物损耗仅限制在本白布或前处理的布上,这些都有利于降低生产成本,加速库存资金的周转。

因此,成衣染色被认为是整理工序中一种经济的形式。但由于它的局限性,成衣染色并不能完全代替普通的整理工艺。

(三)成衣染色的主要设备

1. 工业洗衣机和件染机

成衣染色通常在工业洗衣机或件染机中进行。工业洗衣机采用内胆转动来带动衣物运转，水浴相对静止，如图 7-4 所示。洗衣机内胆转动速度较快，衣物在机器中不断翻滚，相互间的摩擦力较大，较适合机织服装的染色，染色后的服装风格自然，有水洗效果。对于针织服装的染色，必须要保证面料强度较好，边缝缝制要牢，染色时间尽量短，否则会造成破洞、脱线等损伤。对于颜色要求鲜艳的针织衫成衣染色，不要选择工业洗衣机，这是因为衣物在工业洗衣机中转动速度快，摩擦力大，染好后的衣物表面颜色发灰，让人从视觉上感觉颜色不鲜艳。其最大优点是染色后成衣不容易产生色花，尤其适合于直接染料和涂料染色。图 7-5 所示是滚筒式成衣染色机。

图 7-4　工业洗衣机

图 7-5　滚筒式成衣染色机

件染机采用轴轮带动水浴流动，使衣物在水中飘动，因此，其速度较慢，衣物间的摩擦力较小，特别适合于针织面料、毛衫等易在染色过程中起毛起球的衣物染色，且染色后的衣物色泽鲜艳，不易产生破损。其尤其适合于无缝成衣的染色，原因是无缝成衣多为锦纶或锦棉针织物，衣物一次成型，基本上不必经过缝制，而成衣染色时缝头处容易拉丝，一方面易造成染色时因纱线缠绕形成扎染，另一方面会增加后道整理工序的麻烦。此外，件染机的加热方式有直接蒸汽加热和通过盘香管道间接加热，在匀染性要求较高的染色工艺中多采用盘香管道间接加热。

总之，无论是工业洗衣机还是件染机，都要求设备内壁光滑。工业洗衣机内胆打孔后，一定要打磨，并定期检查，一旦有毛刺，就会造成衣物的破洞。目前，工业洗衣机多为广东番禺和江苏张家港生产，小到 15 kg 样机，大到 250 kg 适合做牛仔洗水的洗衣机。由于无缝成衣的快速发展，对件染机的要求越来越高，比如自动化程度要高，易操作，加料方便，染色过程中染液循环要好，温变、浴比、转速可在线调控。为了适应这些需求，各国设备生产商尤其是意大利商人，纷纷推出自己的产品，其中 Maino 国际公司设计用于成衣染色的染色机 FRC-T，配置有高速离心机(600 r/min)、自动平衡调节系统、特殊的多孔处理转筒和搅拌器，使成衣在染浴中分布均匀；FR-T 成衣染色机配有特殊构型的转筒，可用非常低的浴比进行大批量染色。另外，OBEM 公司用于连裤袜和短袜的 MBC 箱式染色机，可在相对较高的内压(0.8 bar)下操作，能减少气泡和白色染疵。

2. 离心脱水机和转笼烘燥机

成衣染色后，还必须进行脱水、烘干、汽蒸、熨烫处理。一般来说，脱水采用离心脱水机，如图 7-6 所示。烘干采用转笼烘燥机，如图 7-7 所示。汽蒸可采用手工或利用裤子汽蒸机、按人体模型熨烫机进行，以去除折皱或松弛成衣。熨烫常采用手工或机器，对那些在裤子汽蒸机上或按人体模型熨烫机上汽蒸后仍有折皱的地方进行熨烫，如衣领、口袋盖、袖口、钮孔前襟处等。

图 7-6　脱水机

图 7-7　烘干机

（四）成衣染色工艺

1. 成衣的前处理

成衣染色前，必须根据纤维的性能和织物的结构进行前处理，其目的是：①去除坯布上的色素，使白色、浅色、艳亮的成品具有最佳的白度；②去除坯布上含有的天然杂质、加工中所施加的浆料和润滑剂以及生产中所积聚的油脂等污染物；③有利于染料的渗透与匀染。

通常，棉制品需经过退浆、煮练、漂白、增白等前处理工艺，羊毛制品需要洗毛、漂白、增白处理，合纤制品需要精练、漂白、增白处理，而混纺制品一般需要对天然纤维组分进行必要的前处理，其工艺控制考虑到使之适合于化学方面最易损伤的纤维组分。

(1)酶退浆。机织物一般都是用淀粉上浆的。退浆则可由细菌淀粉酶的酶降解作用去除淀粉。

(2)精练/煮练。棉纤维中有棉籽、棉蜡及少量果胶，麻纤维中有果胶、木质素。这些杂质需用 NaOH 或纯碱在高温下使其皂化，因此碱液中需加入能耐碱及高温的表面活性剂，如高效退浆煮练渗透剂，它既耐碱、耐高温、耐硬水，还能去除织物上的油性污垢，使织物具有良好的吸水性，从而提高染料的渗透效果。羊毛中含有羊毛脂和毛油，蚕丝中含有丝胶、丝素，因此要选用复合型精练剂使其乳化、去油、去污、扩散，以及耐硬水的表面活性剂，这类表面活性剂具有柔软功能，能使织物光泽柔和、手感柔软丰满。

对于针织物，由于针织用纱上过蜡，所以煮练后应趁热离心脱水，或在 80～90 ℃（蜡质熔点以上的温度）时淋洗，以防止分散的蜡质在低温下重新沉积，不利于后续染色。

对于含有油剂的锦纶、腈纶制品，分别采用冷水淋洗、非离子洗涤剂进行精练。

(3)漂白。对于染色后成衣是浅色或色泽鲜艳的产品，精炼后还必须漂白，以去除织物中的色素，保证成衣具有均匀的白色，或使白色的成品拥有高度的白度，同时去除棉籽壳。通常采用次氯酸钠、双氧水、亚氯酸钠三种氧化漂白工艺。

次氯酸钠漂白价格低廉，但白度不佳，常作为要染色的成品或白色成品进行双氧水漂白的预先处理，也作为劳动布衣物漂白或增艳处理的方法。该漂白在 pH 10.5～11.5、温度

20～25 ℃的范围中进行，若 pH 值较低或温度过高，则会损伤甚至腐蚀织物纤维。漂白后，淋洗成品，进行脱氯处理。若下一步采用双氧水漂白，则可以省去这一步。值得注意的是，次氯酸钠漂白可能会腐蚀金属附件，应做预试验以测定其适用性。

最常用的是双氧水漂白，它不仅可以去除棉籽壳，获得很高、稳定的白度，还不会泛黄。羊毛制品一般也用双氧水漂白。要注意，双氧水漂白中使用的水质不能含有任何重金属离子，成品也不带任何金属附件。

亚氯酸钠漂白在弱酸性介质中进行，这样既可保护纤维，又可得到最佳的白度，但由于漂白液不仅会腐蚀不锈钢，还会发出有毒的二氧化氯，所以很少使用这种漂白方法，仅用于棉、泛黄的合成纤维漂白。

(4)增白。棉制品的增白处理，通常采用在双氧水漂白液中加入荧光增白剂来实现。对于已经漂白过的棉制品，可以通过浸染法施加增白剂。

(5)洗毛。染色前用非离子洗涤剂在弱碱性区域内洗涤羊毛制品。

为了适应简化工艺、节能、节水的发展趋势，有些前处理工艺，如退浆、煮练和漂白可以结合起来，并在一浴中进行。

2.成衣的染色

目前，成衣染色所用染料主要有直接染料、活性染料、涂料、阳离子染料等。

(1)直接染料

直接染料具有色谱全、使用方便、价格低廉等特点，适用于棉、麻、粘胶纤维制品，但染色牢度尤其是水洗、皂洗牢度较差，应采用固色剂固色，用增深剂提高皂洗、汗渍、摩擦色牢度。其常用的工艺为：将白坯成衣放入工业洗衣机中，按浴比 1∶20 加水，转动 5 分钟后加入化好的染料，再转动 5 分钟，以 2 ℃/分钟的升温速率升至 95 ℃保温 15 分钟，加入 5%～10%的工业盐的一半，保温 10 分钟后加入剩余的工业盐，再保温 10 分钟后取样对板，调色。染色结束后排液，冷水溢流冲洗干净，固色。如需柔软处理，固色后按 1∶10 浴比加 0.5%的柔软剂常温处理 10 分钟出缸，脱水，烘干。

直接染料由于分子量较大，染色时不容易染透，极易形成环染，因此要严格控制上染温度及盐的加入量、加入时间，少加多次是较好的方法。

(2)活性染料

活性染料是本身具有反应性基团的水溶性染料，在染色过程中，染料与纤维反应生成共价键结合。染色时染料先被纤维吸附，在碱的作用下，染料与纤维的羟基或氨基发生反应而固着，未固着的染料在水洗过程中被洗去。活性染料具有色谱全、色泽艳、匀染优良等特点，广泛用于棉、麻、粘胶等纤维制品染色。

但是，活性染料对棉的亲和力不高，上染率不及直接染料，需要用大量的食盐或元明粉来提高上染率，所以染色后应充分水洗，以去除残留在布面的元明粉。其工艺为：将白坯成衣放入工业洗衣机中，按浴比 1∶20 加水，转动 5 分钟后加入化好的染料和 0.2%的匀染剂，再转动 5 分钟，以 2 ℃/分钟的升温速率升至 65～70 ℃，加入 40%～50%元明粉保温 30 分钟，缓慢加入化好的 10～15%纯碱溶液，保温 40 分钟，取样对板，色光调准后排液，溢流清洗，然后加洗涤剂快速升温至 90 ℃保温 10～15 分钟，排液，溢流洗净，按浴比 1∶10 加入柔软剂常温处理 10 分钟出缸，脱水，烘干。

活性染料染色的成衣具有得色鲜艳、各项色牢度指标均比直接染料好、染色质量容易控制的特点，但不易得到深浓色。经过阳离子改性的棉制品，可增加对染料的吸附程度和固色效率，可以得到深浓色，但要注意其匀染性。

(3)涂料染色

涂料没有水溶性基团，它是将涂料分散于粘合剂中，在交联剂的作用下使线状分子逐步形成网状结构的大分子，一般需经轧染法，但成衣染色无条件进行轧染只能用浸渍法染色，可采用改性剂，使服装改性成阳离子化，让涂料吸附在织物上。用这种方法可以对棉、毛、丝、麻以及它们的混纺产品进行染色。染色时可加入柔软剂调整手感。利用涂料染色摩擦牢度差这一特点，还可以开发水洗、石磨、砂洗等一系列产品。涂料染色的工艺为：

①预处理。涂料染色前，要先对织物进行预处理。即将白坯成衣放入工业洗衣机中，按浴比 1∶20 加水，转动 5 分钟后加入稀释好的 3%～5% 改性剂，转动 5 分钟后以 2 ℃/分钟的速度升温至 90 ℃保温 20 分钟，排液，冷水洗两遍，待染。

②染色。按浴比加好水，40 ℃缓慢加入稀释好的涂料色浆，加完后转动 5 分钟，以 2 ℃/分钟的速度升温至 70 ℃保温 40 分钟，取样对板，色光调准后排液，待固色。

③固色。按浴比加好水，升温至 70 ℃缓慢加入稀释好的 1%～3% 粘合剂，保温 20 分钟，排液，溢流清洗，按 1∶10 浴比加入柔软剂常温处理 10 分钟出缸，脱水，烘干。

涂料染色后的成衣具有非常好的水洗效果，骨位上的深浅层次分明，衣服表面发白，陈旧感好，是其他染料染色所无法比拟的。但是，涂料对纤维没有亲和性，不能像染料那样直接上染纤维。在涂料印花工艺中，涂料依赖粘合剂机械地附着在纤维上，而涂料染色是在水浴中进行的，不可能通过印花工艺的方法来实现涂料对纤维的着色。改性剂的作用是通过改性使纤维带上阳电荷，使得带阴电荷的涂料分子会因为阴阳电荷的作用而附着在纤维上，最后通过粘合剂将涂料固着在纤维上，由此完成染色过程。因此，涂料染色很难获得深浓色，色深度一般随改性剂用量的增加而增加，但到一定程度后就不会再增加。有些改性剂的阳荷性较强，相对就能获得较深的颜色。涂料染色的色深度一定程度上还会受涂料颗粒大小的影响：颗粒大，上色率高，色牢度差；颗粒小，上色率低，但色牢度好。

(4)阳离子染料

阳离子染料适用于腈纶毛衫等服装染色。其工艺为：将白坯成衣放入件染机中，按浴比 1∶40 加水，转动 10 分钟，升温至 50℃，加入 1%～3% 冰醋酸、0.2%～1% 醋酸钠、0.5%～1% 匀染剂等助剂及染料，浅色以 2 ℃/分钟的速度升温至 80 ℃保温 10 分钟，然后升温至 98 ℃保温 30 分钟，深色直接加温至 98 ℃保温 60 分钟，对板调色，然后排液，溢流清洗，按 1∶10浴比加 0.5 %的柔软剂 60 ℃处理 10 分钟出缸，脱水，烘干。

腈纶阳离子染色，要严格控制升温速度。升温速度过快，会造成色花；升温速度太慢，又会使毛衫起毛起球。同时，也要保持每缸料的升温过程一致，否则会造成缸差。

(5)硫化染料

硫化染料具有价格低、色泽深、色谱不全等特点，多数染成黑色、咖啡、墨绿等深色服装。硫化染料不溶于水，但能在硫化碱溶液中还原成隐色体而溶解，这种隐色体被纤维吸附，氧化后重新生成不溶性染料固着于纤维。染后手感硬糙，需使用柔软剂改善手感。

(6)酸性染料

酸性染料具有良好的水溶性，在水溶液中染料呈阴荷性，毛、丝等蛋白质纤维在酸性浴中对酸性染料有较强的吸色能力，促使染料上染。为了使丝、毛服装在染色后有较好的蓬松性、滑糯性，染色水洗后再加入丝毛柔软剂。

除常规染色外，成衣染色还有扎染、吊染、球染、套染等方式。

(1)扎染是指先用绳、缝针或夹板将成衣扎成设计好的形状，然后进行染色的工艺过程。它是借助机械、物理的综合防染原理，使染料因不同扎结部位的浓度差异形成浓淡各异的纹样效果。成衣扎染可采用局部扎染和全部扎染的方法，也可采用单色染色和多次套色的染色方法。

其实，染色是成衣扎染过程中最重要的一环，染色的好坏直接影响成品的艺术风格和服用性能。因此，成衣扎染一般适用于易染色的棉、麻、粘胶、毛、丝纤维制成的服装。全棉、粘胶、麻织物成衣扎染常采用直接染料、活性染料、还原染料和硫化染料，有时也会使用涂料、靛蓝染料；毛和丝织物成衣一般采用活性染料或酸性染料。其工艺流程一般为：图案设计→扎制→成衣染色前的浸泡→脱水→染色→后处理→烘干。此外，成衣扎染应注意成衣上的配件与辅料，包括纽扣、拉链、商标等。建议染色后再缝上这些配件与辅料，以免这些金属、塑料和橡胶制品与染料和化学助剂发生化学反应，产生不必要的损伤。

(2)吊染是将成衣吊挂起来，排列在往复架上，染槽中按液面高度先后注入染液，液面先低后高，分段逐步升高。染液先浓后淡，如此可获得阶梯形染色效果。吊染可在绞纱染色机上进行。在吊架初上染槽时，衣物往往浮在液面上难以下沉，除了在染液中多加渗透剂以外，要减慢往复架下放速度。染完最后一道工序后，应立即浸入固色剂工作液中，防止搭色、渗花。

(3)球染是将准备染色的衣物摊平，直向三折，双手从底部开始往上逐渐收拢，最后捏成一团，装入塑料网袋内，收缩成球形，扎好，在工业洗衣机内染色。染色时间与透染性有关，时间太长，色泽层次效果不好，太短不易深染，可采用多加盐、短时间的方法达到好的效果。固色时需要搅拌，使固色剂充分渗入与染料结合，但球的深处不易反应好，因此在拆开后须再泡在固色液中。

3.成衣的印花

除了成衣染色之外，还有一些服装采用缝制后印花即成衣印花的生产方式。目前，成衣印花常采用涂料印花、转移印花、转移植绒印花、数码印花等方法。所谓涂料印花是指利用高分子成膜材料，将不溶于水和一般有机溶剂的涂料，机械性固着在织物表面上的印花方法。这种方法具有适用面广、色彩鲜艳、色谱齐全、图形清晰、线条流畅、工艺简单等特点，但印花后的织物手感较硬。涂料印花的色牢度取决于涂料本身。涂料印花适用于棉、涤纶及涤棉混纺织物。转移印花是先在转移纸上按图形要求将染料与粘着剂一起印在纸上，然后在高温下将转移纸与衣料紧贴在一起进行压烫，使纸上的染料升华而转移到衣料上，从而完成印花。转移印花具有工艺简单、色泽鲜艳、花形逼真等特点，但废纸较多。转移植绒印花同转移印花，可转移植绒、珠片、金属片等材料，具有适用材料面广、色泽鲜艳、花形逼真等特点，可采用压烫机压烫，图形面积小时，也可用温控熨斗压烫。数码印花常用于喷印各种成衣，如T恤、牛仔裤、帽子等。其原理是运用扫描仪、数码相机、数码摄像机或因特网等数字化手段把所需要的图案输入计算机，在经过分色处理后，用由计算机控制的喷印系统将专用染液喷射到服装或裁片上，从而获得精美的印花产品。数码印花具有工艺流程短、印花精细度高、图像逼真、图案边缘清晰、操作简单、效率高等特点，能适应小批量、多品种、个性化、变化快的市场需求。

(五)影响成衣染色性的因素

1.辅料

成衣染色前，应考虑服装辅料与面料间的关系。一般，缝纫线和衣料对染料的亲合力和缩水性要相同。扣紧材料如纽扣、拉链、揿钮等的选择，应考虑能承受住各种处理工艺，在温度、碱、酸、氧化剂、还原剂和电解质的作用下不会受到损害，也不会对染料产生影响。若要让面料和扣紧材料进行匀染，必须选择对面料和扣紧材料具有同样瞬染的染料，或者在染扣紧材料时，添加合适的染料。另一种方法是选用与面料颜色相同但不上色的扣紧材料，如金属。服装上使用的装饰材料要能承受住各种处理工艺，不受到损伤。服装上的衬料，必须具有从染浴中吸收染料如同外层织物一样的程度，以保证色泽相似；染色后的剥离强度应保持原样；染色后的手感、硬挺度能符合消费者的要求；对粘合衬的热熔胶(树脂)不会产生损伤。

2.缩水性

产品缩水缩得太多，或衣服上各个部位缩率不均匀，会使衣服质量下降，甚至无法销售。可以接受的最大缩率为4%。建议在成衣染色之前先进行一次空白的染色，即不加染料的仿染色程序。

3.擦伤/皱痕

染色机的机械张力可能会引起成衣擦伤。对于那些易产生擦伤或起球的产品，应采取反染(将衣服里面翻作外面)，并加入润滑剂，尽可能缩短染色过程；对于某些特别容易产生皱痕和折裂的机织物，可避免染色转筒的超负荷，并加入无泡润滑剂。

4.缝口处染料的渗透

成衣染色还有一个问题是缝口、有紧弹力的腰头与袖口处，染料的渗透不够，尤其是厚织物及棉制品。另外，染料选择和染色方法的不当也会使缝口处染色不充分。

5.纤维上外来物质

纤维上的外来物质主要是指浆料、树脂整理剂及添加剂。淀粉或合成浆料通过适当的前处埋就能去除，而树脂整理剂及添加剂则很难清除。

三、成衣染色后整理

对染色后成衣进行水洗、石洗、砂洗等后整理，可以提高其外观风格和穿着舒适性，尤其是涂料染色的成衣和直接染料染色的产品。利用涂料摩擦牢度差这一特点，通过水洗、石洗、砂洗后，有的可产生表面霜白感，有的缝线部分经水洗收缩再经石磨，表面经摩擦褪色使成衣表面产生凹凸感，具有粗犷、自然逼真的仿旧效果；若经过氧化水洗或干磨氧化法，服装还能呈现出浮蓝或雪花般的风格，符合目前现代消费者追求的审美观念。

1.水洗

水洗的服装是将染色后成衣先用碱(烧碱或纯碱)加入耐碱渗透剂，在一定温度下使其褪色，然后再选用吸附型的柔软剂，使其被织物吸附，使服装具有较好的柔软度和悬垂性。一般，根据客户对褪色要求确定工艺，若要褪色严重些，增大碱剂用量，提高温度；若仅要少量褪色，则可降低碱浓度和温度。水洗有普通水洗法和氧化水洗法两种。

2. 石洗

石洗即石磨，利用多孔的浮石对涂料染色的服装进行湿磨或干磨。前者产生粗犷的仿旧感，后者产生雪花般的浮雕状。石磨后再采用洗涤型柔软剂，完成成衣的洗涤和柔软处理。石洗分为石磨水洗法和干磨法两种。

对于石磨水洗法，石磨时浮石先用水冲洗干净，然后将浮石按服装重量的2～3倍投入机器中，加入洗涤型柔软剂20～30 g/L和浮石一起磨洗，柔软剂中的洗涤剂会洗去服装的浮色，而柔软剂逐步被织物吸收，使织物柔软。

干磨法还可分为高锰酸钾法和次氯酸钠法。高锰酸钾法是将浮石浸于2%～3%的高锰酸钾溶液中，让浮石浸透，再将浮石捞起与服装一起放入砂磨机进行干磨，然后用1%～2%的草酸将残余的高锰酸钾去除，最后将服装水洗后用洗涤型柔软剂进行洗涤和柔软，其服装具有清晰的雪花状风格。次氯酸钠法是将浮石浸于2.5～10 g/L的次氯酸钠溶液中，让浮石浸透后将其捞起，和服装一起放入砂磨机进行干磨，再用1～2 g/L大苏打进行脱氯，最后将服装水洗后用洗涤型柔软剂进行洗涤和柔软，服装也具有清晰的雪花状风格。

3. 砂洗

用涂料、直接染料染色的棉、麻、粘胶等织物制成的成衣或酸性涂料染成的真丝服装经过砂洗加工，可使成衣表面产生美丽的霜白色茸毛，并具有手感蓬松、柔软，衣服悬垂性、飘逸性好，缩水率小等特点。砂洗的工作原理是：成衣在松驰状态下，利用化学助剂使纤维膨化、松散，再借助机械和助剂的作用，产生动态阻尼摩擦，并辅以特殊的柔软剂，使裸露于织物表面的茸毛挺立、丰满，从而在织物表面形成一层紧密覆盖的细密柔和的霜白茸毛。夏天穿着具有吸湿、排湿功能，冬天则增加保暖性。

砂洗工艺主要有膨化、砂洗和柔软三个主要工序。膨化的目的是使纤维变粗、织物疏松，从而有利于加工过程中产生相互摩擦，使织物表面产生丰厚的绒毛。砂洗是将带有微孔的砂洗粉（矿砂在高温下煅烧形成）和固体表面活性剂掺和在水中，在机械力作用下砂洗粉悬浮于水中，在织物各部位产生摩擦，从而得到细腻柔软的茸毛。砂洗后，手感丰满厚实，毛感足，但表面粗糙，需用柔软剂来改善其悬垂性和柔软度，同时也能使织物表面的绒毛更柔顺，以利于改善手感和穿着舒适性。

4. 酶光洁处理

成衣染色时表面常会形成磨损的斑痕或起毛起球现象。在加工过程中，由于织物之间的摩擦，使织物表面纤维茸毛竖起、缠结、起球，这些磨损形成的斑痕不仅破坏成衣的外观，还使织物结构模糊不清。纤维素纤维成衣或羊毛成衣染色后表面的茸毛，可以用酶处理去除。织物经酶处理后，能保留原有的服用性能，除去织物表面的茸球，使织物表面产生光泽或光洁效果，又能给予织物柔软的手感，且织物表面茸毛去除后，衣服经常洗穿，表面也不起球、尺寸稳定。

5. 柔软处理

用于成衣染色后柔软处理的柔软剂应选择阳离子型，有利于吸附到织物上。粗厚织物要求手感松软，可选择非硅型柔软剂。轻薄、高支细密的织物可选用氨基硅微乳液，以达到轻盈、飘逸的效果。成衣染色中用的柔软剂要在染机中不断翻滚，所以要求非硅或含硅柔软剂一定要耐剪切力、耐硬水，这样不会引起破乳造成柔软斑或硅斑。

6.成衣免烫整理

成衣免烫整理是指服装穿脏后经水洗涤、晾晒后，无需熨烫，仍能保持原来风格面貌、有棱有角、无皱痕产生、身骨挺直、摺痕清晰的良好效果。

成衣免烫整理通常采用浸渍法工艺和计量加料技术。浸渍法工艺由于转笼烘燥是在松弛状态下进行，而且采用悬挂式焙烘，服装所受的张力很小，因此成衣手感柔软，适应于酶处理或其他水洗前处理。不过，这种方法存在服装浸渍时吸收树脂液不够均匀、整理液耗用多、造成排液污染等缺点。其生产过程一般为：缝制服装→预处理→浸渍整理液→离心脱水→烘干→吹烫、压烫→焙烘→冷却。预处理的目的是去除服装上的浆料和缝制时施加的润滑剂，从而使服装具有表面清洁和良好均匀的吸收性。

计量加料技术则是采用喷雾装置，精确地将配方所需用量的整理溶液以细薄雾状均匀喷射到成衣上，要求在喷雾阶段转笼进行正、反转，让服装错位地调整位置，尽可能地达到喷洒均匀。在喷雾完成后，服装继续旋转以便整理剂从高浓度向低浓度迁移。达到平衡后，进行转笼烘燥、熨烫和烘箱焙烘。其生产过程一般为：缝制服装→计量加料→转笼烘燥→烘箱焙烘。此技术具有无污水排放、没有整理液沾污等优点。

目前，常使用的免烫整理剂有超低甲醛释放量的N-羟基酰胺整理剂和无甲醛整理剂。

7.吸湿排汗、抗静电整理

该整理常用于贴身穿着的聚酯纤维服装，如T恤、裙子、沙滩裤、运动衣等，以改善其穿着舒适性。其过程如下：先用氢氧化钠在100 ℃温度下对涤纶服装进行碱减量处理，使涤纶纤维表面产生不规则的凹坑，纤维交织点和丝束间产生空隙，减少了丝束间和交织点的摩擦阻力，促使透气性提高，有利于汗液通过芯吸效应快速导湿，然后再选用吸湿排汗整理剂进行整理。一般选用聚酯－聚醚的嵌段共聚物作为吸湿排汗整理剂，它与聚酯纤维有相同的结构，在热处理条件下会发生共结晶效应，与聚酯纤维牢固结合，而聚醚部分作为软链段，具有很强的亲水性，可在聚酯纤维表面形成亲水性薄膜。与此同时，降低了聚酯纤维的比电阻，使静电容易泄漏，起到防静电抗沾尘作用。

第二节　牛仔服装后整理

牛仔服装后整理是牛仔服装生产的最后阶段，也被称为洗涤。洗涤是一种在牛仔服装上创造色彩时尚的艺术，不同的洗涤方法会产生不同的外观效果，比如：在色彩上呈现云斑、起皱、沿缝线皱褶、表面起毛或起绒、提高表面光洁度等。它是决定牛仔成衣款式效果的关键因素，也是牛仔服装100多年历久不衰的原因所在。此外，洗涤还能起到使织物手感柔软，达到预缩、稳定尺寸的作用。

一、牛仔服装的洗涤种类

牛仔布的洗涤处理是服装洗涤处理中的主要部分。通常，牛仔布的洗涤有以下四种类型：

(1)石洗(石磨)。这是一种使用最普遍的方法，可以获得一种陈旧、古老的效果。

(2)酶洗。它是一种使用生物催化剂的洗涤方法，有带石的，也有不带石的，可以获得柔软的手感。

(3)漂洗。这是用氧化漂白剂如次氯酸盐来洗涤的方法，通常是不带石的。

(4)冰洗或雪洗。通过氧化剂和浮石的共同作用达到一种雪花的效果。

用靛蓝或硫磺染料染色的牛仔布可通过水洗和漂白达到理想的颜色，颜色的深浅及层次变化随工艺的改变而改变。

二、牛仔服装的洗涤过程

1. 退浆

在石洗和酶洗工艺中，浆料的去除对织物的手感和避免出现洗纹很重要。牛仔布棉纤维中的浆料主要是淀粉和改良淀粉，淀粉酶被广泛用于牛仔布的退浆处理。用热水处理纤维表面，能有效溶解羟甲基纤维素(CMC)和聚乙烯醇(PVA)。

退浆前，必须浸泡预湿，以防止退浆、洗深过程中形成摩擦。

2. 石洗(石磨)

浮石是牛仔布石洗过程中一个重要的组成部分，也是最普遍使用的方法。它是一种能漂浮于水面上的轻而多孔的物质，是在火山爆发过程中随着气泡的上升、氧化硅的升华沉积在地球表面上所形成的熔岩。

石洗是一种通过借助浮石研磨织物表面，从而达到颜色深浅变化的外观效果和柔软手感的洗涤工艺。其基本原理是：在石洗过程中，织物表面的纤维磨损脱落，露出里面圈状的白色纱线，织物表面即呈现蓝白对比的效果。由于摩擦程度的不同，各部位呈现出不同的效果，如裤腿、纽扣、缝合部位会呈现出一种很自然的色彩效果。影响石洗效果的主要因素有浮石的大小、比率、浴比、时间、服装的数量等。比如，直径1～7 cm的浮石均适用于石洗、面砂洗、柔洗，而轻柔砂洗则要求使用较小的浮石。

不过，随着人们环保意识的增强，浮石逐渐被各种合成石(橡胶球)、纤维素酶等替代，其使用将逐渐减少直至完全消失。

3. 酶洗

纤维素酶是一种典型的酶，广泛用于纺织工业生产中。根据在不同pH值溶液中的最佳功效分类，中性酶和酸性酶是服装、面料生产中使用最多的纤维素酶，它们分别在pH值6.0～7.0和pH值4.5～5.5的溶液中功效最佳。纤维素酶只对纤维素纤维如棉、麻等起作用。

酶洗工艺的基本原理是：在适当的处理条件下，在机械作用力下(包括面料与面料之间、面料与机器之间的作用力)，纤维素酶起催化作用，促使纤维素纤维分子的1,4-β-苷键水解或裂解，造成纤维表面的损失，从而改善织物表面的光滑度和柔软性。

4. 漂白

利用石洗和酶洗，获得了满意的图案后，牛仔服装颜色的深浅还要通过漂白工序进行调整。通常采用次氯酸钠作为漂白剂，其价格便宜、使用方便，广泛用于牛仔服装的生产。有时还利用过硼酸钠或过碳酸钠进行轻微漂洗。近年来，随着生物技术的发展，生物漂白技术也被引入牛仔服装的生产中。

5. 喷砂

喷砂是一种获得局部磨损效果的工艺，如在牛仔裤的膝盖部位。在牛仔服装正常洗涤之前，由空气压缩机和喷砂装置产生的强气压喷射出氧化铝微粒完成喷砂工序。在强气流的作用下，氧化铝微粒以很快的速度喷在服装的表面。磨损仅限于局部，靛蓝染色的纤维在摩擦力的作用下剥离织物表面。该工艺成本高、效率低、对工艺技术要求高，但可获得常规洗涤所不能达到的特殊效果。

三、牛仔服装的洗涤方式

通常，牛仔服装的洗涤方式有：①用淀粉酶和洗涤剂简单洗涤；②加浮石进行石洗；③加纤维素酶进行酶洗(有浮石或无浮石)；④加氧化漂白剂，如次氯酸盐进行漂洗；⑤加浮石漂白剂浸泡，滚筒干燥的酸洗或雪洗。

典型的洗涤方式组合有：

(1)仿旧效果

退浆→石洗→漂洗(或退浆→酶洗→漂洗，或退浆→加浮石酶洗→漂洗)→脱氯→柔软处理→离心脱水机脱水→转笼烘燥机干燥

(2)雪花效果

退浆→酸洗→漂洗或脱黄→脱氯→柔软处理→离心脱水机脱水→转笼烘燥机干燥

(3)局部仿旧处理

喷砂→退浆→石洗或酶洗→漂洗→脱氯→柔软处理→离心脱水机脱水→转笼烘燥机干燥

可见，牛仔服装后整理工艺需要使用工业洗衣机、离心脱水机、转笼烘燥机、喷砂机及其他一些辅助设备来完成。图 7-8 所示是牛仔服装洗涤机。

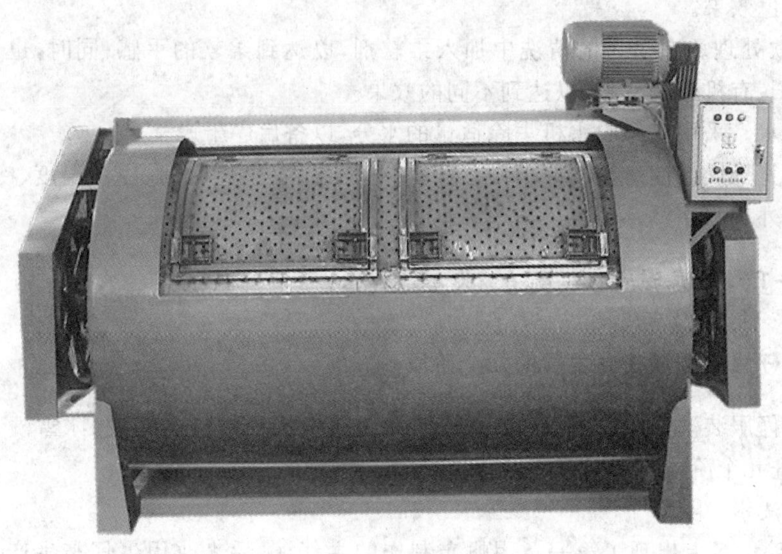

图 7-8 牛仔服装洗涤机

四、牛仔服装洗涤的常规流程

服装洗涤是一个长而复杂的化学、机械处理过程，虽然其中的一些步骤可任意调整或组合，但其基本步骤大致相同。首先，用小型样机根据经验生产一个样品，然后再找出适当的批量生产方法。这个样品可以是面料、服装或其他形式的织物。通常样品生产要包含颜色的深度、图案以及漂白等各项标准指标，这将作为生产各阶段的质量标准。样品确认后

才可进行批量生产。其常用的生产流程如下：

(1)面料评估。即对服装的颜色、质地、构造做检测，包括颜色的深度、缝型、缝纫线的颜色、金属配件、浆料的种类等。

(2)准备。为了获得均匀的磨损效果，洗涤处理前要将服装别住或用网罩住，以免衣物缠绕。例如，将衬衫的袖子别在衣身下摆处，裤子腰部用绳子捆住，两条裤腿互相别在一起。

(3)预湿。将服装浸泡在1～2 g/L的洗涤剂溶液中2～5分钟，使牛仔服装软化，避免洗花。

(4)退浆。为了保证洗涤效果，必须清除浆料。通常采用酶退浆，对于淀粉浆料可采用细菌α-淀粉酶退浆，也可采用碱性或氧化物质等方式退浆，或采用加碱或不加碱的沸煮方式退浆。另外，可以使用抗再沉积剂，避免浆料的再次附着。

(5)磨蚀。采用浮石(或化学合成石)或纤维素酶或两者皆用，以达到预期的磨损外观、手感及颜色对比效果。

(6)漂白。采用次氯酸钠，使牛仔布脱色，或在酸洗中，预先将浮石浸泡在次氯化物或高锰酸钾溶液中，两者结合达到磨蚀与漂白的效果。注意使用脱氯剂，避免氯的滞留或中和酸溶液。

(7)精练。采用各种化学试剂、洗涤剂、过氧化氢等加强颜色对比、磨损的效果，同时清除砂石、去除染斑等，有时加荧光增白剂以增加白度。

(8)套染。加少量染料，以达到仿旧的外观效果；在磨损的布面和纬纱上加颜料，以调整整体的颜色效果。

(9)柔软处理。在最后的清洗中加入柔软剂，以达到柔软的手感；同时，也可使用各种树脂、阳离子、有机硅等材料，以达到不同的效果。

(10)脱水。采用离心脱水机去除适量的水分，以备后序干燥。

(11)转笼干燥。注意控制好干燥参数，如干燥温度、干燥时间、冷却温度、冷却时间，以达到预期的外观和手感。

五、牛仔服装洗涤工艺的发展

(一)牛仔服装洗涤工艺发展的几个阶段

纵观牛仔服装洗涤工艺的发展，可归纳为普通洗水、石洗、雪花洗、冰雪洗、怀旧洗、马骝洗、猫须洗几个阶段。

1.普通洗水

1853年，世界上出现了第一条用帆布制作的牛仔裤，后来改用牛仔布生产。当时没有任何洗水处理，也根本没有洗水的概念。消费者常常把新买的牛仔裤放在水中浸泡一段时间后穿着，缩水后的裤子穿着更加贴体。为了迎合消费者的需求，生产厂家开始对牛仔裤进行普通洗水即清水洗处理，就是把牛仔裤浸在清水中一段时间，吹干。此后，又开发了退浆技术，在洗水的同时进行退浆处理，使牛仔裤穿起来更加柔软。

2.石洗

1977年，美国开发了石头洗水技术，用于生产苹果牌“石磨蓝”牛仔裤。该技术不仅使原来粗硬的裤子变得柔软舒适，还在裤子上呈现出斑斑白点，有自然仿旧的效果，受到消费者的喜爱。最初的石洗可划分为:洗水效果比较幼细的石洗方法和洗水效果比较粗糙、有洗水痕及花纹的石洗方法两大类,后来将两者互相融合,取长补短,产生了粗中带细、细中有粗的石洗效果。

3. 雪花洗

1987 年,苹果牌牛仔裤生产商又开发了雪花洗技术,即采用石头加药液干炒或湿洗的方法,从而产生独特的“蓝白花”效果。

4. 冰雪洗

雪花洗的洗水效果非常不均匀,蓝白对比强烈,并且其裤身面料容易破烂。后来,Levis 公司研制了冰雪洗技术,这是一种效果非常细致的雪花洗,蓝白效果较均衡,外观上给人一种舒适感。但是,该技术在洗水过程中用到的酸剂会对皮肤造成损伤,所以在 20 世纪 90 年代后就被禁止使用。

5. 怀旧洗

该技术原创于香港,后来传往欧、美、日,并成为洗水的主流。怀旧洗的效果是将牛仔裤洗旧洗损,使整条裤子均匀泛白,而且把纱线洗松弛。1990 年,Levis 公司为处理库存的次品,采用了该洗水方法,将牛仔裤洗出残旧的效果,犹如一条已穿着多时的陈旧的牛仔裤,深受年轻人的喜爱。

6. 马骝洗

在怀旧洗的基础上,1990 年日本发明了马骝洗技术。它是将牛仔裤特定的部位磨白,最典型的如臀部磨白,酷似猴子,粤语为马骝,马骝洗因此而得名。

7. 猫须洗

该洗水方法出现于 1992 年。猫须纹指的是模仿穿着后的褶皱效果,常出现在牛仔裤的前裤裆左右侧和后裤脚处。它是一种采用打沙或机刷等后整理方法,磨洗出折痕的磨白洗水技术。

(二)牛仔服装洗涤的新工艺

随着科技的不断发展,以及制衣业新型设备的开发与应用,牛仔服装的洗涤技术层出不穷,工艺方法也越来越复杂,出现了许多新型牛仔服装后整理工艺。牛仔服装也正是因为后整理工艺技术的不断推陈出新,才使其成为年轻人引领潮流必不可少的时尚衣物。下面就一些新型牛仔服装后整理工艺加以叙述。

1. 喷砂

用高压喷枪将砂粒喷射到牛仔裤的表面,造成裤身局部磨损泛白的效果。由于操作者手持喷砂枪将砂喷向需要打砂的裤身部位,造成沙尘污染严重,因此,操作者需穿上防护服,带上头罩。有条件的生产商应设立半密封的喷砂工作间,以防止沙尘到处飞扬。图7-9、7-10 所示分别是牛仔喷砂机、牛仔喷砂实况图。

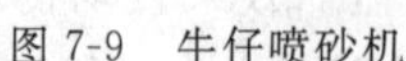

图 7-9　牛仔喷砂机

图 7-10　牛仔喷砂实况

2. 机刷

机刷即刷擦法，采用刷子在整条裤面进行大范围的摩擦，适合于前腿位、膝盖处、后臀部等较大面积的马骝洗。这种后整理工艺一般先用吹裤设备将裤子吹胀并固定，然后用刷子或磨轮在织物表面进行打磨处理，直至衣物表面出现局部磨白的效果，最后用手工修整细小部位如裤缝边缘、袋口边、裤脚折边处等。市场上已有种类齐全的磨裤机和带马达的、固定的自动刷，能大大改善大面积刷磨的效果和效率。

3. 手擦

手擦工艺常见的有手刷擦法、砂纸擦法和刀子刮法等方式。有些生产商进行猫须处理时，先用扫粉法点出白痕，再用刀片刮出猫须的效果，但这样擦出的猫须效果较呆板、缺少变化。目前使用较多的方法是：手擦前先将牛仔裤弄皱，比如将退浆未退完全的牛仔裤抓皱，或利用树脂浆皱裤身，然后用砂纸磨花凸出于裤身表面的皱纹，或用刀片刮出折边处的花纹，最后再进行洗水工序。直接用手工擦出的花纹更自然、更有创意。

图 7-11、7-12、7-13、7-14 分别是牛仔标准手擦柜、卧式手擦机、手擦马骝两用机。

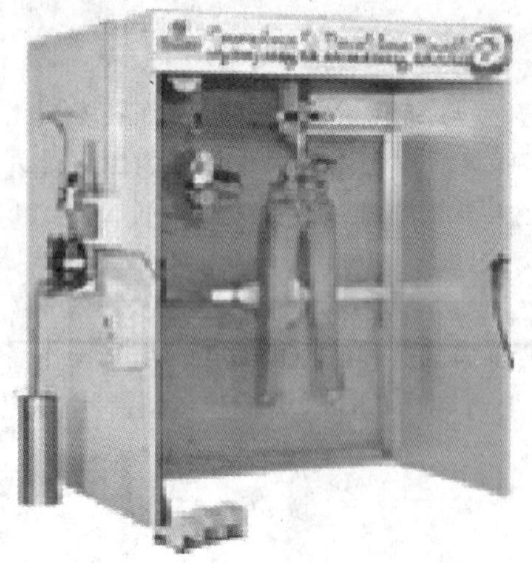

图 7-11　牛仔标准手擦柜

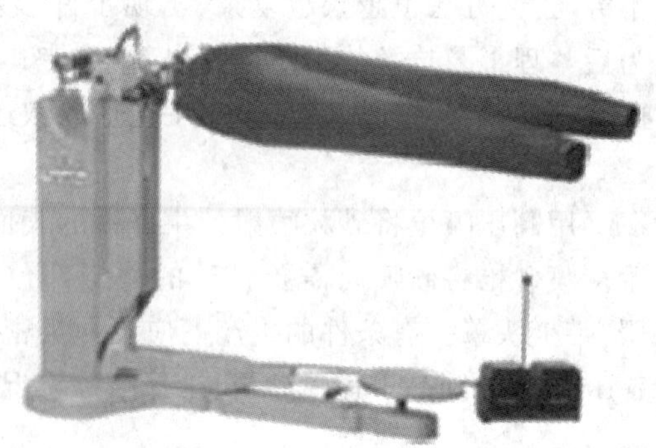

图 7-12　牛仔卧式手擦机

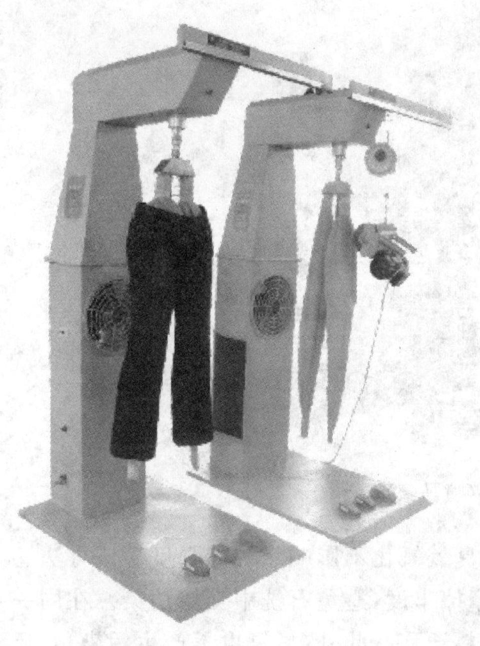

图 7-13　牛仔手擦马骝两用机

图 7-14　牛仔手擦马骝两用机

4. 植脂

植脂俗称“皱裤植脂”，即将弄皱的裤子加上树脂浆料，使裤子长久保持皱褶的效果。手擦猫须洗水工艺就可以将植脂与手擦两种方法相结合，即：先将牛仔裤某部位弄褶皱，加入树脂浆料使之定形硬挺，然后用砂纸或刀片磨花褶皱的折边处，再进行退浆洗水，这种效果自然并富有随意感。当然，也可以把裤子套在有凹凸猫须纹样的模型板上，直接用磨轮打磨凸出部分，形成须纹，简便快捷，但这样磨出的效果较统一，缺少变化，深浅效果也较难控制。

5. 喷药剂

喷药剂即着色处理，有浸色全染和喷色局部染两种。其中，浸色全染又称为成衣套染，是将经过褪色、石洗的牛仔服装再添染其他色彩；喷色局部染是将药液喷射到裤子（一般先吹胀并吊挂固定）某个局部的表面上，以达到预期的效果，如喷马骝，见图 7-16。另外，也有对植脂处理后的牛仔裤磨浅颜色，再进行着色处理的，即在裤子（一般将其铺平或鼓胀）指定部位喷上怀旧色液，使新裤子具有一种局部穿旧磨白和粘染上污迹的效果，比如在后臀部等处着色，以模仿因穿着太久而变黄变灰的效果。当然也可以将挖有猫须状透孔的木板盖在裤身上再喷色液，以获得猫须洗的效果。

6. 镭射雕刻

镭射雕刻即在牛仔裤上形成商标或图案。早期采用的方法是：在裤身上贴上图案，洗水后将图案撕去，则裤身上自然地留下未洗水的图案轮廓。也可直接在牛仔裤上刻出各种通花图案。现在可以利用激光镭射机去除浮在纱线表面的蓝色，从而在面料上雕刻出图案，也可以在织物表面切割出具有镂空效果的各种图案，使成品更加精致、富有创意。

六、牛仔服装染色新技术

臭氧处理是一种有望替代牛仔服石洗工艺的新技术，它可在较短时间内完成褪色，而

图 7-15　牛仔喷药剂(喷马骝)

且褪色程度容易控制。该工艺在冷水中进行,而且臭氧氧化不影响纤维的强度。该方法还可以改善合成纤维如醋酸纤维和聚酯纤维的深色摩擦牢度,避免石洗中交错沾染。在同一批臭氧处理中可进行多种颜色的褪色,不会发生染料迁移。此外,臭氧也不产生污染,它还可降低废水中生化需氧量 BOD。利用臭氧处理还可开发个性化新产品,由于臭氧必须有水存在才有褪色作用,因此,可使织物局部沾湿后进行臭氧处理,从而形成局部褪色效果。

生物酶套染技术可用于牛仔服成衣染色,它利用漆酶使染料中间体反应,从而在成衣上直接形成各种色泽。在单一染浴中可加入各种配料,在任何一种成衣染整设备上一次完成染色,也可同时进行后整理,可染得从浅淡色如茶斑色到深浓色的各种色泽。染色效果非常接近陈旧色或石洗风格。

第四节　针织羊绒衫后整理

羊绒衫后整理的主要目的在于:①去除潜在松驰收缩,改善成衣的尺寸稳定性;②改善成衣的外观手感;③去除在生产过程中用来改善纺纱及编织性能的添加物,如润滑剂和和毛油。根据羊绒衫纺纱工艺,以及对实物手感和外观的不同要求,羊绒衫后整理工艺可分为粗纺羊绒衫和精纺羊绒衫两大类。粗纺羊绒衫外观具有轻起绒或表面绒毛特性,须通过缩绒整理;精纺羊绒衫外观具有织物表面线圈清晰的特性,这类产品在湿整理过程中应确保织物受到最小机械力的作用,即通过轻微小心处理以达到松驰收缩的目的。可见,粗纺羊绒衫后整理工艺的要点为缩绒整理,而精纺羊城衫后整理工艺应满足纹路清晰,手感滑爽的产品风格的要求。

一、缩绒整理的原理

羊绒表面具有鳞片,鳞片的根部附着在毛干上,其尖端伸出毛干的表面而指向毛尖。由于鳞片定向生长的特性,羊绒沿长度方向的摩擦系数因滑动的方向不同而不同,逆鳞片方向的摩擦系数大于顺鳞片方向的摩擦系数,这一性能差异是羊绒缩绒的主要基础。

缩绒是指羊绒衫在一定的温湿度条件下，受到不同方向机械外力的反复作用和化学助剂的作用，导致羊绒衫经纬向收缩，面积变小，单位面积重量增加，同时从纱线中突出的纤维在绒衫表面产生一层绒茸，使绒衫外观丰满，手感柔软、滑爽、有身骨，色泽得到改善。缩绒前后的绒衫品质存在明显差异，缩绒后毛衫单位面积重量增加，保暖性、弹性都得到提高。

二、后整理洗缩的主要影响因素

羊绒衫后整理洗缩的影响因素很多，主要包括后整理设备、化学用剂以及工艺条件等。

1.后整理设备

用于羊绒衫后整理的洗缩设备有滚筒式洗缩机、边桨式洗染机、顶桨式洗染机。市场上的烘干机有滚筒式烘干机和烘房干燥型烘干机。滚筒烘干机的优点是处理的产品膨松，手感丰满，但机械作用力大，织物易产生扭斜，不适合于精纺产品和羊绒产品；烘房干燥型烘干机的优点是织物平整，对衣物损伤小，适合于精纺产品和羊绒产品，但处理的产品缺乏膨松性和丰满的绒面。

2.后整理洗缩用化学助剂

后整理洗缩用化学助剂包括水、洗涤剂和柔软剂。其中，洗缩用水的硬度应小于60PPM。若水的硬度过大，不溶于水的钙镁离子会沉淀在毛衫表面而影响织物手感，同时也会妨碍毛衫上的污渍、油渍的去除，减少泡沫量(对缩绒很重要)，使机器内的沉淀物增加。

洗涤剂分为非离子、阴离子、阳离子和两性离子洗涤剂，只有非离子和阴离子洗涤剂适合于羊绒衫产品的洗涤和缩绒加工，可降低水的表面张力，去除油渍和污渍，促进缩绒。

柔软剂分为硅类微乳弹性柔软剂和普通阳离子柔软剂，前者可产生持久的柔软作用，后者可产生暂时的柔软作用。

3.后整理工艺条件

(1)浴比：一般采用1∶30，组织结构较松的织物应放大浴比。

(2)温度：一般采用35～40 ℃左右，对于染色牢度较差和多色夹道的产品，应适当降低温度。

(3)泡沫量：大量细小稳定的泡沫可使缩绒均匀，手感丰满。

(4)被整理物：成分、编织覆盖系数、色泽深浅、油污类型和数量。

(5)洗缩机：机器类型，转速、时间参数。

(6)时间：时间的设置应能使之达到所需要的整理效果。

(7)pH值：在pH值为7～9的范围内进行缩绒整理，功效显著，去除油污效果佳。

三、羊绒衫后整理工艺

洗缩是羊绒衫后整理工艺中的重要工序。若控制不当，则易造成死折、鸡爪印和缩绒过度，这些疵病都难以去除，影响绒衫的品质。

1.粗纺羊绒衫后整理洗缩工艺

对粗纺羊绒衫的外观风格要求是羊绒衫表面具有绒毛，即有缩绒整理的效果，增加其蓬松性和丰满性，使手感柔软。缩绒整理的目的是为了改善羊绒衫的手感和外观。可以将缩绒整理看做羊绒衫受网状控制的洗涤过程，羊绒纱受到外力作用会蓬松，一些羊绒纤维便可向织物表面移动，从而获得起绒而不毡化的效果。与此同时，纺纱和编织过程中产生的与回缩有关的应力和张力被释放，使针织物组织更稳定。因此，缩绒整理速度不能过快，应确保羊绒纤维向针织物表面缓慢移动之前，纱线发生膨胀、蓬松；若缩绒整理速度太快，尽管由于摩擦力作用会有缩绒整理外观，但可能不均匀，产品缺乏蓬松性和丰满性，手感的改善也不明显。

粗纺羊绒衫的后整理工艺为：浸泡→洗缩→冲洗第一遍→冲洗第二遍→柔软→脱水→烘干→整烫。其工艺解释如下：①浸泡。洗缩搅拌前要充分浸泡，浴比 1∶30，水温 35 ℃左右，浸泡时间 20 分钟，并加适量的洗涤剂(视油 3%)。②洗缩。洗缩温度最好在 35 ℃，最高不宜超过 40 ℃，这是因为温度低则缩绒效果不好，温度过高的话缩绒效果也不再提高，反而会损伤羊绒纤维。洗缩的搅拌时间在 1～10 分钟之间，具体与洗缩产品有关，比如轻薄型松结构产品的洗缩时间为 1 分钟。洗缩时羊绒衫要反面洗涤，对绒面的掌握除了制订合适的洗缩时间外，还应结合眼看手摸，以便准确控制起绒的高低和手感的柔软度。③冲洗第一遍。水温 30 ℃，去除浮色。④冲洗第二遍。常温，再进行缩绒。夹道产品需二遍洗涤。⑤柔软。一般采用硅酮弹性体柔软剂，温度 28 ℃，pH 值 5～6 之间，浸泡 15 分钟。⑥脱水。转速≥1100 r/min。⑦烘干。温度 70～80 ℃，时间约 20 分钟。⑧整烫。熨斗表面不与绒衫表面接触，最好保持距离约 0.5 cm 以上。

2. 精纺羊绒衫后整理洗缩工艺

精纺羊绒衫的外观风格要求具有线圈结构清晰、针织物表面细腻光洁的特点，因此在湿整理过程中，不能承受过大的机械作用力，不然针织物表面会被损伤(外观发毛)，不仅使精纺羊绒衫看上去像旧的，有穿过的效果，而且羊绒纱经过绞纱染色，已将纺纱过程中施加的和毛油等助剂去除，绞纱染色造成纱线表面发毛，针织物表面突起的羊绒纤维在穿着过程中容易起球。因此，精纺羊绒衫洗缩后整理的主要目的是消除绒衫编织张力，使消费者在洗涤过程中不会产生回缩现象，因此仅需很少很轻的洗涤力。其后整理工艺为：柔软→脱水→晾干或风干→整烫。工艺解释如下：①柔软。浴比 1∶30，其他工艺参数同粗纺羊绒衫的柔软处理。将羊绒衫翻面，直接进行柔软处理。②脱水。转速≥1100r/min。③晾干或风干。脱水后最好平铺晾干或风干。④整烫。熨斗表面不与绒衫表面接触，最好保持距离约 0.5 cm 以上。

3. 其他后整理工艺

(1)预定形。精纺绒线捻度较大，且衣片在横机编织形成线圈的同时，纱线受到较大的拉力，形成的内应力较大。如果纱线的内应力得不到很好的消除，在洗缩过程中绒衫表面易形成不平整和鸡爪印，影响外观质量。因此，精纺羊绒衫洗缩前要进行预定形处理，其目的是使毛衫表面平整，具体方法是：将绒衫套在大小适中的烫板上，用蒸汽熨斗均匀定形。

(2)整烫定形。洗缩工艺处理后，必须对毛衫进行整烫定形。根据成品尺寸制作烫板，将绒衫套在烫板上，蒸汽熨斗的蒸汽压力要达到 3.43×10^5～3.92×10^5 Pa，熨斗距绒衫表面 0.5 cm，以适当的蒸汽量(以绒衫无汽眼为准)和均匀的速度熨烫一遍，然后冷却，再脱下绒衫，回收下摆。定形后的绒衫要求纹路平直、无极光、尺寸符合要求。

(3)清捡杂毛、检验。羊绒原料中含有肤皮点、异性纤维和粗腔毛，影响绒衫的品质和外观质量。清捡杂毛已是羊绒制品必不可少的工序。捡毛工具可用粘胶纸和镊子，将捡下的杂质粘在纸上，这样可避免捡出毛刺。按原样检验成品规格，分等包装。

第五节 羊毛衫成衣染色与印花

一、羊毛衫成衣染色

(一)概况

传统的羊毛衫生产都是采用色纱成衫,尤其是多色产品,具有产品质量优、档次高、生产周期长的特点,而羊毛衫成衣染色是采用先成衣后染色的生产方式,具有生产周期短、色泽鲜艳度高、外观独特等优点,具体如下:

(1)具有生产周期短、产品品种多样化、生产管理方便、纱线库存量减少的优点,适宜小批量、多品种生产。

(2)可减少编织及成衣过程所产生的色差、色档和油污等疵点,而且其染色产品的缩绒效果比色纱产品好,手感柔软、绒面丰满、颜色鲜艳度好。

(3)成衣染色生产方式大大减少了尾纱量,也降低了产品的成本。

(4)羊毛衫针织厂每一批订单完成后,都有尾纱库存。可将成衣染色应用于尾纱处理,即将尾纱按同原料、同纱支织在同一毛衫上,选择黑色或藏青色进行成衣染色,可获得质量合格的毛衫,也能为企业创造效益。

(二)成衣染色羊毛衫的生产工艺特点

成衣染色羊毛衫与传统的色纱成衣羊毛衫在生产工艺上有较大的区别,主要体现在羊毛衫的工艺计算、衣片的回缩和缝合工艺方面。

1.羊毛衫的工艺计算

羊毛衫的工艺计算是以成品密度(横密和纵密)为基础,根据各部位的规格尺寸,决定所需的针数和转数,同时考虑在缝制过程中的损耗。

对于成衣染色羊毛衫的工艺计算,应该与相同规格、相同坯布组织的色纱成衣羊毛衫所选用的密度有所不同。这是因为成衣染色采用了叶轮式搅拌毛衫,致使毛衫的纵向受到了较大的牵拉力作用而产生较大的变形,因此,成衣染色产品的横密应大于色纱成衣产品,纵密应小于色纱成衣产品。若采用相同的密度,则成衣染色产品的长度会超出成品规格要求。

2.衣片的回缩

横机编织过程中,由于衣片受到纵向拉伸,使其纵向变长、横向变窄。由于织物中纱线的内应力较大,衣片下机后必须要回缩,以消除内应力,达到或接近自然状态。常采用自然回缩、蒸箱蒸缩和人工回缩的方法进行回缩。自然回缩所需时间较长;蒸箱蒸缩是将下机衣片放入温度 100 ℃左右的蒸箱内蒸 5～10 分钟,以达到回缩目的,具有回缩效果较好、工艺稳定的特点,但需要一定的设备;人工回缩是将下机衣片采用揉、掼、卷等方式使线圈恢复到自然状态,应用较为普遍,多采用先揉缩、再掼缩的方法。

成衣染色中,衣片的回缩有着重要的作用。如果染色前衣片纱线的内应力较大,经过高温染色定形，就会产生毛衫表面不平整、衣衫歪斜、鸡爪印等疵病，而且难以消除。因此，在成衣染色工艺中，建议采用蒸箱回缩方法，以保证回缩效果。

3.缝合工艺

成衣染色羊毛衫的缝合技术要求与色纱成衣羊毛衫大致相同。套口缝迹伸长率大于或等于110%，链缝缝迹伸长率大于或等于130%，缝合圆领套衫时，男衫领口不小于32 cm，女衫领口不小于30 cm，童衫领口不小于28 cm，缝耗根据工艺要求决定。

原则上，成衣染色羊毛衫的缝线必须是与羊毛衫原料相同的精梳毛纱。因此，为了达到染色时与毛衫同步上染，避免缝线色差造成疵品的目的，对精梳羊毛衫必须采用原毛缝合，粗梳羊毛衫采用相同原料、颜色与未染色衣坯相同或接近的精梳纱缝合。

成衣染色羊毛衫在平缝时需用一根颜色与染色后毛衫的颜色相匹配的涤纶线，而不用色纱成衣羊毛衫平缝中所用到的棉线或涤棉线。这是因为涤纶线在毛衫染色时不上色，能保持原色，而棉线或涤棉线在羊毛染色染料的作用下有时会上染，造成棉线变色，在酸性或弱酸性的染色条件下棉线还会受到损伤，影响强力。

成衣缝合中，罗纹脚和元筒脚采用染色后缝合，有包缝的也放在染色后完成。这是由于脚缝合和包缝后，缝迹较厚，染料渗透困难，易产生露白现象，影响产品质量。

（三）羊毛衫成衣染色工艺

1.染色设备

羊毛衫成衣染色利用常温常压染色机。该设备采用直接蒸汽加热，蒸汽压力为4.392×10^4 Pa，染液最高温度100 ℃，叶轮转速为20～30 r/min，侧翼式椭圆形不锈钢染缸。

2.成衣染色工艺

羊毛衫成衣染色工艺流程为：洗衫→染色→脱水→烘干。

(1)洗衫。洗衫也称缩绒，但与色纱成衣羊毛衫的缩绒目的不同。色纱成衣羊毛衫的缩绒目的是使毛衫表面露出一层均匀的绒毛，以获得外观丰满、手感柔软、保暖而富有弹性的效果；而成衣染色羊毛衫的缩绒目的是去除杂质，包括纺纱时的和毛油、编织时的蜡质以及运输过程中的污物等，提高染色鲜艳度。注意染色前缩绒时间要短，温度要略高，脱水要干。常见的染色前缩绒工艺为：净洗剂1.5%，浴比1∶30，温度35～40 ℃，时间3～5分钟，清水洗两次，脱水。

(2)染色。染色工艺举例：升温至30 ℃，运转10分钟，加助剂和染料，运转20分钟，以1 ℃/分钟升温至60 ℃，保温20分钟，再以1 ℃/分钟升温至98 ℃，保温30～90分钟。完成染色后，配制新浴液，用氨水调pH为8.5，升温至80～85 ℃，保温15～20分钟，冷却、冲洗，并加酸至pH为5.0。在染色操作中，应注意：经缩绒、水洗、脱水后的毛衫要立即进行染色，否则间隔时间过长，衣衫干湿不匀，会产生色花现象。同缸染色时，要将同一批原料、同一品种、附件和备用毛坯宽松放入纱布袋同染，以免造成色差。

(3)脱水。羊毛衫经染色出缸，进入离心脱水机时，不要生拉硬拽，毛衫身、袖应放置在一起，以免脱水时扯破。

(4)烘干。通常利用回转式圆筒形转笼烘干机烘干，机内温度控制在65～75 ℃，烘干时间一般需15～25分钟，烘干后要进行冷风冷却。

3. 挑撞

挑撞即缝合罗纹脚或元筒脚、手撞领、勾头加固以及完成其他未完成的部位。染色挑撞可以避免领、脚及其他较厚部位的露白现象，也减少了毛头外露。

4. 蒸烫定形

与色纱成衣羊毛衫蒸烫定形的条件相同，成衣染色羊毛衫也采用蒸汽熨烫，其蒸汽压力一般控制在 34.3～39.2 Pa（相当于 135～145 ℃）。熨烫时不直接接触衫面，仅在衫身表面喷射饱和蒸汽，完成加热、给湿和加压，以达到定形的目的。

二、羊毛衫成衣印花

印花羊毛衫具有色彩鲜艳、图案活泼、价格适中等特点，深受消费者的喜爱。

(一)羊毛印染原理及常用染料

羊毛的结构分鳞片层、皮质层和髓质层。其中，髓质层结构疏松，内部充有空气的薄膜细胞结构，位于毛干的中心；鳞片层由片状角质细胞组成，是羊毛纤维的外壳；皮质层则是羊毛的主体，是决定羊毛机械物理、化学性质的主要部分，其化学成分主要是角蛋白质（角朊），属 α-氨基酸，它是既含有酸性基团（—COOH）又含有碱性基团（$—NH_2$）的两性纤维。在酸性介质中，H^+ 增多，羊毛纤维即形成$—NH_3^+$，对染料阴离子产生吸引力，因此酸性染料适用于羊毛的染色与印花，它通过成盐作用而固着，也可采用中性染料印花，提高色牢度。

(二)羊毛衫成衣印花工艺

根据不同坯布结构选用不同的印花工艺。羊毛衫成衣印花一般以圆机筒布匹印或横机衣片件印的方式进行，其一般工艺流程为：横机衣片或圆机坯布→缩绒→烘干→设计→描稿→制版→调浆→印花→蒸化→水洗→烘干→熨烫成衣。

1. 缩绒

这里的缩绒是指羊毛衫或毛针织布在一定的湿热条件下，浸在中性皂液中，经过机械外力的搓揉，使织物表面露出一层均匀的绒毛；同时，清除织物上在针织时所沾的油污、车蜡等污垢。它是羊毛衫获得鲜艳颜色、丰满手感的关键工艺，缩绒后的洁白度直接影响成衣的艳度和亮度。

影响缩绒工艺的主要因素有：(1)温度。温度越高，缩绒越快，一般控制在 30～40 ℃。(2)时间。时间长，绒毛密。(3)毛纱规格。粗纱类易缩绒，精纺类较差。(4)浴比。一般在 1∶30 左右。(5)助剂。常用中性皂粉。具体的缩绒工艺要根据原料、组织、清洁程度等制定。

2. 烘干

经缩绒、水洗、脱液后，羊毛衫须烘干整理，它直接关系到羊毛衫的手感与丰满度。通常，可采用以下两种烘干方法，一是圆筒转笼烘干机，温度控制在 65～75 ℃，烘干时间为 15～25 分钟，烘干后的织物柔软糯滑，蓬松毛型感强，适合于一般羊毛衫、毛腈衫；二是手工法，即将毛衣穿在不锈钢衣架上，挂在烘箱或烘房中静止烘干，适用于兔毛衫与兔羊毛衫，这是由于兔毛脆、易断，在转笼烘干机中容易掉毛。

3.设计

花型图案的设计与配色直接影响羊毛衫的销售。由于羊毛衫组织结构较粗,表面呈罗纹状,因此,其图案设计不宜十分精巧,以中小花卉、几何条格为主,也可用古代花瓶、纹样之类图案作为装饰。

4.描稿

由于印刷后羊毛衫上的花纹会相对变粗,因此黑白稿描稿时可适当缩进一线,各色叠色不宜太多,一般以0.5 mm左右为宜。

5.制版

由于羊毛衫织物表面不平,且有不同程度的茸毛,色浆难以渗透,故选用粗规格的筛网,以提高织物的得浆率,使花纹清晰浓艳。再者,由于成衣印花是整件衣片,故网框面积要达到140 cm×150 cm左右,甚至更大,因此筛网的伸缩性一定要小,以保证网框不变形。

6.调浆

考虑到羊毛衫具有易拉伸、难渗透、易露地的特点,应选用给色量高,渗透度、抱水性、洗涤性好,浆膜弹性好的合成糊。

7.印花

对于圆机筒布,手工剖幅后按匹印方式即可。对于成衣印花,先用中心线或轮廓线定位,然后将衣片拉平绷挺,冷台板印花时用尼龙刺毛布条定位,热台板用淀粉浆贴布。印制后用小竹竿将衣片悬挂进烘房烘干或自然干燥,烘干时需防止衣片间色浆搭色。

印花时,按工艺要求先深后浅、先细后粗、先点后块、先涂白后色浆的顺序进行,一般花型刮印双来回(四次),大面积可增至3～4个来回,具体可根据实际情况而定。

8.蒸化

蒸化工艺决定着给色量、色泽鲜艳度及色牢度,是后处理的关键工序。一般,酸性染料印羊毛衫的蒸化时间不少于25分钟,温度为102～105 ℃。腈纶织物则需降低温度,以免影响弹性及柔软度。蒸化时的湿度也会影响色泽鲜艳度,若湿度较低,则得色不浓艳,反之则得色深而艳,但湿度过高也会造成花型化开。因此,应控制羊毛衫的含湿量,印花后不宜烘得过干,并注意张力,以避免浆膜龟裂脱落。

9.水洗

水洗工序也直接影响着羊毛衫的手感、白度、鲜艳度和色牢度。为了避免浆料、染料、糊料残留物等重新沾染织物,致使白地不白、色泽不鲜,必须以大浴比冷水冲洗,且用防沾污剂以防再沾污,然后进行固色,柔软处理。

10.熨烫

衣片缝合成衣后,可用蒸汽熨斗整烫保型。

[思考题]

1.简述服装加工后整理的内容及其方法。

2.服装污渍整理原则有哪些?

3.成衣洗水的目的是什么?

4.成衣洗水有哪些种类?

5.试述成衣染色的特点。

6. 成衣染色前处理的目的是什么，具体有哪些工序？
7. 简述成衣染色工艺。
8. 试述成衣染色后整理的种类及其特点。
9. 牛仔服装的洗涤种类有哪些？
10. 简述牛仔服装的洗涤过程。
11. 试述牛仔服装洗涤工艺的发展及其新技术。
12. 针织羊绒衫后整理的目的是什么？
13. 简述缩绒整理的原理。
14. 简述粗纺、精纺羊绒衫后整理洗缩工艺。
15. 简述成衣染色羊毛衫的生产工艺特点。
16. 简述羊毛衫成衣染色、成衣印花工艺。

第八章 包装、储运及成衣标志

[本章提要]

包装和储运是现代服装制造中一个不可或缺的环节，在服装生产和销售过程中起着承上启下的作用。

由于服装种类的多样化、差异性，其包装盒储运形式以及相关的成衣标志往往需要在大货生产前就设计完成，内容涉及包装的类型、所用材料、包装要求；储运的方式、相关设备；所用成衣标志的类型、设置方式，等等。只有合理的包装和储运设计，才能保证安全的运输、快捷的分销和全面的信息传递。

[学习重点]

1. 服装包装的分类和基本要求
2. 服装仓储流程和相关设备
3. 成衣标志的含义

[本章结构]

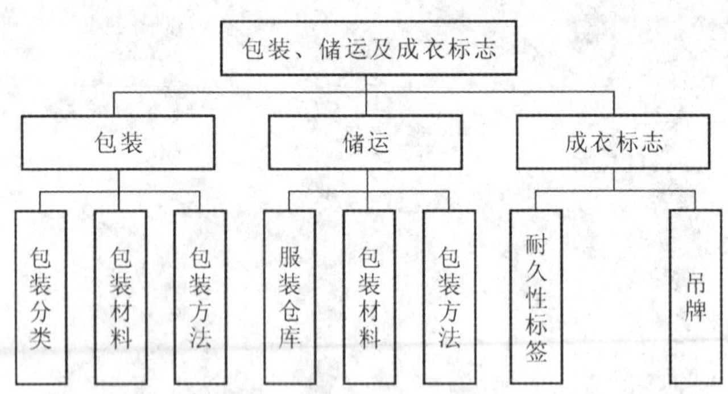

第一节 包 装

所谓包装是指在流通过程中，为了保护产品，便于储运，促进销售，按一定技术方法并利用某种材料及辅助物而制成的容器的总体名称。

因此，包装的作用对于服装来说在于三个方面：(1)保护服装整洁卫生，形态稳定。与服装款式、材质相适应的包装材料和包装方法，可有效保证服装商品在各种可能的环境下保持其结构外形和外观品质。(2)方便仓储、调货以及运输。采用合理的包装形式,可极大地提高仓储的空间利用率,加快产品分发速度,减少运输成本。(3)吸引消费者,扩大销售。包装作为服装品牌形象的浓缩,制作精美的各式包装,在传递品牌文化的同时,更增加了对消费者的吸引力,成为产品附加值的重要组成部分。

一、服装包装的分类

服装包装种类繁多,可按以下方式来进行分类:

(一)根据包装的立体程度,可以分为平装、立体包装、挂装

一般的女衬衫、T恤、裤装等大多数服装类型采用平面折叠的包装形式。立体包装(见图8-1)常用于正式男衬衫的包装中,基于特殊的样板设计,在包装时利用飞机纸板、蝴蝶卡、纸领条、胶领条、拷贝纸、塑料夹等辅件,将衣身平整固定,使衬衫领成立体、美观的状态,因对技术要求较高,常采用专用自动叠衣机来完成。挂装(见图8-2)的形式多用于高档服装上,如套装、礼服等,在配套衣架支撑下,衣物自然悬挂,有利于保证服装的平整度和形态的稳定性。

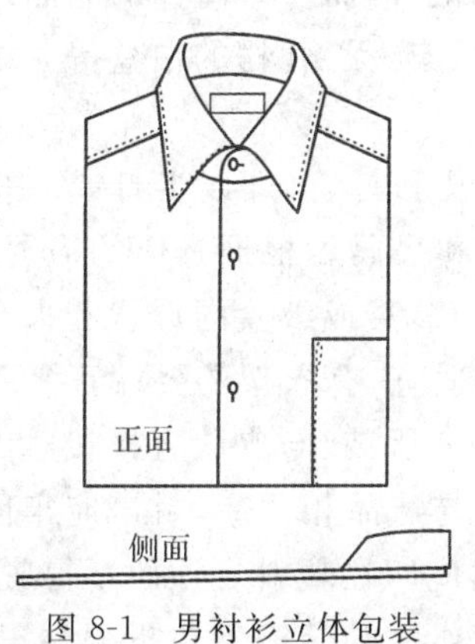

图8-1 男衬衫立体包装

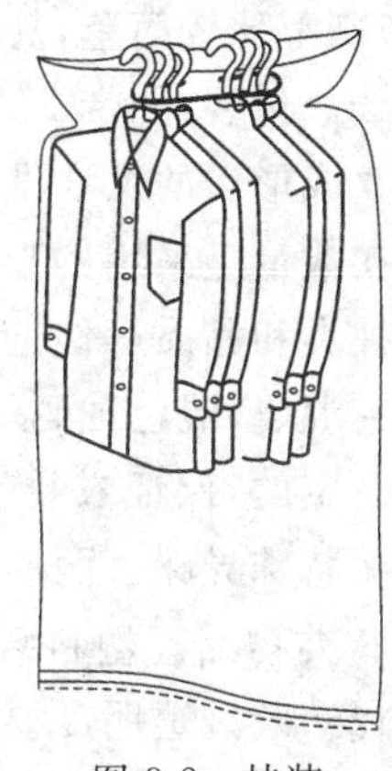
图8-2 挂装

(二)根据包装的层次和用途,可以分为内包装、外包装和终端包装

内包装主要作用是保持服装干净、整洁,方便运输和清点,是服装贮存、运输的基本保障。内包装多采用袋装形式,或在此基础上加以纸盒包装。

外包装一般采用瓦楞纸箱、木箱、塑料编织袋三种方式,主要作用是用来保护商品在流通过程中的安全,易于装卸、运输、储运和保管,同时要采取相应的防潮措施。外包装一般不面对消费者,所以一般印刷简单,只要可以反映内容物基本信息即可。

终端包装也可称为服装购物袋,主要用在高档服装的销售过程中,便于客户携带,同时也起着品牌宣传和展示的作用。这类包装印刷相当精美,同时样式设计上也注重其品牌特色,常被列为服装视觉识别(VI)的重要组成部分。

(三)根据是否经过真空处理,可分为常规包装和真空包装

真空包装是将成衣放入塑料袋后,用抽气机将袋内抽成真空,然后密闭。真空包装既可减少包装体积,从而降低仓储和货运成品,还可避免服装发生永久性变形,保持服装外观的平整性。

(四)根据服装产品类别分

根据服装产品的类别,服装包装可分为衬衫包装、内衣包装、T 恤包装等;根据销售区域可以分为内销包装、外销包装。

二、服装包装材料与包装方法

(一)内包装

内包装的常用材料有 PE(聚乙烯)或 PP(聚丙烯)塑料薄膜袋、纸、纸盒、衣架等材料,具体类型的选用与服装产品档次密切相关。一般来说,塑料薄膜袋具有透明清晰、包装简便、成本低廉的优势,被大量用于服装的内包装,特别是低端的服装产品。中高档品牌服装或一些有特殊要求的服装多采用纸质或纺织品材质的包装,以达到与服装品牌定位相呼应的效果。纸质材料包括牛皮纸、色卡纸、拷贝纸等,具有挺括、易加工的特性。纺织品材料常用的有无纺布、丝绸、尼龙等,应用于西装等挂装服装上。通常在袋装的包装上,无论是塑料袋还是纸袋,印刷都比较简单,甚至没有任何标记,因而一些高档的制品还会在此基础上外加设计精美的纸盒包装,如带 PVC 盖的展示盒、有(无)瓦楞的白盒等。纸盒的形状和大小是根据服装折叠成形后的尺寸设定的。

服装内包装在数量上采用的形式有件装、套装和打装(即以半打或一打为单位包装)。内包装中产品的种类和品质等级应一致,其花色和尺码可根据具体的需要确定,有独色独码、独色混码、混色混码、混色独码等多种形式。包装袋或纸盒的形状和大小是根据服装折叠成形后的尺寸设定的,保证衣物在包装内松紧适宜,有衣架的要端正平整。所有包装材料要清洁、干燥、无特殊异味。两周岁及以下婴幼儿服装、与皮肤直接接触的服装的产品包装件应使用非金属类物品。塑料袋材质、规格应与产品相适应,封口应牢固。如使用印有文字、图案的塑料袋,胶袋透明度要强,文字、图案应印在塑料袋外面不得脱落,颜料不得污染产品,字迹清晰,并与所装服装上下方向一致。纸盒包装需纸包折叠端正,包装牢固。纸盒外应标明厂商、品名、规格、色别、尺码、数量、批号等相关信息。

(二)外包装

外包装一般采用瓦楞纸箱、木箱或编织袋。

外包装的尺寸需与内包装相对应,通常以产品的最大折叠尺寸和制造纸箱的内径尺寸为依据,同时还要考虑不同服装类型多层挤压下尺寸变化,以及各相关尺寸在制造中的误差。有内盒包装的,要以内盒外径尺寸来设计外包装内径尺寸。对于蓬松的产品(如棉衣类),可在保证其外观质量不受影响的情况下,尽可能压缩包装体积,减少包装和储运成本。

为了保证在仓储、装卸和长途运输中,产品不发生霉变、不受损坏,外包装要求清洁、干燥、牢固。箱内应衬垫具有保护作用的防潮材料,与产品密切接触的箱体封口内,可加垫板,防止开箱时划破产品。箱盖、底封口应严密、牢固,不能有破裂,封箱纸贴正、贴平。箱外可用捆扎带等捆扎结实、卡扣牢固。如果使用木箱作为外包装,箱内不能露出钉尖,避免损伤衣物。编织袋用专业打包机打包,两端用线缝合,中间使用铁皮条捆扎。外包装上需粘贴储运标志,清楚地标出客户名称、目的地、货号、规格、数量、重量等信息。

(三)终端包装

对于终端包装的设计，一方面要考虑产品尺寸和重量，便于在销售过程中包装和携带，更多的是要考虑与服装品种的匹配和品牌文化展示。因而市面上的终端包装呈现出多种多样的形式，有吊卡袋、拉链袋(三封边)、手提式等。所用到的材料也是种类繁多，主体部分常用材料有纸张、环保塑料、布料等三类，提手部分通常会与主体外观相协调，常见的有塑料手柄、尼龙绳、棉绳、麻绳、丝绳等。

总之，包装的设计需要综合考虑产品的品种、材质、品牌的定位，以及销售途径、可能的储运环境等多种因素。只有这样，才能选用合适的材料设计出合理的包装方式，达到既有效控制包装成本，又保证货品质量，同时达到预期促销效果的目的。

第二节　储　运

一、服装仓库

成品仓库作为完成服装制作后相关储运工作的重要部门，主要的工作内容有：

(1)接收生产车间成品；

(2)检查产品质量、核对数量，并按款式、颜色、尺码分类；

(3)按照预先的计划仓位存放货品；

(4)按照客户订单要求分配服装；

(5)组织运输。

仓库的计划和设计需要考虑以下内容：

(1)需要存放的服装类型，包装是挂装、盒装还是混合包装的形式；

(2)仓库的最高堆放高度；

(3)在高峰期，出入货物的数量；

(4)如果是小批量、多品种的情况下，货品分类和派发的便利性；

(5)袋装、票据签发以及大批量包装的设备选购和工作区设置；

(6)合理设置产品接收处(入口)和分发处(出口)；

(7)货物的堆放需要有利于形成从接收到分发顺畅的物流路线；

(8)库房应干燥、通风、清洁，避免阳光直射，符合服装存放条件。

二、服装仓储相关设备

大型的服装仓储的主要硬件包括仓库本身、物料搬运设备、存储设备、打包设备。

(一)物料搬运设备

服装物料搬运设备(handling equipment)大致分为三种类型：(1)人力运送。顾名思义，这是指服装物料、成品的移动完全依赖人力的操作。通常会使用小推车运送，对于挂装的服装也有利用悬挂的轨道推送的。(2)全自动运送系统。通过吊挂系统或传送带，由电脑控制自动完成物料的传递。(3)半自动的运送系统。系统部分采用人力运送,部分自动完成。典型的情况是由人力将货品运至堆放处或直接放置传送带上,再由传送系统完成分发的工作。

(二)存储设备

存储设备(storage equipment)根据产品的包装方式不同,总体上可以分为盒装形式和挂装形式。

盒装形式(如图 8-3 所示)是传统服装生产企业里比较常见的存储方式。通常将折叠包装好的制品存放在物料架上或者硬纸盒中。盒装堆放相对挂装来说,对空间的利用率较高,而且对产品的保护力更强。

根据订单的大小和产品种类的复杂程度,对挂装产品来说有两种基本的轨道存储方式:

(1)静态系统。由固定的轨道构成,依靠人力来进行运送。拣货员根据订单的配送要求,从固定轨道上挑拣相应产品到移动的轨道上或是传送带上。静态的存储系统通常和一个自动或半自动的搬运设备相连接。如果是大批量供货,甚至还会连接到运输系统上。

(2)动态系统。服装企业仓库常常需要将大批量的产品按照不同销售渠道的款式要求和数量进行分发,这时就需要高速且高效的分拣方式。

电脑控制吊挂系统(如图 8-4 所示)是解决这一难题的有效方式。它从预先按款式、颜色、尺码分类的产品堆放处装载产品,一段轨道上货物一致,其细节和位置记录在电脑中。当需要这批货物时,系统会自动控制这段轨道移动到相应的卸货区域,或连接另一个吊挂系统到下一个目的地。

图 8-3　合装形式成品物料架

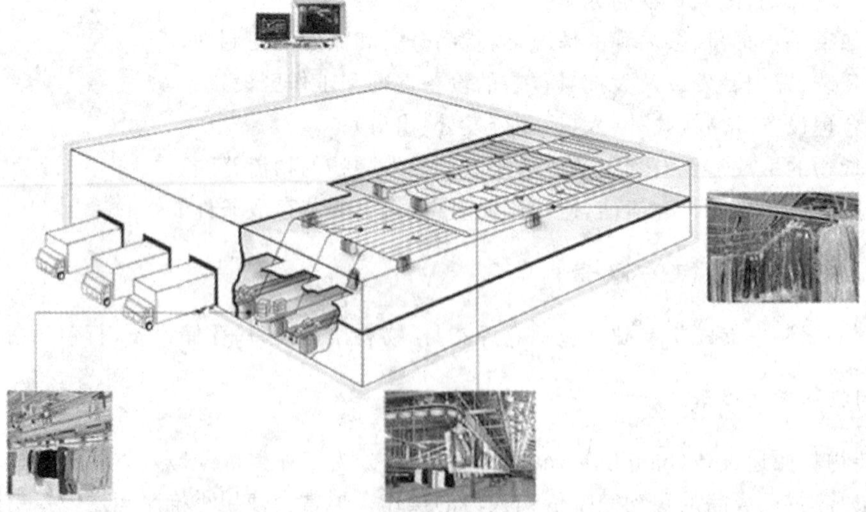

图 8-4　电脑控制吊挂仓储、自动配送系统

三、打包设备

(一)装袋

不管后续是否会增加其他外包装，大多数服装都会使用塑料袋包装。衬衫、内衣等服装通常在最后一次检验后就直接装袋和装盒，进入仓库时已是预装好的状态。对于这类服装有许多自动化的设备可以使用。

如图 8-5 所示，另外一些挂装服装，如套装、礼服、裙装通常在进入仓库时进行包装，一些相应的设备有手动、半自动和全自动机器，主要包括装袋的套装、剪切、热熔封口等工序，但工作效率相差极大。全自动的操作过程，每小时可封装 500 件服装，并可与其他自动化的存储和搬运设备相连接。

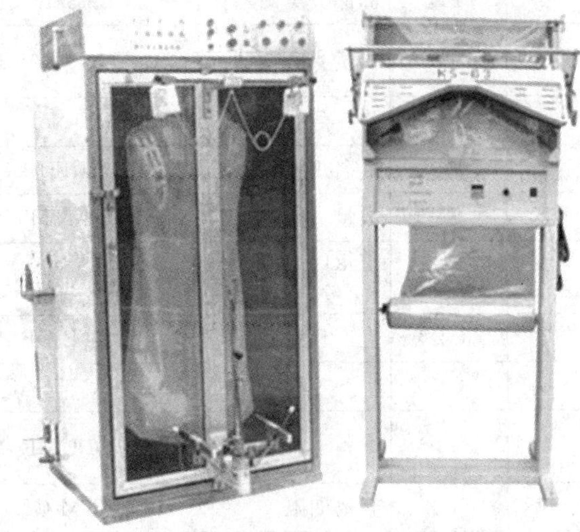

图 8-5 服装立体包装机

(二)装箱

当盒装或挂装的服装需要进行大批量运输时，常使用结实的包装箱。服装或装有服装的纸盒被装入包装箱，并用胶带封箱或用封箱带进行捆绑。对于这两种形式都有相应的手工或自动机器可供选择。

四、储运标志

服装制品在储运过程中，要经过分发、装卸、运输、中转等多个环节，由于货物是封闭状态，如果没有清晰、明确的标志，容易造成存储不当、错发、错运等事故。因而，运输包装外需按照一定的标准使用相关图标，这就是储运标志，具有帮助识别货物、标明防护措施和收发管理等作用。

常用的服装储运标志有：(1)储运图示标志。为使储运过程中存放和搬运妥当，以简单醒目的图案和文字在包装的一定位置上标明的标志，如以雨伞图形表示防湿标志。(2)收发货标志。由商品分类图示标志、其他代号和简单文字组成，主要供收发货人识别货物，又称唛头。常用收发货标志代号及含义详见表 8-1。(3)货签。这是粘贴或捆挂在运输包装件上的一种标签，内容包括运输号码、发货人、收货人、始发地、目的地、货品名称与件数等。

服装包装储运标志采用印刷、粘贴、拴挂、钉附及喷涂等方法打印到包装件上。一个包装件上使用相同标志的数目，应根据包装件的尺寸和形状决定。标志在各种包装件上的粘贴位置有所不同，箱类包装位于包装端面或侧面，而对袋类包装，需贴在位于包装明显处，集装箱应贴在四个侧面。

表 8-1 常用收发货标志列表

序号	项目			含 义
	代号	中文	英文	
1	FL	商品分类图示标志	CLASSIFICATION MARKS	表示商品类别的特定符号
2	GH	供货号	CONTRACT No.	该批货物的供货清单号码（出口商品用合同号码）
3	HH	货 号	ART No.	商品顺序编号
4	PG	品名规格	SPECIFICATIONS	商品名称或代号
5	SL	数量	QUANTITY	包装内商品数量
6	ZL	重量（毛重）（净重）	GBOSS WT NET WT	包装件重量(kg)
7	CQ	生产日期	DATE OF PRODUCTION	产品生产年月日
8	CC	生产工厂	MANUFACTURER	产品生产工厂名称
9	TJ	体积	VOLUME	包装外径尺寸长(cm)×宽(cm)×高(cm)=体积(cm^3)
10	XQ	有效期限	TERM OF VALIDITY	商品有效期截止年月
11	SH	收货地点和单位	PLACE OF DESTINATION AND CONSIGNEE	货物到达站、港和单位(人)收
12	FH	发货单位	CONSIGNOR	发货单位(人)
13	YH	运输号码	SHIPPING No.	运输单号码
14	JS	发货件数	SHIPPING PIECES	发运的件数

在现代物流管理体系中，条形码作为一种新型的运输标签正被日益广泛地应用在服装包装上。标签上的信息以一维条码、二维条码以及供人识读的形式表现，所包含的数据量取决于贸易伙伴之间的协定。条形码运输标签有两种常用格式：一种是基本标签，包含运输单元唯一标识符并且提供收发货双方名称、地址和数据库关键字；当基本标签不能满足各方需求时，可使用扩展标签，扩展标签由承运人段、客户段和供应方段三部分组成。条码标签的使用为储运环节中的所有参与方实现自动数据交换提供了便利，极大地推动储运作业的自动化，有利于建立起自动分拣和货物跟踪系统，提高物流效率。

第三节 成衣标志

按照国家相关规定和外贸订单要求，服装成品上一般会附带多种标志，涵盖了与产品密切相关的多种信息，帮助消费者选购和使用服装。常见的成衣标志包括商标、尺码标志、原材料标志、洗涤标志、产品名称、产地、生产厂家、合格证、各种认证标志、条码标识、休闲裤上的皮牌等。

成衣标志在服装上的存在形式有耐久性标签和吊牌两大类。

一、耐久性标签

所谓耐久性标签是指一直附着在服装上，能承受该产品在其使用说明中规定的使用过程并保持字迹清楚、易读的标签。

常出现在服装上的耐久性标签有商标、尺码标志（尺码唛）、原材料标志（成分唛）、洗涤标志（洗水唛）。外贸服装还需有原产地标记。

1. 商标

商标即服装的品牌标志，具有品牌识别、消费引导和广告宣传的作用。商标具有专用性。商标使用者需要通过注册，获得其合法使用权，因而成衣的商标常被视为服装产品知识产权的重要组成部分。

2. 尺码标志

尺码标志也称为尺码唛，是以少量的数字或字母反映该服装尺寸或其所适合的人体体型尺寸。服装尺码有多种标识形式：

(1)用某一重要部位尺寸来标识，如男衬衫中39、40、41……是以领围为标识；裤装中28、29、30……是腰围英寸的写法；童装中80、90、100……代表的是身高的尺寸。

(2)用字母或数字代号来标识，如最常见的S、M、L……分别代表小、中、大码等；4、6、8、10……是美制女士服装尺码代号。

(3)多个数字或字母代号混合的标识，我国服装号型就属于这一类型，例如：上装号型160/84A分别为身高（号）、胸围（型）以及体型代号；内衣文胸尺码75B，数字代表了下胸围尺寸，字母则反映杯罩的大小。

服装的尺码标志是指导服装消费的重要依据，是提高服装合体性的有效手段。因而，在设置服装尺码标志时，应根据服装的类型、服装销售地的行业标准，合理选择标识形式，准确反映尺码信息。

3. 原材料标志

原材料标志也称为成分唛，用以显示服装材料所含纤维名称和用量比例。有一种类型纤维加工制成的服装，纤维含量标明为“100％”或“纯”，如“纯羊毛”。多种纤维制成的服装一般按含量由高到低的顺序，列出纤维的名称及其占总体含量的百分比。如果同件服装不同部位纤维成分不同，如服装的面料、里料、填充物等，都需分别标注。羽绒填充物还应标出含绒量和充绒量，如图8-6所示。

面料	60％	棉
	35％	涤纶
里料	100％	涤纶
填充物	100％	灰鸭绒
含绒量	80％	
充绒量	200g	

图8-6 服装成分含量标注示例

4. 洗涤标志

洗涤标志也称为洗水唛，用以标明该服装适用的清洗和保养方法，是服装的使用说明。洗涤标志以图形符号的形式，依次标注水洗、氯漂、熨烫、干洗及水洗后干燥等五大项目的操作方法，必要时辅以文字加以解释。洗涤标志的具体形式及其含义详见附录。

除以上常见项目外，外贸出口产品还应按照销售地的行业要求在特定位置标注原产地标签。此外还可根据服装产品的特殊使用要求，在相应的标签上添加穿着、贮藏等相关注意事项等。

耐久性标签因为要永久性地附着在服装上，因而位置要适宜。商标和服装的尺码唛常常在一起，位于显眼的地方，一般缝制在上衣后领居中处，或是后中领下的贴边上，大衣、西服等也可缝在门襟、里袋上沿或下沿；裤子、裙子可缝在腰头里子下沿。衣衫类产品的原料成分和含量、洗涤方法等标签一般可缝在左摆缝中下部。裙、裤类产品可缝在腰头里子下沿或左边裙侧缝、裤侧缝上部。

二、吊牌

由于耐久性标签多位于服装内部，因而在服装选购过程中，服装吊牌成了消费者了解服装信息的最佳途径。

（一）吊牌的形式

最简单的吊牌，就是固定在服装上记录服装基本信息的一张小纸片。在品牌营销的时代，吊牌是体现品牌价值的特殊窗口，成为品牌识别的有效载体。因而吊牌的设计随品牌档次和品牌特质的不同，呈现出不同的形式。

从材质上来说，吊牌多为纸质，但也有塑料、金属、木料、皮革等质地的；从造型上来说，有长方形、三角形等各种几何形态；从吊牌组成来说，一般采用单一一张卡片的形式，高档的服装还会附有品牌 LOGO、认证证书、原料纱线或备用的纽扣等。

吊牌通常通过胶针、绳索等各种方式固定在服装上，连接物需要根据服装材质进行选择，原则是不能损伤衣物。吊牌通常位于服装最明显的地方，让人一目了然。对于上装来说，领标处是最常见的位置，其次还有拉链、接近领口的扣眼等。下装多钉在结构稳定性较好的腰头上。

（二）吊牌所包含的信息

吊牌除了集中了前面所述耐久性标签上的信息外，还包括：

1. 制造商信息

制造商信息即服装制造商依法登记注册的名称和地址。进口服装应用中文标明该产品的原产地（国家或地区）以及代理商、进口商或销售商在中国依法登记注册的名称和地址。

2. 产品名称

产品名称应按行业标准所规定的、不会引起消费者误解和混淆的常用名称，如“男西服”。

3. 产品标准编号

产品标准编号标明所执行的产品国家标准、行业标准或企业标准的编号。现多以条形码的形式来呈现。

4. 产品质量等级

产品标准中明确规定质量（品质）等级的产品，应按有关产品标准的规定标明产品质量等级。

5. 产品质量检验合格证明

国内生产的合格产品，每单件产品（销售单元）应有产品出厂质量检验合格证明。

6. 使用期限

对于有使用和存储条件限制或限期使用的产品(如一些有药理成分的保健服装)还应标注注意事项以及生产日期和有效期。

7. 甲醛含量类型

这是国标中对甲醛含量的规定,分为 A、B、C 三类:A 类为婴幼儿用品;B 类是直接接触皮肤产品;C 类是非直接接触皮肤的产品

8. 涉及的相关认证标志

显示该产品通过相关质量认证,如 ISO 9001/9002、环保 ISO 14000、全棉标志、纯羊毛标志、欧洲绿色标签 Oeko-TexStandard 100、欧洲生态标签 Eco-label 等。

随着服装市场竞争日趋激烈,为了维护自己的产品不受假冒伪劣产品的侵害,保护企业和消费者的权益,一些名牌厂商开始在服装产品上应用各种防伪技术,如市面上已经出现的激光微孔吊牌、光栅吊牌、微电子芯片及编码证卡吊牌、全息吊牌等等。

[思考题]

1. 服装内外包装的基本要求有哪些?
2. 试述服装仓库建设的注意事项。
3. 试述服装耐久性标签中主要项目及其内容和含义。

第九章　特殊材料及特殊工艺

[本章提要]

现代服装品种繁多，因设计和功能的需要，服装所用材料也多种多样，例如丝绸、丝绒、皮革、羽绒、针织材料等。这些特殊材料各具特性，在成衣制作中也应使用不同的工艺、技术和设备。

服装生产虽然是传统的劳动密集型行业，但近年来技术创新也是日新月异。新型材料、工艺及技术的巧妙应用不仅能提高服装创作及生产的效率，也将提高服装产品附加值，增强企业的竞争力。

[学习重点]

1. 掌握常见的几种特殊服装材料的加工工艺
2. 对当今新型材料、工艺、技术、设备有一定的了解和认识

[本章结构]

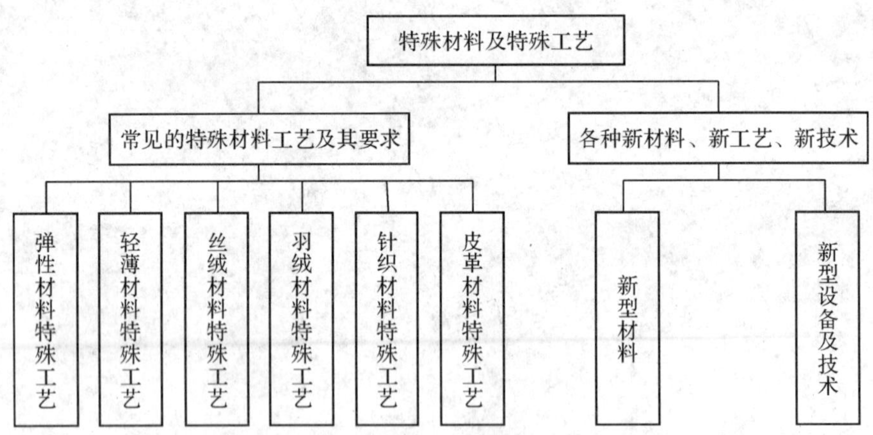

第一节　常见的特殊材料及其工艺要求

服装面料种类很多，不同的面料因为特性的不同，其缝制工艺及所采用的机械设备等都存在一定的差异，其中皮革、羽绒、丝绒、针织面料以及轻薄的丝绸、化纤及混纺面料是当前常见但又具有一定特殊性的服用材料。下面将逐一介绍这几种常见的特殊面料在生产

过程中易产生的问题及处理方法。

一、弹性面料

面料的弹性是指面料在受到外力作用时发生变形，除去外力后能恢复原来形状的性质。弹性面料则是指具有这种变形能力的面料。弹性面料的种类繁多，其弹力的大小与其纱线成分及织造方式关系密切，例如含氨纶成分的面料一般具有较好的弹性，但其梭织面料和针织面料的弹性存在差异。此外，有些弹性面料仅仅是某个方向具有弹性，有些面料的弹性则体现在多个方向。所以在设计、裁剪和制作工艺等方面都需要加以特别考虑。运用具有明显弹性的面料制作服装时，主要注意的有以下几点：

（一）利用和保持面料弹性

（1）人体是个活动体，必要的生理活动和日常运动对服装在尺寸上有特殊的要求，正因为如此服装尺寸设计时必须为人体提供足够的放松量。弹性面料因为面料自身具有一定的变形能力，能在一定程度上满足人体运动的需求，因此应用弹性面料制作成衣时，其放松量的设计不仅应考虑人体的需要，还需考虑面料本身弹性的大小。相对于弹性较小甚至没有弹性的面料而言，用弹性面料制作成衣时，放松量要减小，具体数值要根据面料的弹性而定。

（2）在利用面料弹性减小放松量时，也必须注意面料伸缩与人体活动量的比率，不能因为放松量过小引起面料受力过度，而导致面料产生弹性疲劳，发生不完全回弹，引起服装的变形。同时，面料受力过大还容易造成拼缝处明显拉伸，出现缝线外露甚至断裂的现象。

（3）面料的弹性不能受到粘合衬和里布的影响。通过粘合衬复合的弹性面料其弹性往往消失殆尽，而没有弹性的里布会限制弹性面料的变形。因此弹性面料不适宜搭配复合粘合衬使用，在设计里布时，其放松量必须考虑到弹性面料的变形量。

（4）面料的弹性不能受到缝纫线的影响。在缝制弹性面料时，应采用同样具有弹性的缝纫线进行链式缝纫或通过改变线型来满足面料变形的需要，例如绷缝线迹和缲包缝线迹。

（二）弹性面料的保型性

弹性面料因为具有较好的变形性，所以不适宜制作对尺寸及造型要求较高的款式的服装。对于用弹性面料制作的成衣，当某个局部造型要加以控制时，可以利用粘合衬、垫布、牵拉绳带等来进行加固，例如为稳定肩部尺寸，弹性面料上衣可以通过在肩线处加嵌条或织带来实现。

二、轻薄面料

轻薄的服用材料具有轻薄、飘逸的材质风格，部分材料因为轻薄还具有一定通透感，不论是丝织物、化纤织物或是混纺织物，大都具有良好的透气透湿性能，因此主要用于制作夏季服装。

轻薄材料往往结构疏松、质地柔软，尺寸稳定性较差，在成衣制作中常出现裁片变形、缝口线迹不平直、面料缩皱结构变形、悬垂性受牵制及缝份脱散等问题。因此在面对轻薄面料时，我们应在以下几个方面加以注意：

(1)轻薄面料在裁剪时特别容易滑动而造成衣片边缘参差不齐。为了防止裁片移位走样，可以将面料用大头针固定在同等大小的纸上，在铺料时要注意保持面料松紧度一致，注意丝缕的横平竖直，固定的别针应选择在面料的边缘或衣片的空挡处。遇到面料布边紧密时，可在布边适当打剪口或将布边抽调。对于一些高档的轻薄面料，为了防止经纬纱支扭曲或上下层错位，可以将布料固定在薄细白布上后，再连同白布同时裁剪。对于一些精度要求较高的零部件也可以用同样的方法进行裁剪。

(2)划样时，因为面料轻薄，应避免使用坚硬锐利的器具在面料上作记号，以免划伤布面；避免使用划粉在面料表面进行标识，以免留下痕迹难以清除。对于必须作记号的部位，可以采用线钉的方式。因为面料轻薄容易滑移，在作线钉时应适当放松针剂，并用回针的方式来避免样板变形，如图 9-1 所示。

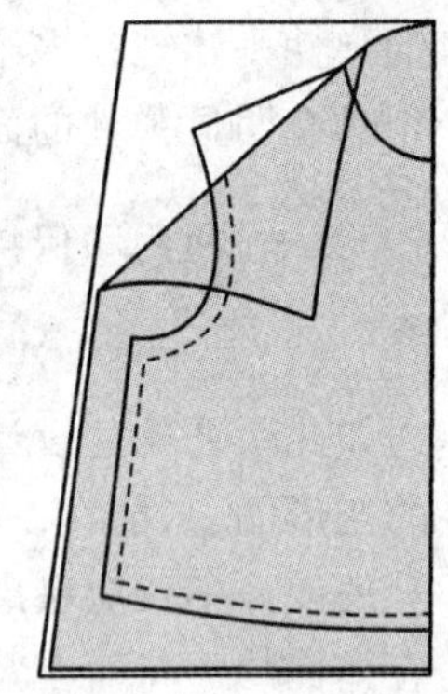

图 9-1　作线钉

(3)在缝制时因为产生了多种不同程度的摩擦力，会引起缝口线迹不平直。因此在缝制轻薄面料时应注意控制面料与压脚、车牙与面料、面料与面料之间的摩擦力。

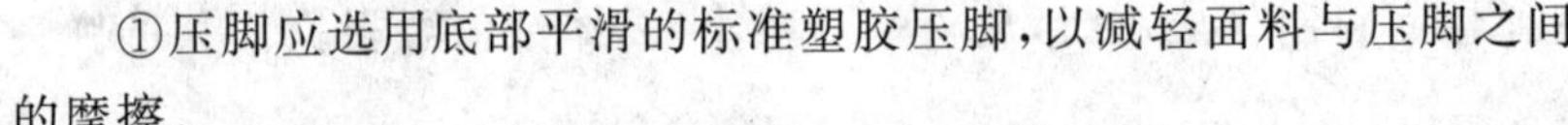

①压脚应选用底部平滑的标准塑胶压脚，以减轻面料与压脚之间的摩擦。

②使用幼密型车牙，并尽可能将车牙调整到最低位，以保证车牙能够均匀送布。

③缝制时要控制好车速，车速应控制在每分钟 2500～3500 针为宜，以保证线迹疏密一致。

(4)在缝制轻薄面料时常会出现面料缩皱甚至结构变形的情况，这与缝制时面料与缝纫线的匹配、线迹以及操作手势有很大的关系。

①要避免选用粗针粗线，应选择 9～14 号的小圆嘴针与尖嘴针，缝纫线应选用柔软而又有韧性、缩率与面料相匹配的细线。

②注意控制缝纫线的张力，使之尽量减小；线迹不宜过密，且链式结构的线迹相比于锁式结构的线迹缝制效果要更好一些。

在缝制时对于弯曲缝边不能强行将弯曲的布边拉直缝制，而应该顺着布边利用车牙自动送布进行缝制，如图 9-2 所示；对于较为平直的缝边，为了控制车牙送布的速度，操作时可以在压脚前后适当拉紧面料进行缝制，如图 9-3 所示。

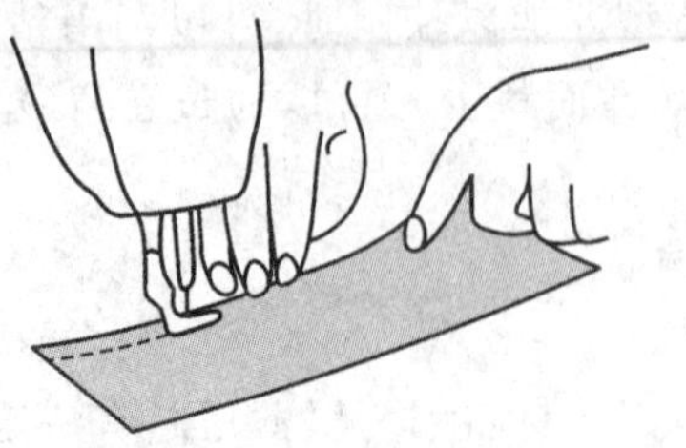

图 9-2　弯曲边缘的缝制

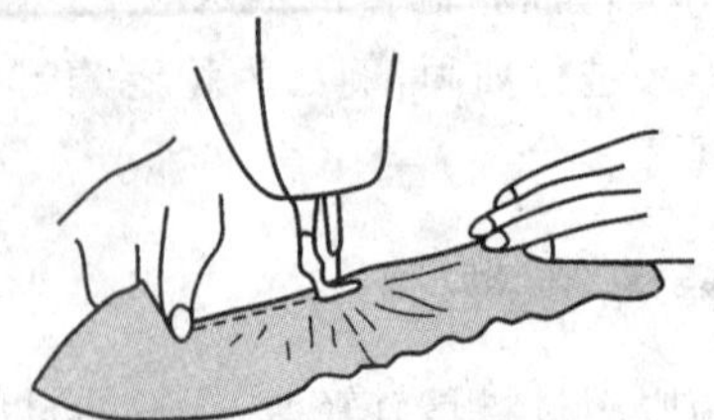

图 9-3　平直边缘的缝制

(5)轻薄面料的衬布选择通常根据设计需要，以不影响面料的悬垂感为宜，常采用最薄的衬布，且在设计中应尽可能缩小粘衬的面积。对于特别柔软薄透的面料，可以采用本色面料或其他材质相同、风格挺括的面料加以替代。

(6)因为轻薄面料的密度较小，边缘容易脱散，因而在缝制轻薄面料的边缘和缝份处理上与普通面料相比有所不同。

①对于像侧缝等一些平缝的布边因为其位置与人体接触相对较多，往往受到更大的拉伸力，所以一般不宜采用普通的包边，而更倾向于用来去包缝或者用密度较高的其他布料斜裁布条进行滚边的方法，尤其是滚边不仅可以避免布边的脱散，对于较为透明的面料也可以起到隐藏缝头的装饰效果，如图 9-4 和图 9-5 所示。

②对于像衣摆、裙摆、袖口等较为宽松的部位，往往采用三折边的方法，且折边的宽度不宜太宽，一般 0.2～0.8 cm 即可。三折边的方法不仅使布边不宜脱散，而且因为在缝制的过程中布边往往会有所拉伸，所以缝制好的边缘会有一定的起伏，对于一些波浪形下摆往往有更好的视觉效果，如图 9-6 所示。

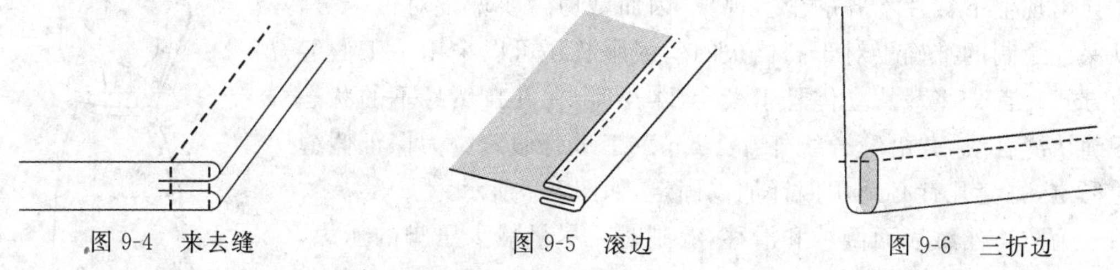
图 9-4　来去缝　　图 9-5　滚边　　图 9-6　三折边

③对于例如领口、较小的袖口等位置，除了用包边的方法外，根据款式需要，贴边也是常用的方法之一。因为贴边面积较小，轻薄又容易变形，所以为了保证贴边边缘的整洁，往往使用直丝双层对折、斜丝双层对折或对贴边边缘进行滚边的处理方法，如图 9-7 和图 9-8 所示。其中直丝双层对折一般有一定的宽度，适用于较为平直的袖口或下摆；斜丝双层对折宽度较窄，适用于领口等曲线部位；对贴边边缘进行滚边的方法主要适用于贴边尺寸较大、较宽的部位。

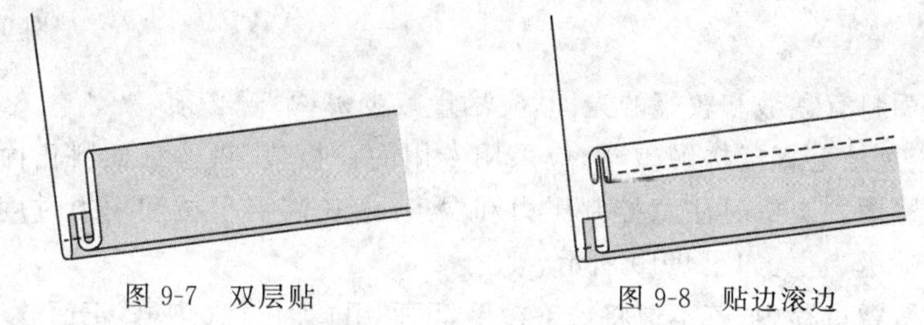
图 9-7　双层贴　　图 9-8　贴边滚边

三、丝绒

丝绒是经起绒组织构成的丝织物，表面具有密集的绒毛，形成独特的优雅光泽，是华丽的高档女装材料。由于丝绒的材质特性与普通的机织物不同，且价格较高，因而在制作时需要加以特别处理。

(一)裁剪

丝绒面料具有很强的方向性，顺毛方向所呈现的色彩较为灰白，但穿着寿命长；逆毛方向色彩深重而富有光泽，但穿着寿命短，容易起毛、起球等。两个方向所体现的成衣效果各有所长，差别迥异。因此在进行排料时必须严格地按照设计要求的丝绺方向进行。

因为丝绒面料柔软易滑动，在铺料时应尽可能减少层数，并适当加大缝份至 2.5 cm，以便于批量裁剪后进行逐片修正。丝绒面料的表层绒毛具有一定的高度，采用常规双层铺料法容易造成上下层衣片的错位，致使裁片出现左右不对称或长短不一的情况，因此，铺料时宜采用单层铺料法。

对于高档的丝绒服装，在裁剪前可以将丝绒面料与较为硬实的白细布用手针在各衣片间隙进行固定，用划粉在细布上进行划样或采用作线钉的方式，然后将丝绒面料和细布同时裁剪。

(二)缝制

丝绒面料的缝制难度较大，缝制时容易走样，缝合线较长时往往会出现上下裁片不齐的歪斜现象，因而裁剪时要增设对位记号，以保证缝制的准确。对于高档次的丝绒服装还可以采用手工假缝的方式。首先将裁片立体悬于人台 24 小时，在其自然悬垂的状态下确认缝合线，并沿缝合线外 0.1 cm 手工进行假缝。为保证假缝的稳定，每缝几针必须用回针加以固定，如图 9-9 所示。

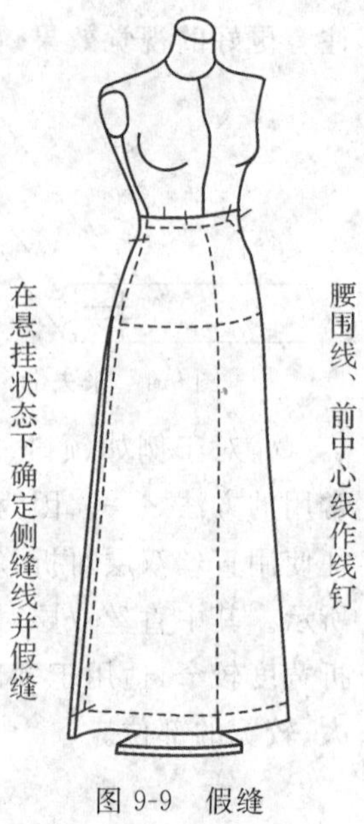

图 9-9 假缝

为防止丝绒表面倒绒和滑移，缝制时需尽量减少压脚的压力，同时放松面线和底线，选择洞眼较小的针板，并在缝份上垫上薄纸一起缝合，缝合时车速必须均匀，不要间断，一气呵成。在完成拼缝后，可用锥子将夹在缝份的绒毛挑出，以此遮盖缝线。

丝绒面料具有良好的悬垂性，因此应尽量减少粘衬面积，且面料正面不宜贴衬，对于特别要求平挺整齐的部位，可以采用折边或贴边粘衬的办法。

(三)熨烫

由于丝绒面料有立绒和较好的光泽，应尽量减少熨烫，若必须熨烫时，必须避免绒毛直接接触熨斗，应采用专用的针板垫，将丝绒面料正面朝下，用垫布盖住反面进行熨烫。熨烫时注意控制压力和温度，避免高温干烫和用力过度，而应尽量使用低温大蒸汽喷烫为主，如图 9-10 所示。

在制作和熨烫过程中，若不慎将绒毛烫倒，可采用背面蒸汽热熏，正面软毛刷沿顺毛方向整理的方式使绒毛恢复直立，具体方式参见图 9-11。

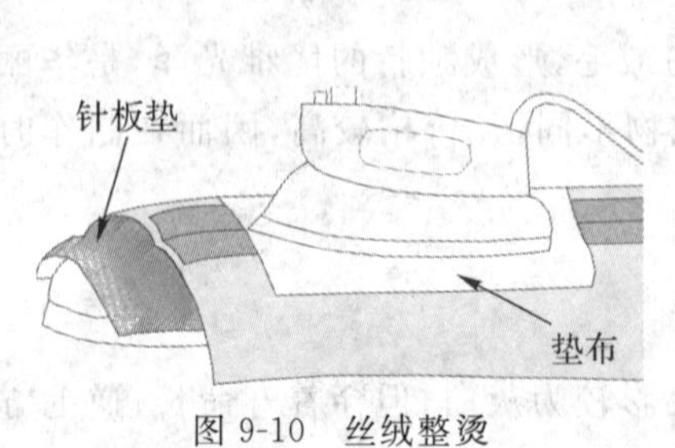

图 9-10 丝绒整烫

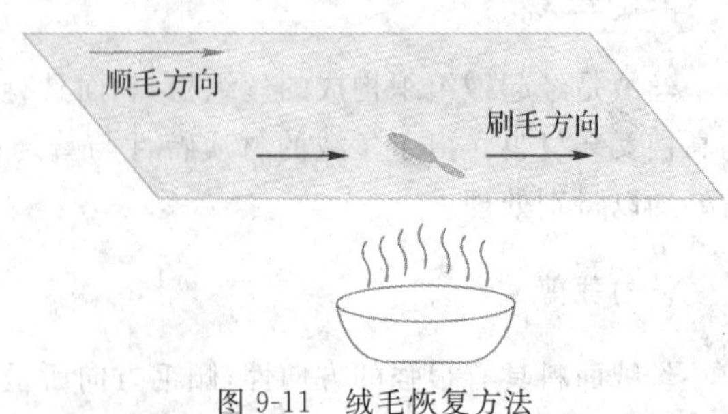

图 9-11 绒毛恢复方法

四、羽绒

羽绒服装是在面布与里布中间，用羽绒作为填充材料的服装。羽绒服装具有轻便、柔软、保暖等特点。由于羽绒的绒丝细腻而富有弹性，很容易从面料缝隙中钻出来，因此用于制作羽绒服装的材料必须选择组织细密、经过涂层处理、手感柔软、轻薄挺括的面料。

羽绒是长在鹅、鸭的腹部，成芦花朵状的绒毛。由于羽绒是一种动物性蛋白质纤维，比棉花等植物性纤维素保温性高，且羽绒球状纤维上密布千万个三角形的细小气孔，能随气温变化而收缩膨胀，产生调温功能，可吸收人体散发流动的热气，隔绝外界冷空气的入侵，因此羽绒被誉为保暖性和舒适性最佳的填充材料。

羽绒服装质量的高低，主要取决于其标准含绒量和充绒量。羽绒服装的填充材料主要有白鹅绒、灰鹅绒、白鸭绒、灰鸭绒、鹅鸭混合绒和粉碎绒等。其中鹅绒因为绒朵较大、羽梗较小具有最佳的柔软度和保暖性，鸭绒次之。粉碎绒主要由毛片粉碎加工制成，弹性和保暖性最差，且有较多的粉末，容易结块。

由于羽绒轻盈细腻，细微的气流都可能引起绒丝漂浮于空气中，因此羽绒的填充和其他填充材料不同，不能采用先铺后缝或铺缝结合的形式制作，而必须先将面、里布缝合，然后通过预留的小孔，用专用的充绒设备往里填充，再经过拍打使羽绒均匀分布于服装各个部位，最后为了使羽绒相对固定，不至于结团成堆，一般根据款式要求在服装表面进行绗缝。

由于羽绒材料的特殊性，羽绒服装的制作和其他服装具有较大的差异，在服装结构及缝制上都具有鲜明的特点。

(一)结构设计

面料回缩是羽绒服装结构设计中的首要问题。羽绒服装面料回缩主要有两个原因：一是因为羽绒服装轻盈蓬松，具有一定的厚度，因而成品服装相比于原始裁片在视觉效果上会在长度和围度上具有一定程度的减小，且填绒量越大，回缩性越明显；二是因为羽绒服装会在表面进行不同密度的绗缝，也会引起成品服装在长度和围度上的回缩，且绗缝越密，回缩性越明显。

在进行羽绒服装结构设计时，应根据成品的款式要求对裁片进行回缩量的补充。一般因为服装蓬松而造成的回缩量，应在长度和胸围上各增加 1～2 cm，且填绒量越多、含绒量越高、服装越蓬松，其增加量越大。因为绗缝而造成的回缩量要根据绗缝的款式和密度来调整，一般每一档纵向绗缝，应在围度方向上增加 0.5 cm 作为回缩量补充，每档横向绗缝应在长度方向上增加 0.5 cm 作为回缩量补充。

(二)制作工艺

羽绒服装的制作一般可以分成两个部分：填充材料的整理和服装成品的加工。其中填充羽绒的整理是保证羽绒服装品质的关键，一般分为四个步骤：

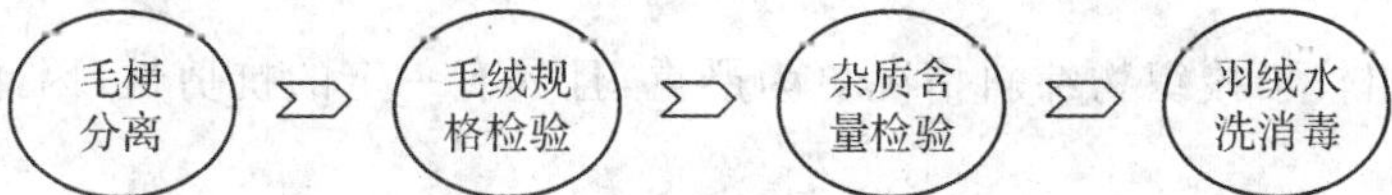

羽绒整理完成后，羽绒服装成品制作的方法及步骤和其他服装产品的生产基本相同，在完成服装的整体缝制后，用专用设备通过缝制过程中预留的小孔对服装进行充绒，最后再进行封口。

五、针织面料

针织面料是由线圈相互串套形成的一种织物，这与梭织物经纬纱线交织的组织结构完全不同，因而具有其独特的结构性能。

(1)脱散性。针织面料在裁剪后，被剪断的布边处线圈失去串套连接后，会按一定方向发生脱散，这种性能主要与织物组织结构有关，因为纱线的品质、品种不同，如摩擦系数、抗弯刚度、线圈长度的不同，针织物的脱散性也有差别。一般纬编针织物比经编针织物易于脱散，基本组织比变化组织易于脱散。

(2)卷边性。正反面线圈构造不同的某些针织物在裁剪后，衣片边缘会按一定的方向卷边，这是由于线圈中弯曲的纱线内应力的不平衡而引起的。针织物的卷边性与其组织结构、纱线弹性、纱支细度、松度及织物的密度有关。一般单面针织物卷边性较为明显。

(3)拉伸性。针织面料的拉伸性也就是面料的弹性。由于线圈结构的特点，针织面料在受外力拉伸时会发生明显的尺寸伸长，当外力去除后线圈结构又回复到原来的形状。针织物的弹性与面料的组织结构、纱线的弹性及线圈长度等因素关系密切，与后期的染整加工方法也有一定的关系。

(4)工艺回缩性。在对针织面料进行缝制的过程中，衣片在长度和宽度方向会发生一定程度的回缩。其回缩量与原来裁片长度之比称为缝制工艺回缩率，回缩量的大小与针织面料的组织结构、原料纱支及染整加工方法等因素有关，一般缝制工艺回缩率在2%左右。

因为针织面料特有的结构性能，针织服装具有一些特殊的加工工艺，主要体现为以下几点：

1.结构样板

因为针织物具有良好的延伸性和回弹性，针织服装的样板往往比较简单，分割较少，但合体性很好。在很多梭织服装中必须增设的省道、分割线、拉链、开口等，在针织服装中都可以用弹性来弥补而加以省略。此外，针织面料在完成缝制后往往会在长度和宽度方向出现回缩，一般为2%，因此为了保证成品的规格尺寸，在样板设计时应该考虑面料的回缩率并适当加放。

2.面料的整理

由于针织物普遍柔软蓬松，因而不宜长时间地捆卷，否则容易引起变形。针织面料在织造和运输中容易发生勾丝、漏针、密度不匀等问题，在进行裁剪前可以采用蒸汽整理的方式进行处理。针织面料一般以低温湿烫为宜，整理后面料需完全冷却定型后方能进行铺料裁剪。对于一些较长的衣片，如长裤、长裙等，通常要进行悬挂定型，使其处于完全自然的状态才能进行裁剪。

3.裁剪

针织面料相较于梭织物纬斜情况更为严重，且具有一定的抗剪性，因此在裁剪中应该格外注意：

(1)裁剪前必须确认丝绺方向，避免线圈歪斜，对于纵向延伸度大的针织面料容易发生横向幅宽收缩的现象，因此要适当放宽缝份。

(2)为了减少纬斜情况，衣片宜采用前后不稳方向相反的排料裁剪方式。

(3)对于化纤或混纺针织面料，在电刀进行裁剪时剪口容易产生粘结，因而铺料时不宜过厚，裁剪时速度不宜过快或采用波形刀口的刀片，高档面料可采用少层手工裁剪。

(4)一些长丝针织面料往往表面光滑，加之针织物柔软而富有弹性，裁剪时很容易发生滑移。铺料时不宜过厚，可在上下层间铺上垫纸一同裁剪，以避免面料的滑动。

4.缝制

(1)缝制设备

由于针织面料具有独特的性能，其加工设备往往与梭织面料有所不同。针织服装常用的缝纫机主要有摆缝机、绷缝机和包缝机。摆缝机又称缝合机，是用于缝制成形针织衣片的专用缝纫机，有单线链式和双线链式两种线迹。绷缝机的线迹强度和弹性较好，适用于针织面料的拼接、滚边、加固及饰边等缝制工艺。包缝机又称锁边机，是针织服装缝制中应用最为广泛的缝纫设备，可分为三线、四线和五线包缝机，其中四线和五线包缝机常用于高级内衣的缝制。

(2)针线及辅助设备

在针织服装工业制造中，通常采用环链式或上下差动式缝纫机，机针尽量选用不伤面料的针织专用针，针距一般控制在 15 针/3 cm。对于容易拉伸的部位可适当调小针距。为减少对衣料蓬松度的影响，使用小型压脚并适当减小压脚压力。为防止送布牙勾伤面料，可在面料下垫上薄纸进行缝制。由于针织面料易于拉伸，在缝制时应适当放松底、面线。

(3)缝纫线迹及工艺

要根据服装的要求选用相适应的线迹结构和缝纫线。例如在领口、袖口、裤裆等需要面料自由伸展并回复的部位，应选用与面料拉伸性相适应的线迹结构和弹性缝线，袖口、领口处可以采用双针绷缝的方式。裤裆可以采用四线或五线包缝机缝制。对于一些需要保证服装尺寸和面料稳定的部位，例如肩线、领子、门襟等部位，不仅应选择线迹弹性小的线迹结构，必要时还需加上辅助的牵条、粘衬来保证面料的形状。

由于针织面料具有一定的脱散性和卷边性，缝边通常采用拷边工艺。为了防止拷边线脱散，通常应在拷边线的始末留 3～4 cm 的线头，待服装完成后再进行修剪。衣摆或裙摆通常为 4 cm 的缝份加拷边，相对较窄的缝份一般用弹力线车缝固定，较宽的缝份可以用手工缲边固定。对于伸缩性较大的面料，为了防止下摆起浪的情况，也可以对布边采用滚边的方式再加以固定。

此外，由于针织面料容易勾丝、起毛、起球，在整个加工制作过程中，设备器械的光洁非常重要。在存放和储运过程中，因为针织物透气吸湿，要保证面料干燥通风，减少堆放时间和数量，以防止霉变。

六、皮　革

天然皮革柔软而富有弹性，具有良好的触感，同时还具有良好的耐用性、吸湿性和保温性，是秋冬服装的常用材料之一。随着科技的发展、人工合成皮革种类日益丰富，其服用性能与天然皮革相差无几。皮革服装是整个服装家族中比较特别的组成部分，其设计、工艺等均与其他针织物、梭织物存在较大的差异。皮革服装的制作主要经过选料、配色、制板、整理、缝制等工艺流程。由于皮革张幅、厚度和弹性等特点与普通服装材料有较大差异,因而皮革服装的在制作时,不论是设备器械还是操作工艺都具有独特的特点。

(一)选 料

皮张的各个部位的质地相差很大,一般臀部较硬,颈部粗糙,腹部松软。在选料时主要遵循三个原则:一是根据服装部件对材料质地的要求进行选料,例如服装中领面、门襟等重要部位,应选择皮革的中心或质地较好的部位(皮张各部位皮质质量分布见图 9-12);二是要注意选皮时的对称性,即以一张皮革的背脊线为中心线,左右两侧要对称取料,对于一张皮革无法满足服装用量时,应选择皮质接近的两张皮革进行划样制作;三是应充分考虑皮革的利用率,通过在服装中增设一些分割线使得小张的皮革尽可能使用,达到降低成本的目的。

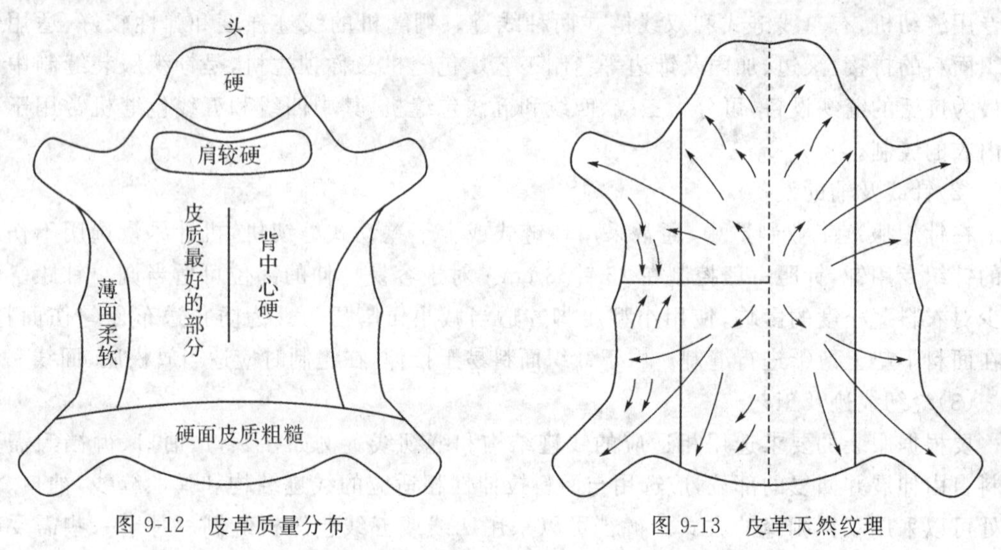

图 9-12 皮革质量分布　　图 9-13 皮革天然纹理

(二)裁 剪

皮革都具有天然皱褶和纹理,在进行排料划样前往往要对革面进行平整。对革面进行整理前首先要仔细观察皮革的自然纹路(如图 9-13 所示),按照纹路沿背部呈放射状方向用 90～110 ℃低温熨烫。因为皮革遇水容易发硬,在熨烫时应避免喷水和使用蒸汽。通常皮革整理以反面熨烫为主,必要时也可以在正面垫上垫布进行熨烫。

天然皮革难免会有色泽不一、皮面损伤的情况,在排料划样时要仔细观察皮面,尽可能将高品质的革料安排在服装的主要部位,对于侧缝、袖内侧等次要部位,在服装品质允许的情况下,可以使用腹部或有微量创伤的部位,划样时一般将样板放置于皮革的反面。

皮料和其他面料一样也有纱向的问题,皮张从头部到臀部的顺向为直丝缕,从腹部切开展平为横丝缕。皮张横直丝缕的延伸力有一定的差异。直丝缕不易延伸,尤其是背中部更为紧密。皮衣一般要求直向划样,特别是对于横直丝向差异明显的皮张,更要避免相同或相邻的部位采用同向排料。

皮革的裁剪过程比普通面料复杂,它不能像纺织面料那样进行批量裁剪,而是采取单件单裁的方式,并且每裁完一件就要单独放好一件,不可混同。裁剪顺序一般先剪大块主料,再剪小块配料。裁剪时要求剪刀锋利,用力均匀,避免剪料边缘呈锯齿状,尽量保持切面为直角。

(三)缝制设备

因为皮革表面光滑,普通平压脚与皮革接触时摩擦力较小,不利于皮革的输送,因而在缝制光滑的皮革材料时应使用塑胶压脚或用平行轮输送的缝纫机。此外,还可以用压条来解决皮革在缝制时走势不好的问题。压条是一种韧性较好的电工纸,一般为 0.5～0.8 mm 厚,可以根据需要裁切成各种尺寸的长条,缝制皮革时将压条垫在半边压脚下面,不仅能起到辅助送料的作用,还能调整皮革上下的吃势。

因为皮革材料较厚而硬,在车缝时要使用针粗、眼大的专用缝纫针。专用的皮革缝纫针无法像普通机针一样穿过纤维或纱线,而是在皮革上切出开口进行穿越。因此,皮革用缝纫机针的针尖又称为切割针尖。这种专用机针主要有两种,一种是特窄圆针尖,主要用于一般的缝合;一种是特窄扭嘴针尖,主要用于缉明线,如图 9-14 和图 9-15 所示。

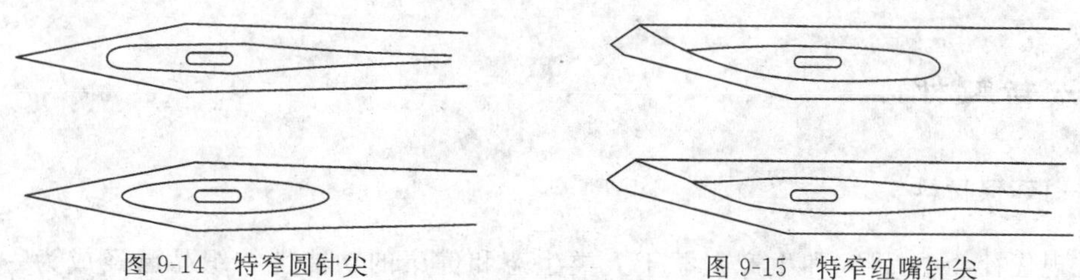

图 9-14　特窄圆针尖　　图 9-15　特窄纽嘴针尖

缝制皮革时还要使用专用的包芯缝纫线,因为包芯线松软润滑,其线芯为长丝具有较好的强度和弹性,外层的棉纤维则能增加缝纫线的膨胀度,在穿越皮革后能将较大的针孔填满。此外,缝制皮革时线迹不能太密,一般为 3～4 针/cm,车速也不易太快,应以中速或低速进行缝制。

(四)缝制工艺

皮革面料不像纺织品那样容易出现毛边,因此缝份一般为 0.5～1 cm,有时为了平服美观需要上层缝份减少至 0.5 cm,下层缝份保持 1 cm。若缉明线缝份的大小应宽于最宽明线宽度 0.5 cm 以上。因为皮革面料伸长率较大,所以在配置里料时要考虑皮革面料的最大伸长率来加放里料的尺寸。里布在下摆、袖口等处长度上应加放 2～4 cm,在肩宽、背中缝等处围度上也应加放 2～4 cm。

皮革面料普遍厚实且韧性较强,不宜采用归拔工艺。在服装样板设计中应避免过分弯曲的曲线,袖上弧线的吃势也不宜过大,一般最好不要超过 2 cm。

在缝制织造面料的服装时,往往采用来回缝的方式来保证缝线不脱散,而皮革材料对于过密的缝制容易断裂,所以在一段缝制结束后通常是将缝线拉长,并穿过到皮革背面,通过手工打结的方式来固定。

皮革在进行拼缝时,因为不宜用熨斗将缝份分烫,为了使缝份平服美观,通常是将缝份沿缝迹线分开,在缝份背面涂上胶水或双面胶,用锤子敲打使之平服并和衣片背面粘合,如图 9-16 所示。胶水一般选用汽油胶,因为汽油胶挥发时间短,易于操作,且粘合后较易拆改。如果皮革较厚,可以用铲刀先将缝份铲薄,再用胶水粘合。必要时还可以沿缝份边缘压一条明线,如图 9-17 所示。除了拼缝外,皮革服装的下摆也可采用先粘合缝份再压明线的做法。此外,扣眼、挖袋、拉链等较为复杂的工艺可以使用双面胶固定再进行,以使工艺易于把握。

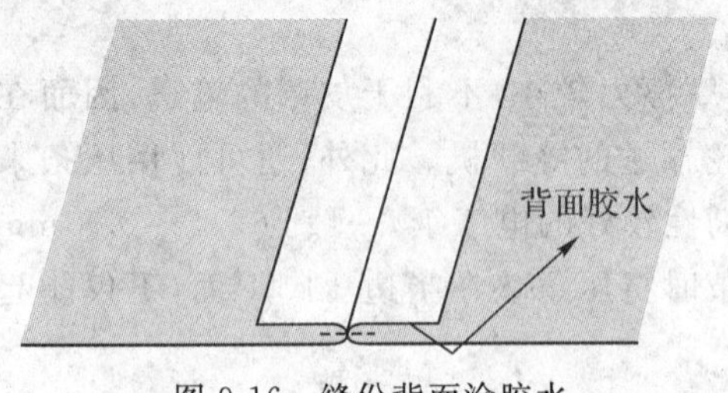

图 9-16 缝份背面涂胶水

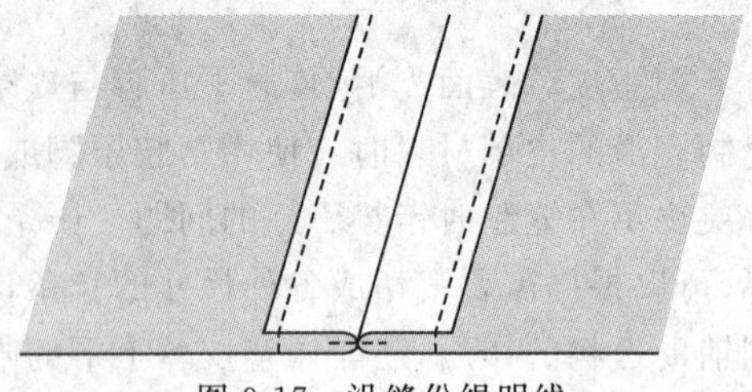
图 9-17 沿缝份缉明线

第二节 各种新材料、新工艺、新技术

一、新型材料

(一)环保材料

在现代社会中,研究和生产有益于人类生态和健康的功能性纺织品已经成为一种潮流。随着人们生活水平的提高,生物保健型纺织品逐渐成为世界纺织品消费的新潮流。而随着人们环保意识的不断增强,回归自然、保护环境的理念也愈来愈凝入纺织品和服装的开发和生产中。

1. 大豆纤维

大豆纤维是我国湿法纺丝研究开发成功的世界原创性的再生植物蛋白质纤维。大豆功能性纤维是将经榨油的大豆豆粕中的球蛋白提取提纯,用助剂、生物酶作用,再添加羟基和氰基高聚物,配制成一定浓度的蛋白纺丝液,经熟成后,经湿法纺丝而成。

大豆纤维的主要特点有:

(1)外观华贵。面料具有真丝般的光泽,非常怡人;其悬垂性也极佳,给人以飘逸脱俗的感觉;用高支纱织成的织物,表面纹路细洁、清晰,是高档的衬衣面料。

(2)舒适性好。以大豆蛋白纤维为原料的针织面料手感柔软、滑爽,质地轻薄,具有真丝与山羊绒混纺的感觉,其吸湿性与棉相当,而导湿透气性远胜于棉。

(3)染色性好。大豆纤维本色为淡黄色,很像柞蚕丝的颜色。它可用酸性染料、活性染料染色。尤其是采用活性染料染色,产品颜色鲜艳而有光泽,同时其耐日晒、汗渍色牢度也非常好。

(4)物理机械性能好。单纤断裂强度在 3.0 cN/dtex 以上,比羊毛、棉、蚕丝的强度都高,仅次于涤纶等高强度纤维,纤度可达到 0.9 dtex。面料尺寸稳定性好,在常规条件下洗涤不必担心织物的收缩,抗皱性也非常出色,且易洗、快干。

(5)较好的保健功能。大豆纤维与人体皮肤亲和性好,且含有多种人体所必须的氨基酸,具有良好的保健作用。在大豆纤维纺丝工艺中加入一定量的有杀菌消炎作用的中草药与蛋白质侧链以化学健相结合,药效显著且持久,避免了棉制品用后整理的方法开发的功能性产品的药效难以持续的缺点。

大豆纤维具有良好的物理性能及化学性能，相比于其他天然纤维成本更低，被专家誉为“21 世纪健康舒适型纤维”。

2. 牛奶蛋白纤维

牛奶蛋白纤维是以从牛奶中分离出的蛋白质为基本原料，经过化学处理和机械加工制得的再生蛋白质纤维，用专业术语讲是一种含有乳酪蛋白质成分的接技聚丙烯腈纤维。

牛奶蛋白纤维横截面呈圆型、腰圆型或呈哑铃型，纵向有凹槽、沟状结构或有隐条纹，边缘光滑，与蚕丝一样在被抓握时能产生独特的鸣音。这种结构有利于吸湿导湿、透气和快干，也使牛奶蛋白纤维表面具有一定的摩擦力和抱合力，有利于纤维成纱。

牛奶蛋白纤维是一种集天然纤维和化学纤维优点于一身的优良的纺织服装原料，具有独特的物理性能和化学性能，属于绿色环保产品。其主要特点是：

(1)良好的防霉抑菌功能。因为不使用甲醛偶氮类助剂或原料，纤维甲醛含量为零；富含对人体有益的十八种氨基酸；具有天然保湿因子，具有广谱抑菌功能，持久性强，天然抑菌功能达 99%以上，抗菌率达 80%以上。相比羊毛、羊绒，有较好的防霉防蛀性能，强度高，耐穿耐洗，易贮藏；水洗后易干，洗涤后仍可永久保持产品性能等。

(2)良好的手感和外观。其单丝纤度细，比重轻，断裂伸长率、卷曲弹性、卷曲回复率最接近羊绒和羊毛，膨松细软；纤维白晰，具有丝般的天然光泽，外观优雅，抗日晒牢度、抗汗渍牢度达 4～3 级；其手感具有真丝般的柔软和滑糯，且具有真丝一样的丝鸣感，风格独特，给人以飘逸、洒脱的感觉。

(3)良好的吸湿透气性能。牛奶蛋白纤维含有天然蛋白保湿因子和大量亲水基团，可迅速吸收人体汗液，通过沟槽快速导入空气中散发，使人的肌肤始终保持干爽状态，抗起毛、起球性达到 3～4 级。

(4)良好的吸热放热性能。纤维立体多隙的微孔结构和纵向表面的沟槽结构使其具有冬暖夏凉的特性。

(5)良好的染色性。常温常压下染色，颜色鲜艳、柔和有光泽，上染率高，色牢度在 4～5 级，染色后仍保持该产品原有性能。

3. PTT 纤维

PTT 纤维即聚对苯二甲酸丙二醇酯纤维，是一种新颖的聚酯纤维，由同类聚合物纺丝而成。由于 PTT 纤维具有良好的使用性能和加工性能，已成为当前国际上最热门的高分子新材料之一，被誉为“21 世纪的新型纤维”。

PTT 纤维具有与涤纶相似的表面形态结构，纵向呈光滑条形状，对光的反射、折射较强，形成较好的纤维表面光泽。纤维的横向截面形态近似于圆形，也可通过纺丝工艺控制形成异形纤维，如三角形、三叶形、五叶形等，以增加纤维间的抱合力，改善纤维表面的光亮度。PTT 纤维的主要性能有：

(1)良好的弹性回复性。PTT 纤维的弹性回复率优于涤纶，断裂伸长率仅次于氨纶，是除氨纶纤维外拉伸回复性较高、弹性较好且又具有高蓬松性的一种纤维。良好的弹性和尺寸稳定性是 PTT 纤维最突出的优点。

(2)良好的柔软性。PTT 纤维的杨氏模量较小，与涤纶的刚性相比，PTT 纤维及其织物的手感更接近于尼龙的柔软和舒适。

(3)良好的染色性。PTT 纤维是一种可染色的弹性纤维，能在无载体的情况下采用廉价的分散染料进行常压染色，可以方便地采用纺前染色工艺，也可以利用它良好的染色性能，通过散纤染色、绞纱染色、筒子染色或者坯布染色与印花工艺进行加工。

此外，PTT 纤维还具有低吸水性、抗日光性、耐气候性、耐污性、热稳定性等优良的特性，能经受住 Y 射线消毒，可用于开发高级服饰和功能性织物。由其制作的服装穿着舒适、易洗、快干、免烫，符合人们生活快节奏的要求。

4. 丽赛纤维

丽赛纤维是一种高湿模量再生纤维素纤维，是结合日本东洋纺织技术设备与原料生产的，具有优异综合性能的一种改性粘胶纤维。丽赛是由丹东东洋特种纤维有限公司引进后在我国的注册商品名，其生产原料主要来源于日本进口的天然针叶树精制专用木浆，全程清洁生产，纤维及其制品可再生、可降解，被誉为 21 世纪绿色环保纤维。

丽赛纤维的主要性能有：

(1)柔软性。虽然丽赛纤维大分子无规则的粒子型结晶和全芯结构与棉纤维相似，但是其分子表面呈光滑的圆柱形，这使得丽赛纤维的柔软性要远胜于棉纤维，且经过多次洗涤后，丽赛纤维织物仍能保持这种柔软性。

(2)亲肤性。丽赛纤维超天然的亲肤性来源于植物纤维素大分子上的亲水性基团以及天然纤维素的柔韧性。纤维微结构中通透性极好的互相连接的非结晶区，它的吸湿导湿性比天然棉纤维要好得多，吸湿性接近羊毛，亲肤性和舒适性胜过羊毛。

(3)高弹性。丽赛纤维的高模量和刚性及弹性来源于极好的纤维素大分子取向度，是再生纤维素纤维中的佼佼者。丽赛纤维的断裂强度接近于涤纶，湿断裂强度是粘胶纤维的 3 倍，因此，它大大改善了纤维的纺、织、染的加工性能和纺织品的服用性能。

(4)良好的染色性和耐碱性。丽赛纤维具有较高的取向度和适量稳定的结晶度，具有较好的染色性和耐碱性，其染色鲜艳度极佳，并适用于所有纤维素纤维的染整工艺和染料应用。

此外，丽赛纤维还具有较好的悬垂性、尺寸稳定性，吸湿性和干燥性较高，使得该纤维具有良好的舒适感，而其废弃物可以自然降解，是一种绿色环保纤维。

5. 天丝纤维(Tencel)

英国考陶尔兹公司 1989 年研制出第一个生产工艺无污染的人造天然纤维素纤维，该公司独家正式注册为 Tencel。同年国际人造及合成纤维标准局将其定名为 Lyocell。在我国其商品名称为天丝。天丝纤维以针叶树为主的木浆为原料，利用“溶剂纺丝法”生产而成。天丝作为新一代的再生纤维素纤维具有良好的服用性能。

(1)干湿强度较高。天丝纤维在制造过程中几乎不存在纤维素降解，能保持纤维原有的聚合度，分子链长，分子间的氮键作用力大；另外天丝纤维结晶度高，纤维分子紧密堆积，从而提高了分子间相互作用力，使得天丝纤维的干强接近高强度的涤纶。更为可贵的是天丝纤维在湿态下强度损失很小，湿强度约为干强度的 85%，只下降 15%，超过其他纤维素纤维，与聚醋脂纤维相近。

(2)良好的吸水吸湿性。天丝纤维在显微镜下显示出如海绵体的结构，且大分子中存在众多亲水性羟基，羟基与水形成氢键，因而天丝纤维具有良好的吸水性和吸湿性。由于有较好吸湿性能，采用天丝纤维所制成的服装能够为人体创造一个理想的干燥环境。

(3)缩水率很低。天丝纤维纱线缩水率仅为 0.44%，干态及湿态的断裂伸长较小，其织物水洗后变形较小。较高的湿模量赋予纤维在较小或中等负荷作用下产生的变形较小,使织物具有较高的尺寸稳定性和抗皱性。因此,由天丝纤维织物做成的服装具有较好的可洗性。

(4)优良的质感。天丝纤维为圆形截面,表面光泽度较好,其织物具有丝绸般的光泽、优良的手感、悬垂性和飘逸感。天丝纤维表面非常光滑,与棉及其他大多数天然和人造纤维的表面有很大的区别。因此使用天丝纤维所生产出来的服装和家纺产品非常柔滑,不会刺激肌肤,令敏感肌肤也能有舒适的感觉,把织物对皮肤的伤害降到了最低。

(5)抑制细菌滋生。天丝纤维的湿度调节功能同时也创造了一个抑制微生物(如细菌、尘螨和霉菌)生长的环境,抗菌性好,且不需要添加任何化学品及抗菌剂,对人体无伤害。

6. 竹炭纤维

竹炭有"黑钻石"的美誉,在国际上被誉为"21 世纪环保新卫士"。竹炭纤维以毛竹为原料,采用了纯氧高温及氮气阻隔延时的煅烧新工艺和新技术,使得竹炭天生具有的微孔更细化和蜂窝化,然后再与具有蜂窝状微孔结构趋势的聚酯改性切片熔融纺丝而成。该纤维最大的与众不同之处,就是每一根竹炭纤维都呈内外贯穿的蜂窝状微孔结构。这种独特的纤维结构设计,能使竹炭所具有的功能 100%地发挥出来。竹炭纤维的诞生是纺织多功能原料一次革命性的创新。竹炭纤维的主要特点是:

(1)质感柔滑软暖,似"绫罗绸缎"。竹纤维单位细度细、手感柔软;白度好、色彩亮丽;韧性及耐磨性强,有独特的回弹性;有较强的纵向和横向强度,且稳定均一,悬垂性佳;柔软滑爽,穿着无刺痒感,比棉柔软,有着特有的丝绒感。

(2)吸湿透气,冬暖夏凉。竹炭纤维的多孔隙网状结构以及表面无数的细微凹槽使其可以瞬间吸收并蒸发大量的水分,具有很好的吸湿透气性。由于天然横截面的高度中空,竹纤维又被称为"会呼吸"的纤维,还被誉为"纤维皇后"。竹纤维的吸湿性、放湿性、透气性居各大纺织纤维之首,是内衣、运动服装和夏季服装的理想用料。

(3)抑菌抗菌。由于竹纤维在纺制过程中加入了具有抗菌、除臭功能的矮竹竹叶原料,而且在纤维素提纯纺丝过程中采用的技术能保护其天然的抗菌性能,因此竹纤维具有很好的抗菌抑菌性,且抑菌性不会对人体肌肤造成任何过敏性反应。经 SGS 检测,同样数量的细菌在显微镜下观察,细菌在棉、木纤维制品中能够大量繁衍,而细菌在竹纤维面料上经 24 小时后则减少 94.5%。这一成果也为防"非典"提供了防护服的选择,是其他纺织原料不可比拟的。

(4)强大的抗紫外线功能。竹纤维中含有优良的紫外线吸收剂,抗紫外线功能与生俱来。经中国科学院上海物理研究所检测证明,竹纤维织物对 200～400 nm 的紫外线透过率几乎为零,而这一波长的紫外线对人体的伤害最大。棉的紫外线穿透率为万分之二千五百,而竹纤维的紫外线穿透率仅为万分之六,是棉纤维的 417 倍。竹纤维具有能产生负离子的特性,在防护的同时不会对人体皮肤产生任何的刺激。

(5)良好的染色性。竹纤维结晶度较低,非晶区大,有利于纤维的染色;纤维湿态下膨胀率高,染料扩散系数和上染速率都较高;因为同为纤维素纤维,所有棉纤维染料都同时适用于竹纤维的染色。

(6)可生物降解,绿色环保。在常温条件下,竹纤维及其纺织品是很稳定的,但在一定环境和条件下,竹纤维可分解成对环境无污染的二氧化碳和水。

当前，竹炭纤维面料主要应用于内衣产品、衬衫、T恤、袜子、毛巾、床上用品、运动休闲装及功能服装服饰等，以充分发挥竹炭纤维天然、环保、多功能的优异特性，竹炭纤维为纺织产品开发提供了崭新的原料素材。

7. 玉米纤维

玉米纤维是聚乳酸纤维的别名，属于芳香族聚酯纤维，但不含芳香环。其合成原料来自天然的植物（如玉米等），是新一代环保型聚酯合成纤维。玉米聚乳酸纤维的性能特点有：

(1)玉米纤维比重较小，在纺织纤维中是较轻的，纤维具有较大的覆盖性，膨松性好，制成的织物柔软轻盈，有飘逸感；其强度、伸长与涤纶和锦纶差不多，但初始模量较低，在小负荷作用下容易变形，具有良好的手感和悬垂性；弹性回复率高，玻璃化温度适宜，其定形性能和抗皱性能较好，宜作服用面料。

(2)玉米纤维的回潮率与天然纤维和合成纤维（除涤纶外）相比都较低，吸湿性能较差，疏水性能较好，穿在身上不粘，适宜做外套类服装。

(3)由于玉米纤维具有高结晶性和高取向性，从而具有高耐热性和高强度，且在遇热后不会发生收缩；玉米纤维的限氧指数比棉、毛、丝等天然纤维和涤纶等合成纤维都高，离开火焰后不易燃烧，火灾危险性小。燃烧时与涤纶等合成纤维相比有较少的烟，由于它的成分是聚乳酸碳水化合物，燃烧后生成水和二氧化碳，没有毒气生成，是低污染的纤维。

(4)玉米纤维的染色性能较好，染色可使用分散染料和直接染料，染品的耐洗牢度和染料移染速率良好，色牢度高于3级。由于玉米纤维具有较低的光折射指数，光泽柔和，其织物具有丝绸般的光泽，而且耐紫外线，洗涤后基本上不变色。

(5)玉米纤维具有良好的生物降解性，在堆肥化或自然环境下，最终降解成水和二氧化碳，随后在阳光的作用下又成为各种植物光合作用的原料，不会对环境造成污染，是一种“绿色产品”和“环保产品”。

8. 甲壳素纤维

甲壳素(Chitin)又名甲壳质、几丁质，化学名称为聚胺基葡萄糖，是一种特殊的纤维素，也是自然界中少见的一种带正电荷的碱性多糖。广泛存在于昆虫类、水生虾、蟹甲壳类和菌类、藻类的细胞壁中，是一种蕴藏量仅次于纤维素的极其丰富的天然聚合物和可再生资源，也是除蛋白质以外数量最大的含氮天然有机化合物。甲壳素纤维的主要特性有：

(1)可纺性较差。甲壳素纤维的摩擦系数较小，纤维比较光滑，纤维的动、静态磨擦系数相差0.027，表明纤维脆性大，纤维之间抱和力差，可纺性差，纯纺比较困难。所以在甲壳素纤维纱线面料开发中，一般都采用混纺，结合甲壳素纤维与其混纺纤维的不同特性来开发产品。

(2)良好的吸湿透气性。甲壳素纤维截面形态边缘为不规则的锯齿形或皮芯结构，芯层有较多细小的空隙，纵向表面有很多清晰的沟槽，这种结构有利于吸湿、导湿和放湿，同时加上甲壳素大分子上存在羟基等亲水性基团，因此甲壳素纤维具有良好的吸湿性和透气性。用其制作的服装穿着舒适，特别适合于制作夏季及贴身穿着的服装。具有良好的服用舒适性。

(3)良好的抗静电性能。甲壳索纤维具有良好的抗静电能力，这是由于甲壳素纤维具有良好的吸湿性的缘故。良好的抗静电能力，使用其制作的服装穿着时比较舒服，不会有吸附在身上的贴身感，不易粘着灰尘。

(4)良好的热稳定性。甲壳素纤维与其他纤维素一样无熔点，有较高的热分解温度，约为228 ℃；干热收缩率和湿热收缩率都比较小，良好的耐热性能和尺寸稳定性能有利于纤维的各种后整理加工。

(5)耐碱性。甲壳素纤维耐碱不耐酸，因此，在产品的染色及后整理工艺过程中，要注意染料种类及染整工艺的选择，甲壳素纤维产品在洗涤时要注意洗涤剂的选择，以避免对纤维造成损伤，影响其使用。

(6)优异的染色性能。由于甲壳素的乙酰氨基的作用和存在的游离氨基使纤维具有较高的杨氏模量，在干强方面有充分的耐用性且对酸性直接染料的染色性能远比粘胶纤维好。其具有的碱性和高度的化学活性，对活性染料等纤维素纤维染色用染料有优异的染色性能和上染率。

因为甲壳素和纤维素都是天然的高分子材料，具有生物可降解的特性，在酶的作用下，能分解成低分子物质，是真正的绿色环保纺织原料。

(二)智能材料

智能纤维是集感知、驱动和信息处理于一体，类似生物材料那样具备自感知、自适应、自诊断、自修复等智能性功能的纤维。智能纤维由于具有长径比大且能加工成多种新产品等特点正日益受到工业发达国家的重视，这些国家相继开发了一大批具有高性能(高强度、高模量、耐高温等)、高功能(高感性、高吸湿、透湿防水性、抗静电及导电性、离子交换和抗菌等)的新一代化学纤维，形成了纤维行业的高新产业体系。一些专家认为，智能纺织品和智能服装是纺织服装工业的未来。智能纤维因为其功能的不同大致分成以下几种：

1. 变色纤维

变色纤维是指随外界环境条件(如光、热、压力、水分等)的变化而显示不同色泽的纤维。它主要包括光敏变色纤维和热敏变色纤维。

光敏变色纤维具有光致变色性能，即在紫外光或可见光照射下产生变色，而光线消失后又可逆地变回原先颜色。如日本 Kanebo 公司将螺吡喃类光敏物质包敷在微胶囊中，用印花工艺制成光敏变色织物。这种织物在吸收 350～400 nm 波长紫外线后可由无色变为浅蓝色或深蓝色，微胶囊化可以提高光敏刺的抗氧化能力，从而延长使用寿命。光敏变色纺织品主要用于娱乐服装、安全服和装饰品以及防伪制品等。

热敏变色纤维具有热致变色性能，即在特定环境温度下由于结构变化而发生颜色变化。如日本东丽公司开发的 Sway 织物，是将热敏染料密封在微胶囊内，然后涂层整理在织物表面。英国默克化学公司将热敏化合物掺到染料中去，再印染到织物上。染料由粘合剂树脂的微小胶囊组成，每个胶囊都有液晶，液晶能随温度的变化而呈现不同的折射率，使服装变幻出多种色彩。

2. 调温纤维

调温纤维是将相变材料包覆在纤维中，根据外界环境变化，纤维中的相变材料发生液—固可逆变化，或从环境中吸收热量储存于纤维内部，或放出纤维中储存的热量，在纤维周围形成温度相对恒定的微观气候，实现温度调节功能。用此类纤维加工成的纺织品(服装)具有因相变物质的吸、放热而引起的自动调温作用。

如美国 Triangle 公司开发的新型腈纶纤维 OUTLAST，因具有保温和调温功能，又称“空调纤维”。利用纤维中微胶囊包裹的热敏相变材料碳氢化蜡，温度变化时通过固液态相转化，吸收和释放热量来调节人体温度，实现了保温和调温的双向调节功能。

3. 形状记忆纤维

形状记忆纤维是在特定条件（如温度）下有形状记忆纤维的总称。形状记忆是指材料在热成型时（第一次成型）能记忆外界赋予的形状（初始形状），冷却时可以任意形变，并在更低温度下将此形变固定下来（第二次成型），当再次加热时可逆地恢复到原始形状。形状记忆材料包括形状记忆合金和形状记忆聚合物。根据外部环境变化，促使形状记忆纤维完成上述循环的因素还可以有光能、电能和声能等物理因素以及酸碱度、螯合反应等。

迄今为止，研究和应用最普遍的形状记忆合金纤维是镍钛合金纤维。在英国研制的防烫伤服装的原理为：镍钛合金纤维首先被加工成宝塔式螺旋弹簧状，再进一步加工成平面状，然后固定在服装的面料内，当服装表面接触高温时，纤维的形变功能被触发，迅速由平面状变化为宝塔状，在两层织物之间形成很大的空腔，使人体皮肤远离高温，防止烫伤发生。意大利设计师毛罗·塔利尼亚设计出一款“懒人衬衫”，在衬衫面料中加入了镍钛记忆合金纤维，当外界温度偏高时，衬衫的袖子会自动从手腕卷到肘部；温度降低时，袖子能自动复原。“懒人衬衫”具有超强的抗皱能力，不论如何揉压，都能在 30 秒内恢复挺括的原状。

形状记忆聚合物目前除聚降冰片烯以外，PU、聚反式异戊二烯和苯乙烯—丁二烯共聚物等高分子材料也被开发，其中 PU 是研究最为广泛的一类形状记忆高分子材料，以形状记忆 PU 作为涂层可获得一种能“呼吸”的防水透气服装面料，能对环境温度的变化作出反应。日本三菱重工公司已开发出此类形状记忆 PU 涂层织物，商品名为 Diary 和 Azekura。它不仅是高效防水透湿织物，而且其水蒸气透过率能随人体温度的变化而改变，即织物能对服用者在不同活动量期间由于新陈代谢而产生的不同热量释放进行智能响应，以增加穿着者的舒适性。这种材料已被用于生产运动服、帐篷、纱线、床上用品和婴儿用品等。

4. 智能抗菌纤维

为了保护人体不受细菌、霉菌、微生物、扁虱等的侵袭，多对纤维进行加工来达到抗菌、杀菌、防虱、防霉等功效。当细菌接近抗菌加工后的纤维时，具有破坏细胞膜作用的 4 级氨盐浸入到细胞内，与细胞核内的脱氧核糖核酸或 RNA 结合生成抗菌和杀菌的 Ag^{+}、Zn^{2+}、Cu^{2+} 等金属离子。生物体内的白血球，让髓过氧化物（MPO）的血红素蛋白质氧化产生过氧化氢、羟基、次亚氯酸离子、超氧化自由基等，即为攻杀细菌的智能分子系统。

这种纺织品的抗菌原理是在普通纤维内部包藏了抗菌剂，保障了纤维的耐久性和安全性。这种纤维区别于一般抗菌纤维之处在于，无论是轻微活动时还是剧烈运动时，它都可以既不让细菌任意繁衍，也不杀死全部细菌，控制皮肤表面细菌的数量维持在正常水平。此外也可将压电材料粉末加入到纤维中去，利用这种纤维中的压电晶体粉末受外力作用后发生放电现象，可以使纤维具有良好的消除疲劳、抗菌、防臭等效果。

美国 Nylstar 公司新近制造出了一种“智能聚酰胺纤维”，通过将抗菌剂包藏在纤维内部，保障了纤维的耐久性和安全性，可以耐 30 次洗涤。这种抗菌尼龙 66 纤维已经通过了美国的口腔、皮肤和眼睛接触检测，获准推广使用，预计可以用于体育运动服装、内衣、袜子、鞋衬、医疗用布、产业用布等。

5. 电子智能纺织品

电子智能纺织品包括传感器、电子和通讯设备，可以检查、储存和控制信息，将一些测试的身体数据或功能传递到控制中心，并进行数据交换。当前许多国家都致力于多种功能电子智能纺织品的研究和生产。

(1)传感器监测服装

光纤传感器是一种可以探测到应变、温度、电流、磁场等信号的纤维传感器。美国Georgia理工学院的研究人员将光纤传感器植入衬衣来探测心率的变化，并根据光纤断裂后输出信号的变化，来判断士兵受伤的部位和程度，该衬衣用于儿童和病人的日常监护也有很好的前景。此外研究人员研制出一种有毒介质探测织物，该织物是在其中嵌入一些光导纤维传感器，当传感器接触到某些气体、电磁能、生物化学或其他有毒介质时，被激发产生一种报警信号，提醒暴露在有毒气体中的穿着者，以及提高战士在战场上的生存能力。这些精明的纺织品可制作消防人员和有毒物质工作者的保护性服装。

(2)生命衬衫

美国加州生命衬衫公司研制出一种可使医生及时了解病人身体状况的“生命衬衫”。这种衬衫装有6个传感器，它能将使用者的身体状况通过随身携带的微型电脑经互联网随时传送给医生。6个传感器分别织入领口、腋下、胸骨及腹部等部位，与佩带在腰带上的微型电脑连接，可将使用者的心跳、呼吸、心电图及胸、腹腔容积变化等指标及时送到分析中心，再由分析中心将结果通知医生。由于“生命衬衫”既可以像普通衣服那样进行洗涤，又可以使医生及时了解使用者的身体状况，尤其是对于防止心绞痛、睡眠性呼吸暂停等突发性衰竭比较有效，因此受到西方医学界的高度评价。

(3)定位系统智能服装

这种服装配有个人区域网、全球定位系统、电子指南针及速度检测器。衣服中的个人区域网有数据传输、功率和控制信号。个人区域网中可以联入几个装置，它们可以通过一个配有小型显示器的遥控设备进行集中控制。小型显示器可以置于衣袖上或佩戴在头上。儿童或老年痴呆病人穿上后，若不慎走失可轻易找到。英国布里斯托尔的一所大学与欧洲的Hewlett Packard研究实验室正在联合研制这种服装。

(4)多媒体夹克

德国英飞凌公司制造了一种多媒体夹克，这种配备蓝牙技术的夹克把手机、播放机与内置播放系统连接起来，衣料内埋有光纤、软键盘，衣领部位植有微型麦克风和立体声耳机。光纤能连接随身携带的电子产品，软键盘实现对手机和播放机的控制，麦克风和耳机则可与外界对话和收听广播，从而形成一个简易的网络系统。

(5)军用智能纺织品

最初的智能纺织品主要用于军事和国防上，现在智能纺织品在军事上的应用越来越广泛。智能化作战服能抵御武器、自然环境、化学试剂、火焰和其他战场灾难的侵害等等。作战服上嵌有生化感应器可监视穿着士兵的心率、血压和体表温度等多项指标；嵌有超微感应器可辨别体表的出血部位，并使该部位周围的军服膨胀收缩，起到止血的功能；作战服中埋入的微电脑具有通讯功能，使远程治疗成为可能。智能降落伞在跳伞士兵失去控制时，能够自动打开，并根据检测到的空中和地面具体情况改变飞行方向和速度。

(三)功能纤维

在现代社会中,研究和生产有益于人类生态和健康的功能性纺织品已经成为一种潮流。

1. 阻燃纤维

近年来,世界各国主要从两个方面来开展对织物阻燃技术的研究:一是生产阻燃纤维;二是对织物进行阻燃整理。随着纺织品需求量的大幅度增加,由纺织品引起的火灾隐患也随之增加。对由火灾引起的死亡事故调查的结果表明,室内装饰品及纺织品引起的火灾占第一位。为防止火灾的发生,阻燃纤维及其纺织品愈来愈受到人们的重视,对阻燃纤维的研究也成为当前纺织品研究的重点问题。

阻燃的基本原理是减少热分解过程中可燃气体的生成和阻碍气相燃烧过程中的基本反应。吸收燃烧区域中的热量,稀释和隔离空气对阻止燃烧也有一定的作用。纤维的阻燃可以通过成纤聚合物与阻燃剂的共聚或共混来实现,此方法称聚合物阻燃改性法。它能使纤维获得较为持久的阻燃性能,且对纤维的风格影响较小。对共混与共聚阻燃剂的共同要求是安全性,既包括阻燃剂本身的安全性,又包括其分解产物的安全性。共聚性阻燃纤维是在成纤聚合物制造过程中阻燃剂参与聚合反应而进入分子结构之中形成的。共混改性型阻燃纤维是阻燃剂不进入分子结构之中,而是与成纤聚合物均匀混合,经纺丝制成的纤维。除了安全性要求之外,共混阻燃剂还应与聚合物有良好的相溶性,在纺丝、拉伸及后加工中不挥发、不分解。

目前,已研制并投入生产的高性能阻燃纤维有以下几种:

(1)Basofi1 纤维。这是由德国 BASF 公司生产的一种三聚氰胺(MF)纤维,属隔热和阻燃纤维。该纤维在遇到火焰时不会发生收缩和融化现象,可提供在热或燃烧作用下的高水平的防护性能,保护人体或动物免受热的危害。由于 Basofi1 纤维的强力接近于天然纤维,所以用其生产隔热阻燃防护服通常与一些高强纤维如芳纶或其他纤维混用,主要用在消防服、工业用阻燃防护服以及汽车等的内装饰织物和家用防火材料等方面。

(2)Kermel 纤维。这是由法国 Kermel 公司生产的一种聚酰亚胺纤维。该纤维是一种有光纤维,横截面接近于圆形,在燃烧过程中不熔融、不续燃、无余辉,具有优异的绝热性能和热防护性能,同时改性纤维可原液染色,因此其色牢度和耐光牢度很好。Kermel 纤维的机械强度不高,接近于天然纤维,其制品具有良好的外观和柔软的手感、良好的热稳定性和耐摩擦及抗化学品性能。Kermel 纤维织物主要用来制造耐高温的防火服,还可用于制织恶劣环境下用的工作服,如特种飞行服、军事保护和工程用服装等。

(3)阻燃粘胶纤维(Lenzing Visscose FR)。这是由奥地利 Lenzing 公司将不含卤族元素的阻燃剂加入纺丝液中制造而成的一种阻燃纤维。该纤维遇火或燃烧时不会产生熔滴,物理性能与普通粘胶纤维相似,对皮肤无任何刺激,具有高吸湿性能,所以除阻燃功能外,还具有良好的穿着舒适性。该纤维可与羊毛以及高性能纤维如 Kermel、Nomex、PBI、P84、Bosofi1 等纤维混纺,其制品外观手感较好。含有 50%~60%该纤维的织物就可达到欧洲消防服标准(EN469)、高温防护服标准(EN531)和焊工防护服标准(EM70)要求。

(4)Visil 纤维。这是芬兰 Saterioy 公司生产的一种新型耐高温阻燃粘胶纤维。这种纤维不是单一的纯纤维成分,而是由纤维素和硅酸盐共同组成的。其物理性能与普通粘胶纤维相似，不但具有吸湿、透气、易染色等性能，而且耐酸碱和虫蛀，可以加工各种耐高温的阻燃纺织品，并可生物降解，符合环保要求，能与芳纶、改性聚丙稀氰纤维等阻燃纤维以及棉毛等天然纤维混纺。混有 Visil 纤维的非织造布可用作炼铜厂、铸铝厂的工作服和焊接工作服、消防服的面料及衬里。

(5)PBI 纤维。作为一种典型的耐热纤维，该纤维最初主要用于宇航密封舱的耐热防火材料。直到 1983 年，由于其高回潮率及穿着舒适性，才在防护服如消防服、耐高温工作服、飞行服及救生用品等方面有了广泛的应用。

(6)P84 纤维。该纤维除具有良好的阻燃、耐高温性能，还具有良好的耐有机溶剂、耐酸及耐漂白剂性能。在较高的温度范围(120～260 ℃)，其可保持良好的机械性能；在 250 ℃以下使用，不会腐蚀。除此之外，P84 纤维织物的手感柔软，具有良好的服用性能，且可耐多次洗涤，常用做防护服材料。由 P84 纤维经针刺制成的非织造布防火防热服的内衬可以完全满足欧洲防火、防护服的 EN469 标准。

2. 防辐射纤维

射线的使用给人们带来了方便和实惠，但在某种程度上也给人类带来了一些危害，这引起了人们对防辐射纤维及材料研究的重视。防辐射材料是指能够吸收或消散辐射能，对人体或仪器起保护作用的材料。防辐射纤维及材料的研制受到世界各发达国家的普遍重视，它的研制对国防和民用都有十分重要的意义。

根据波长的不同，电磁波主要可分为 X 射线、γ 射线、快中子射线。针对辐射危害，对于防辐射材料的研究是一个高新技术领域。近年来防护用品层出不穷，国际竞争异常激烈。基于对人体的防护，在开发防辐射板材的基础上又开发了一系列纤维材料。这些新纤维有一定强度和弹性，易于织造、裁剪和缝制，可以制成罩布和服装，防护性能好，质量轻，柔性好，使用非常方便，因而备受推崇。近 20 年来，随着现代科技的发展，防辐射问题已提到议事日程上来，各类防辐射纤维相继问世，归纳起来有防电磁辐射纤维、防微波辐射纤维、防远红外线纤维、防紫外线纤维、防 X 射线纤维、防射线纤维、防 γ 射线纤维、防中子辐射纤维等一些新材料，诸如防激光纤维、防宇宙射线纤维也正在开发之中。

二、新型设备和技术

无针缝粘合技术(stitch-free)是一种新型的服装生产技术。梭织或针织面料经过激光或冲床裁制成衣片后，用新型的电子加工设备，例如各种热压压烫机、超声波无缝车缝机等，将衣片粘合、熔接和热封在一起制成服装。

超声波缝纫机是近几年来兴起的一种新型缝纫设备。其原理是利用高频振动使材料之间迅速聚集热能，引起材料融化，从而将两层或多层材料牢固地粘接在一起。缝纫和粘合是通过超声波缝纫设备中喇叭口和砧辊完成的。当材料通过喇叭口时，振动直接传到织物上，振动迅速产生热能，使植物边缘粘合；砧辊可以使面料被预定方式切割，形成各种装饰性的织边或缝合效果，此外不同的砧辊还可以被设计成多种压花图案。

用于超声波缝纫的材料最好是 100％的合成纤维或天然纤维不超过 40％的混纺织物。非织造布、热塑性机织物、弹性织物或针织物是超声波切割与缝纫的理想材料，其中包括聚丙乙烯、醋酸纤维等。一般来说热塑性纤维含量越高，超声波切割与缝纫越容易。多种面料同时缝合时，具有相同熔化温度和缝纫要求的材料可以达到更好的缝制效果。此外，用超声波设备时还要考虑一些其他因素,如生产速度、植物厚度、材料密度及材料表面均匀度等。这些因素关系到超声波装置的选用与喇叭口的设计等问题,以使加工产品达到最佳性能。

超声波在服装制作中有多种用途,目前较为常见的主要有下面几种:

1. 拼缝制作

超声波缝纫的主要作用是将外衣与衬里缝合并折边。超声波缝纫机无线、无针、缝纫速度快。这种设备使用一个提花轮,提花轮还可外带切边机。有切边机的超声波缝纫机可以使被加工的面料边缘如同线缝一般平整光滑。提花轮还可以模拟多种针迹,如实线、点线、单针、双针、Z 字型缝、滚边、斜缝、绳状及花形、叶形等。同时,超声波缝纫机还有一个独特的可延伸的圆筒形“手臂”,织物可以悬挂其上,使对材料的加工更为灵活,例如袖口、裤口等需要双折叠平缝或接缝的部位。

2. 制作花边及图案

超声波缝纫机可以在面料上压出多种图案和镂空,图案大小约为 2～5 cm。超声波缝纫机是通过特殊的冲头来完成这一功能的。此外该冲头还可以将彩色油墨转移到织物上,形成装饰性效果。这一功能除在服装领域有所应用外,在家纺及家居饰品方面也得到广泛应用。在家纺领域,针对宽幅图案和床品的超声波加工设备一般由多个机头组成,将这些机头并排安装在辊筒上,每个机头可以加工至少 20 cm 宽度的织物。

3. 超声波切割

目前用于剪切的超声波越来越多,渗入到了纺织工业从织造到缝制的各个领域。超声波裁剪工艺是利用振动将切边封住,从而防止针织物或机织物发生脱散。终端受动器速率和作用力是剪切速度的主要因素。根据作用材料的不同,剪切线速度大概在 30～400 英尺/秒。几乎所有的纺织品如机织物、针织物、非织造布等以及多种原材料如天然纤维和合成纤维都可以用超声波进行剪切,剪切后不会发生褪色现象,而且对环境友好,因为该设备只需加热到 50 ℃,无烟雾和气味放出,消除了燃烧的隐患。经过剪切的布边干净平整,经纬线头不会发生转移或分解,密封端细腻而无明显突起。

[思考题]

1. 什么是针织面料?与梭织物相比,其有哪些独特的结构性能?
2. 列举两种及两种以上的新型材料,并简要阐述其特点。

第十章　实　验

实验一　面料缝缩率测试实验

一、实验目的

1. 学会缝缩率的测试方法
2. 学会如何研究影响缝缩率的因素
3. 学会如何分析实验结果

二、实验条件

所用设备与工具	面料品种与层数	缝前面料长度	线迹密度(针/3cm)

三、实验内容与步骤

根据经、纬向丝缕将面料裁成 25 cm×5 cm 的长条两块，两层叠合，在上层中间位置经向画一直线，沿经线方向从头至尾车缝线段，测量试样缝后长度，观察针距对面料缝缩率的影响。分别在不同面料上用不同针距按记录表要求重复获取数据，并计算缝口缩率：

$$SP = \frac{L - L'}{L} \times 100\%$$

式中：SP——缝口缩率(%)；L——缝合前缝口长度；L'—缝合后缝口长度。

不同针距不同面料试样缝后长度记录表

面料 缝后长(cm) 针距	A_1			平均值	A_2			平均值
18 针/3cm								
14 针/3cm								
10 针/3cm								

四、实验数据分析及结论

实验二　缝口强度测试实验

一、实验目的

1. 了解缝口强度的测试方法与步骤
2. 学会如何分析影响缝口强度的因素
3. 学会对试验结果的分析

二、实验条件

所用设备与工具	面料	缝纫工艺参数	
		线迹密度	缝边宽度

三、实验内容及步骤

1. 面料断裂强力的测试

(1)面料尺寸为 50 cm×200 cm,准备 3 块。

(2)将三块试样分别在强力机上进行拉伸,测出破裂时的拉力大小,测试时应注意将试样放平直于两只夹持器中。

(3)三块测定值的平均值即为此面料的强度。

2. 不同线迹密度下平缝线迹的破坏测试

(1)面料尺寸为 50 cm×150 cm,准备 6 块,用平缝线迹按规定的缝口条件将两片面料缝合(缝合 5 cm 的边),可选择常用的 14 号缝针,使缝迹距布边 1.2 cm,然后将缝好的试样两边留出的缝线打结。准备三组试样。

(2)将三块试样分别在强力机上进行拉伸,测出缝口开始发生破裂时的拉力大小,测试时应注意将试样放平直并使缝口处于两只夹持器的中央部位。三块测定值的平均值即为此缝口的强度。

(3)选用三种不同的针迹密度分别重复(1)、(2)步实验。

3. 不同缝边宽度时平缝线迹的破坏测试

(1)面料尺寸为 50 cm×150 cm,用平缝线迹按规定的缝口条件将两片面料缝合,可选择常用的 14 号缝针,使线迹密度为 14 针/3 cm,然后将缝好的试样两边留出的缝线打结。准备三组试样。

(2)将三块试样分别在强力机上进行拉伸,测出缝口开始发生破裂时的拉力大小,测试时应注意将试样放平直并使缝口处于两只夹持器的中央部位。三块测定值的平均值即为此缝口的强度。

(3)选用三种不同的缝边宽度分别重复(1)、(2)步实验。

注:实验时,请用同一种线进行缝制

实验数据记录

实验内容1:

试样号	No. 1	No. 2	No. 3
面料强度			
面料强度平均值			

实验内容2:

试样号	No. 1	No. 2	No. 3	No. 1	No. 2	No. 3	No. 1	No. 2	No. 3
针迹密度									
缝口强度									
缝口强度平均值									
缝合效率									

实验内容3:

试样号	No. 1	No. 2	No. 3	No. 1	No. 2	No. 3	No. 1	No. 2	No. 3
缝边宽度									
缝口强度									
缝口强度平均值									
缝合效率									

四、实验结果分析及结论

[思考题]

1.线迹密度在每厘米几针时,缝口强度最大?为什么?

2.通过缝口强度试验,思考分析影响缝口开裂的主要因素有哪些,以及这些因素对缝口强度的影响,并根据实验作出实验报告。

实验三　面料缩率测试实验

一、实验目的

1.学会面料缩率的测试方法

2.学会如何研究影响面料缩率的因素

3.学会如何分析实验结果

二、实验条件

所用设备			面料品种		熨烫参数	
测试	熨烫	工具	机织物	针织物	温度	时间

三、实验内容与步骤

1.干熨缩率实验

(1)在布匹的头部或尾部除去 1 m,并除去布的两道边,取 50 cm×5 cm 作为试样。

(2)根据不同织物的熨烫温度条件,在试样上熨烫 15 秒后,待冷却。

(3)待凉透后,测试试样长度和宽度,然后计算该织物的收缩率。

2.湿熨缩率实验

湿熨缩率实验按工艺不同分为喷水熨烫测试法和盖湿布熨烫测试法两种。

A.喷水熨烫测试法

(1)在布匹的头部或者尾部除去 1 m 以上,并除去布的两道边,取 50 cm×5 cm 作为试样。

(2)在试样上用清水喷湿,注意水分分布要均匀,然后用熨斗在试样上往复熨烫,时间控制在熨干为宜,在测试时,温度条件与干熨测试相同。

(3)待试样晾干后,测量其长度和宽度,并计算收缩率。

B.盖湿布熨烫测试法

(1)在布匹的头部或尾部除去 1 m 以上,并除去布的两道边,取 50 cm×5 cm 作为试样。

(2)用一块去浆的毛白平布清水浸透,并拧干备用。把湿布盖在试样上,按照温度条件,用熨斗在试样上来回熨烫,时间控制在盖布熨干。

(3)待试样晾干后,测量其长度和宽度,并计算收缩率。

3.水浸收缩率实验

(1)在布匹的头部或尾部除去 1 m 以上,并除去布的两道边,取 50 cm×5 cm 作为试样。

(2)将试样用60 ℃的温水给予完全浸泡，并用手搅动，使水分充分进入纤维，待15分钟后取出，然后拧干，在室温下晾干(不可拧干)。

(3)待试样晾干后，测量其长度和宽度，并计算收缩率。

计算公式：

$$干熨收缩率=\frac{干熨前长度(宽度)-干熨后长度(宽度)}{干熨前长度(宽度)}\times 100\%$$

$$湿熨收缩率=\frac{湿熨前长度(宽度)-湿熨后长度(宽度)}{湿熨前长度(宽度)}\times 100\%$$

$$水浸收缩率=\frac{水浸前长度(宽度)-水浸后长度(宽度)}{水浸前长度(宽度)}\times 100\%$$

四、实验数据分析及结论

[思考题]

通过实验，分析水和湿热等外部因素对各种不同面料缩率的影响，并作出实验报告。

实验四　不同线迹缝纫线耗用对比实验

一、实验目的

1. 学会缝纫线耗用的测试方法
2. 学会如何研究影响缝纫线耗用的因素
3. 学会如何分析实验结果

二、实验条件

所用设备	面料品种	线迹类型	线迹密度

三、实验内容与步骤

1. 缝线定长法测算缝纫线耗用量(必做)

(1)做好实验的准备工作,即选择性能良好的缝纫机,按实际要求的工艺条件调整好各部位机构,并准备好规定的面料及缝纫线。

(2)量取一定长度的缝纫线(例如 1 m),量时前端要留出 0.5 m 的余量。将量取的这段线用明显颜色做好标记,再缠绕到线轴上,缠好后按实际操作要求用这段缝纫线在选用的面料上进行实际车缝,直至标有颜色的线段全部缝完为止。

(3)取下车缝的面料,量出标色线段实际车缝的长度,从而可推算出每米缝迹的用线量,即得出比值 E。

$$E = \frac{\text{标色线段的长度(m)}}{\text{标色线段车缝的线迹长度(m)}}$$

2. 缝迹定长法测算缝纫线耗用量(必做)

(1)实验的准备工作与上述相同。

(2)直接用规定的缝纫线和面料按实际操作要求进行车缝,车缝至 0.5 m 以上。车缝后在线迹的中段量取一定的长度(20 cm 以上),并将这段线迹用剪刀剪下来。

(3)将这段线迹中的缝纫线拆出来(小心不要将线拆断),测量线的实际长度。从而可以推算出每米线迹的用线量,即得出比值 E。

$$E = \frac{\text{拆出线的实际长度(m)}}{\text{量取线迹的长度(m)}}$$

注意:对于平缝线迹,由于线迹上下线结构相同,如果使用同一种缝纫线,则可只实验上线用量,总用线量是上线用量的 2 倍。其他线迹由于上下线结构不同,要分别进行实验,得出上线与下线的用线消耗比率。

3. 自选方法估算缝纫线耗用量(选做)

用自己选定的方法估算不同面料厚度、线迹密度、线的粗细、线的张力下的缝纫线耗用量。

实验数据记录

缝线定长法测算缝纫线耗用量：

<table>
<tr><td colspan="2">实验条件参数</td><td colspan="4">面料：________ 线：________ 线迹密度：________
张力：________ 其他：________</td></tr>
<tr><td colspan="2">线迹类型</td><td></td><td></td><td></td><td></td></tr>
<tr><td rowspan="2">标色线段长度</td><td>上线</td><td></td><td></td><td></td><td></td></tr>
<tr><td>下线</td><td></td><td></td><td></td><td></td></tr>
<tr><td rowspan="2">车缝线迹长度</td><td>上线</td><td></td><td></td><td></td><td></td></tr>
<tr><td>下线</td><td></td><td></td><td></td><td></td></tr>
<tr><td colspan="2">缝线耗用比 E</td><td></td><td></td><td></td><td></td></tr>
</table>

缝迹定长法测算缝纫线耗用量：

<table>
<tr><td colspan="2">实验条件参数</td><td colspan="4">面料：________ 线：________ 线迹密度：________
张力：________ 其他：________</td></tr>
<tr><td colspan="2">线迹类型</td><td></td><td></td><td></td><td></td></tr>
<tr><td rowspan="2">拆出线的长度</td><td>上线</td><td></td><td></td><td></td><td></td></tr>
<tr><td>下线</td><td></td><td></td><td></td><td></td></tr>
<tr><td rowspan="2">量取线迹长度</td><td>上线</td><td></td><td></td><td></td><td></td></tr>
<tr><td>下线</td><td></td><td></td><td></td><td></td></tr>
<tr><td colspan="2">缝线耗用比 E</td><td></td><td></td><td></td><td></td></tr>
</table>

四、实验数据分析及结论

[思考题]

1. 通过试验，学习估算缝纫线耗用的两种方法，思考分析影响缝纫线耗用比的主要因素有哪些？根据实验作出实验报告。

2. 上下用线量不同？如何测试、估算？

3. 三线包缝线迹用哪种测试方法较适用？为什么？

实验五　粘衬剥离强度实验

一、实验目的

(1)了解剥离强度的测试方法与步骤
(2)理解反映剥离强度性能指标的含义
(3)学会对试验结果的分析

二、实验条件

所用设备			材料品种			粘合工艺参数		
测试	熨烫	工具	面料	粘衬	衬纸	温度	压力	时间

三、实验内容及步骤

1. 制作标准试样

(1)选用经热压粘合不影响实验效果的薄纸(厚度应在0.01 mm以下)按图示尺寸剪成纸框。

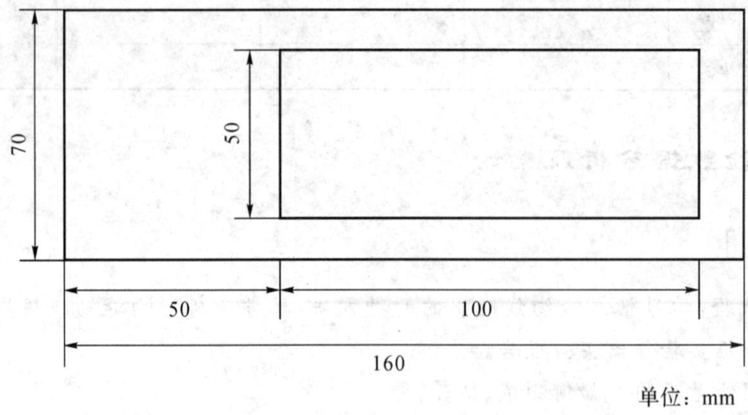

(2)剪取衬布尺寸为160 mm×70 mm,面料尺寸为170 mm×80 mm。
(3)将纸框夹在衬布与面料中间进行粘合。

2. 测试方案

以所选粘衬的参考工艺参数为基础,根据粘合结果调整不同温度,做3组不同温度工艺参数的测试,每组参数测试5块试样求平均值,比较分析粘合效果。

3. 按剥离强度仪说明书操作仪器测试

QB-TF-3 剥离强度仪操作步骤如下：

(1)开启电源。

(2)用专用工具将式样两端分别固定在拉伸针板与测力针板上，注意式样应平整、取正。

(3)按测试键，拉伸针板启动，仪器开始测试。

(4)5 秒钟后显示屏显示"CC"，仪器开始自动采集峰值数据。在测试过程中，显示屏将随时显示各峰值。当拉伸至 200 mm 时，针板自动返回，此时显示屏显示"E"表示测试数据已处理完毕。

(5)按显示键可显示剥离强度数值和离散系数。

(6)开启打印机打印测试结果。连续测试 5 次(即一组)测试后，打印机可自动打印出 5 次的测试结果的平均值。

四、实验结果分析

[思考题]

1. 粘合衬有哪几种分类形式？意义何在？
2. 粘合工艺参数是如何确定的？
3. 选用粘合衬需考虑哪些因素？
4. 试验中剥离强度数值是如何计算得出的？试述离散系数的含义。
5. 粘合工艺为何要进行剥离强度测试？

实验六　粘合衬耐水洗性能测试

一、实验目的

1. 了解粘合衬耐洗性能的测试方法与步骤
2. 理解并掌握测试评价方法，了解影响耐洗性能的因素
3. 学会对试验结果的分析

二、实验条件

所用设备				材料品种		洗涤参数		
熨烫	洗涤	测试	其他	面料	粘衬	温度	漂洗时间	翻滚时间

三、实验内容及步骤

1. 制作标准试样

(1)试样粘合。根据所用面料及粘合衬种类选定合适的工艺参数。常用热熔胶制成的粘合衬布压烫工艺参数，可参考表1。将两者按丝缕一致方向平放在粘合机平台上，衬在上面料在下粘合。粘合后的面料进行调湿处理。

表1　几类热熔胶粘合衬的压烫工艺参数

热熔胶品种	熔点范围(℃)	压烫工艺参数		
		温度(℃)	压力(kg/cm^2)	时间(s)
低压聚乙烯(HDPE)	125～132	155～175	2～3	15～25
高压聚乙烯(LPPE)	100～105	130～140	1.5～2	15～20
共聚酰胺(PA)	90～135	140～160	0.3～0.5	12～20
聚乙烯—醋酸乙烯及其皂化合物(EVA及EVAL)	90～120	110～140	0.2～0.4	10～15
共聚脂(PES)	115～125	130～150	0.2～0.5	10～20

(2)裁取粘合衬试样经纬向各3块，尺寸不小于200 mm×200 mm，每块粘合试样上作间隔200 mm的两标记，并用尺寸稳定的线缝边以防散开。

2. 洗　涤

(1)参照表2、表3选择合适的洗涤程序。

(2)将水位调节至液面高度符合洗涤程序表中的规定，放入试样，并放入足够重量的增

重陪试织物，使干试样总重量达到所选定的洗涤程序规定重量，然后加入适当洗涤剂(1～3 g/L)，洗涤剂中洗涤剂与硼酸钠质量比为4∶1。

(3)洗涤程序的最后一次脱水工序结束后，取出试样(注意不要使其伸长或变形)，将试样烘干，干燥后再进行调湿处理。

3. 测量及结果计算

(1)尺寸变化率。用钢尺量取水洗后每块粘合试样两标记间长度，精确到1 mm，再按下式计算经向、纬向的尺寸变化率：

$$尺寸变化率=\frac{最终长度-原始长度}{原始长度}\times 100\%$$

(2)洗涤后外观评定。将试样夹在衣架上，目测试样表面是否起泡、脱胶，并与标准样照对照，记下结果。

(3)粘合剥离力下降率。按"剥离强度测定"中所用方法，测洗涤前后的剥离强力，按下式计算剥离力下降率：

$$粘合剥离力下降率(\%)=\frac{最终剥离力-原始剥离力}{原始剥离力}\times 100\%$$

表2 选用洗涤程序的应用实例

洗涤程序编号	织物的性能和染色牢度
1A	未经特殊整理的漂白棉和亚麻织物
2A	未经特殊整理，但使用燃料是有60℃色牢度的棉、亚麻或人造丝织物
3A	漂白锦纶、漂白涤棉织物
4A	经特殊整理的棉和人造丝织物，染色锦纶、涤纶、腈纶 混纺、涤棉混纺织物
5A	使用染料是有40℃而非60℃色牢度的棉、亚麻或人造丝织物
6A	丙烯腈、醋酸纤维以及包括与羊毛混纺织物、涤毛混纺织物
7A	羊毛和羊毛与棉或人造丝混纺织物(包括毡毯)、丝绸
8A	使用染料不具有40℃色牢度的丝绸和印花醋纤织物
9A	经特殊整理，能耐沸煮、但干燥方法需滴干的棉织物
10A	模拟手工洗涤，不能耐机械洗涤的织物

表3 耐水洗实验参数 表中时间单位:min

程序编号	漂洗时的搅拌方式	总装料质量 kg	洗涤		清洗1	清洗2		清洗3		清洗4	
			温度℃	洗涤时间	漂洗时间	漂洗时间	翻滚时间	漂洗时间	翻滚时间	漂洗时间	翻滚时间
1A	正常	4	92±3	12	3	3	1	2	1	2	6
2A	正常	4	60±3	12	3	3	1	2	1	2	6
3A	缓和	2	60±3	8	3	3	—	2	1	2	2或滴干
4A	缓和	2	50±3	8	3	3	—	2	1	2	2或滴干
5A	正常	4	40±3	12	3	3	1	2	1	2	6
6A	缓和	2	40±3	6	3	3	—	2	1	2	2或滴干

续表

程序编号	漂洗时的搅拌方式	总装料质量 kg	洗涤		清洗 1	清洗 2		清洗 3		清洗 4	
			温度 ℃	洗涤时间	漂洗时间	漂洗时间	翻滚时间	漂洗时间	翻滚时间	漂洗时间	翻滚时间
7A	缓和	2	40±3	3	3	3	1	2	6	—	—
8A	缓和	2	30±3	3	3	3	—	2	2	—	—
9A	缓和	2	92±3	8	3	3	—	2	—	2	2 或滴干
10A	缓和	2	40±3	1	2	2	2	—	—	—	—

四、实验结果分析及结论

[思考题]

通过该试验，思考分析影响粘合织物的耐洗性能的主要因素有哪些，以及这些因素对织物粘合的影响，并根据实验作出实验报告。

附　录

服装产品使用说明标志

名称	基本图形符号		图形符号变化说明及应用示例		
水洗	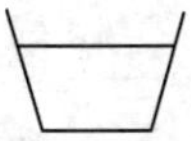	用洗涤槽形状表示。	在基本图形符号中间添加阿拉伯数字，则表示水洗温度。	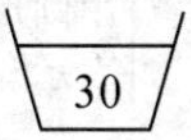 30	
			在基本图形符号下面添加一条粗实线，则表示需采用缓和的洗涤方式。	 30	
			在基本图形符号中加入手形，或在洗衣机图形上打叉，则表示手洗，不可机洗，最高水温 40 ℃。		
			在基本图形符号上打叉，则表示不可水洗		
			以布条扭曲图形表示拧干。 如加叉表示不可拧干。		
氯漂		用等边三角形表示。	用基本图形符号或在基本图形符号中加“CL”，表示可以氯漂。		  CL
			在可以氯漂的图示上打叉，则表示不可氯漂。		
熨烫	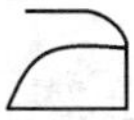	用熨斗表示。	在基本图形符号中间添加“低、中、高”文字或一到三个圆点，则分别表示最高熨烫温度为 110 ℃、150 ℃、200 ℃。	 低 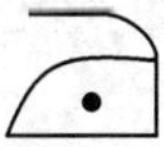 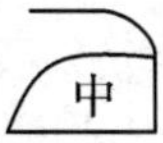 中  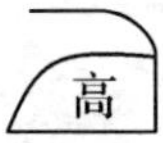 高 	
			在基本图形符号下面加上波浪线，则表示垫布熨烫		
			在基本图形符号下面加多点，则表示蒸汽熨烫		

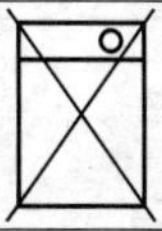

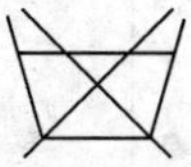

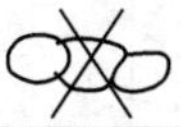

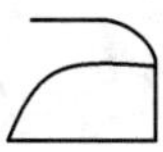

续表

<table>
<tr><th>名称</th><th colspan="2">基本图形符号</th><th colspan="3">图形符号变化说明及应用示例</th></tr>
<tr><td rowspan="3">干洗</td><td rowspan="3"></td><td rowspan="3">用圆形表示。</td><td colspan="2">仅以基本图形符号出现，或基本图形中加“干洗”字样，表示常规干洗</td><td> 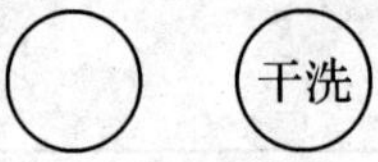干洗</td></tr>
<tr><td colspan="2">在常规干洗符号下面添加一条粗实线，表示采用缓和的干洗方式</td><td> 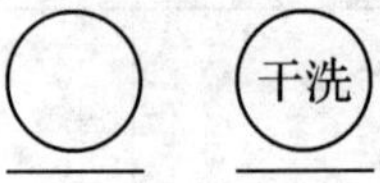干洗</td></tr>
<tr><td colspan="2">在常规干洗符号上打叉，表示不可干洗</td><td> 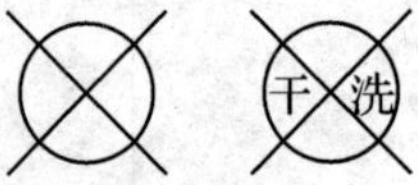干洗</td></tr>
<tr><td rowspan="5">干燥</td><td rowspan="5"> 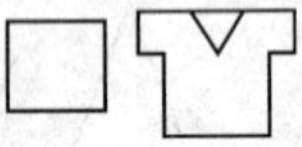</td><td rowspan="5">用正方形或悬挂的衣服表示。</td><td colspan="2">在正方形中加圆，表示翻转干燥。
再加叉，表示不可翻转干燥</td><td></td></tr>
<tr><td rowspan="4">在方形或衣服图形上增加局部图样，分别表示不同的水洗后干燥方法</td><td>悬挂晾干</td><td></td></tr>
<tr><td>悬挂滴干</td><td></td></tr>
<tr><td>平摊晾干</td><td></td></tr>
<tr><td>阴干</td><td> 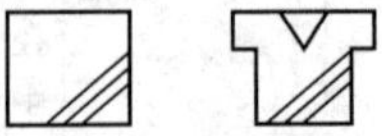</td></tr>
</table>

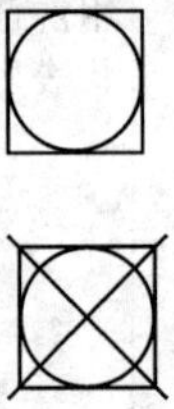

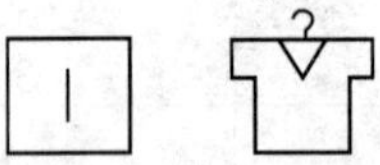

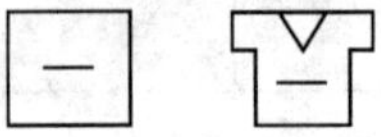

参考文献

[1]陆鑫,穆红,刘荣亮.成衣生产四大工序操作解读[J].中国制衣,2007(3):72－75

[2]张文斌等.服装工艺学——成衣工艺分册[M].北京:中国纺织出版社,2008

[3]季晓芬.现代服装企业生产管理[M].杭州:浙江大学出版社,2005

[4]冯翼,冯以玫.服装生产管理与质量控制(第三版)[M].北京:中国纺织出版社,2008

[5]姜蕾.服装生产工艺与设备[M].北京:中国纺织出版社,2008

[6]刘国联.服装厂技术管理[M].北京:中国纺织出版社,1999

[7]李立轻,黄秀宝.图像处理用于织物疵点自动检测的研究进展[J].东华大学学报(自然科学版),2002.28(4):118－122

[8]蒋晓文,周捷.服装生产流程与管理技术[M].东华大学出版社,2008

[9]Gerry Cooklin. Introduction to Clothing Manufacture [M]. Blackwell Scientific Publications,2006

[10]孙喜英,裘玉英.服装生产中如何制定裁剪方案[J].纺织导报,2003(2):40－41

[11]宋惠景.服装批量定制生产中最佳裁剪方案分析[J].上海纺织科技,2008,36(7):59－60

[12]师华,戴鸿.服装企业裁剪分床案例分析与探讨[J].山东纺织经济,2008(5):117－118

[13]冷绍玉.服装裁剪设备选择指南[J].中国制衣,2008(2):72－75

[14]罗琴.服装CAD排料设计系统应用[J].山东纺织科技,2006(4):44－47

[15]高岩.将色差控制在排料过程之中[J].中国制衣,2009(1):13－14

[16]高岩.人工排料与计算机排料利弊谈[J].中国制衣,2009(4):72－73

[17]钟利.影响服装排料的因素之一——版型[J].成都纺织高等专科学校学报,2007,24(4):31－32

[18]孔繁荩,罗大旺.北京:中国服装辅料大全[M].中国纺织出版社,1998

[19]孙兆全.成衣纸样与服装缝制工艺[M].北京:中国纺织出版社,2000

[20]中华人民共和国纺织行业标准(FZ/T64008－2000、FZ/T64009－2000)

[21]杭州佰依衬布有限公司资料

[22]李艳梅,张渭源.服装面料缝纫配伍性研究的进展与趋势[J].上海纺织科技,2009,37(7):1－4

[23][英]库克林,侯凤仙(译).服装生产概论[M].北京:中国纺织出版社,2007

[24]包昌法.服装量裁缝烫技艺图解手册[M].北京:中国纺织出版社,1998

[25]冷绍玉.服装熨烫技术工程[M].北京:中国标准出版社,1997

[26]服装生产工艺组.服装生产工艺[M].上海:上海科学技术出版社,1987

[27]万志琴.服装批量定制中的压烫与造型生产分析[J].纺织科技进展,2006(2):84—86

[28]朱松文,魏雪梅.服装整烫工艺与定形效果研究[J].西北纺织工学院,1991(2):97—103

[29]香港理工大学纺织及制衣学系,香港服装产品开发与营销研究中心.牛仔服装的设计加工与后整理[M].北京:中国纺织出版社,2002

[30]中国科技信息.成衣洗水,洗什么[J].技术与实践,2002,15:49

[31]中国科技信息.成衣洗水,洗什么(二)[J].技术与实践,2002,16:53

[32]易江明.洗水工艺在服装设计中的应用[J].郑州轻工业学院学报,2007,6:69—71

[33]岑安帼.成衣染色[J].江苏印染,1990,12(3):30—32

[34]岑安帼.成衣染色[J].江苏印染,1990,12(4):40—43

[35]曹毅.Mega fix B型活性染料在成衣染色中的应用[J].河南纺织高等专科学校学报,2007,19(2):20—22

[36]吴庆源,孙慈忠,杨永许.成衣涂料染色和整理工艺及助剂的选用[J].针织工业,2007,05:36—39

[37]薛朝华,贾顺田,张静,田利强.成衣数码喷墨印花技术[J],染整技术,2008,30(7):40—43

[38]高冬梅,郭岚香,王亚丽.浅谈成衣扎染[J].山西纺织化纤,2005,2:31—32

[39]徐刚.数码印花在成衣或裁片印花中的应用[J].纺织科技进展,2005,1:45—52

[40]于顺平.成衣染色的酶光洁处理[J].染整技术,1994,1:59—60

[41]覃余敏.成衣染色的现状与发展[J].江苏丝绸,2006,6:21—23

[42]袁国盛,李美英,吴庆沅.成衣染色工艺及助剂的选用[J].染整科技,1995,3:26—31

[43]齐思诚,高其昌.成衣染色介绍[J].天津化工,1990,4:41—42

[44]虞海龙.成衣免烫整理加工技术[J].染整技术,1998,1:25—26

[45]李振华,童晓辉,宋雅路.纯棉服装抗皱整理评介[J].成都纺织高等专科学校学报,1998,15(4):11—14

[46]木水.服装免烫整理技术[J].江苏丝绸,2002,5:43

[47]冯麟.新型牛仔成衣后整理工艺.[J]纺织导报,2005,3:82—84

[48]陈文.超薄型精纺羊绒衫的后整理工艺[J].针织工业,2005,7:46—47

[49]陈文.羊毛衫成衣染色生产工艺探讨[J].针织工业,2006,10:37—38

[50]周佐明.羊毛成衣印花工艺技术探讨[J].上海丝绸,1995,3:11—13

[51]王新萍,姜学进,陈克文.羊绒衫后整理工艺简析[J].新疆纺织,1999,2:41—42

[52]www.xsxdsb.com(江苏祥圣洗涤设备制造有限公司)

[53]www.0523mx.cn(泰州明星洗涤机械厂)

[54]www.shliangshi.com(上海良时机械设备有限公司)

[55]www.nbliangshi.com(宁波良时—喷砂喷涂机械设备公司)

[56]http://yesleng.blog.163.com

Gerry Cooklin, Introduction to Clothing Manufacture. Blackwell Scientific Publications, 2006

[57]中华人民共和国国家标准 GB/T 6388—1986,运输包装收发货标志
[58]中华人民共和国国家标准 GB/T 19946—2005/ISO 15394:2000,包装用于发货、运输和收获标签的一维条码和二维条码
[59]中华人民共和国国家标准 GB 5296.4—1998,消费品使用说明纺织品和服装使用说明
[60]服装行业标准 FZ/T 80002—2008,服装标志、包装、运输和贮存
[61]孔凡栋,张欣,吴宇.服装防伪技术的分析与应用[J],纺织学报,2006,27(2):113-116
[62]王延岑,外贸服装纸箱设计[J],包装世界,1991(4):52-53
[63]威鹏集团 http://www.pompway.com/prod1_7d.html
[64]http://info.machine.hc360.com - 03/031500121766.shtml
[65]印染在线 http://www.e-dyer.comtech25262_2.html
[66]FZ 01018—1992 纺织品 机织物疵点术语
[67]FZ 70004—1992 纺织品 针织品疵点术语
[68]GB-T 14801-2009 机织物与针织物纬斜和弓纬试验方法
[69]陆美琴,缪元吉,方芸.预缩机理和机械式预缩机在服装生产中的应用[J].中外缝制设备,2004
[70]中华纺织网 http://www.texindex.com.cn/Articles/2007-8-1/100858.html
[71]中国家纺网 http://www.pgm.com.cn/,http://www.leapfrog-eu.org/